強化學習導論

邱偉育　編著

全華圖書股份有限公司

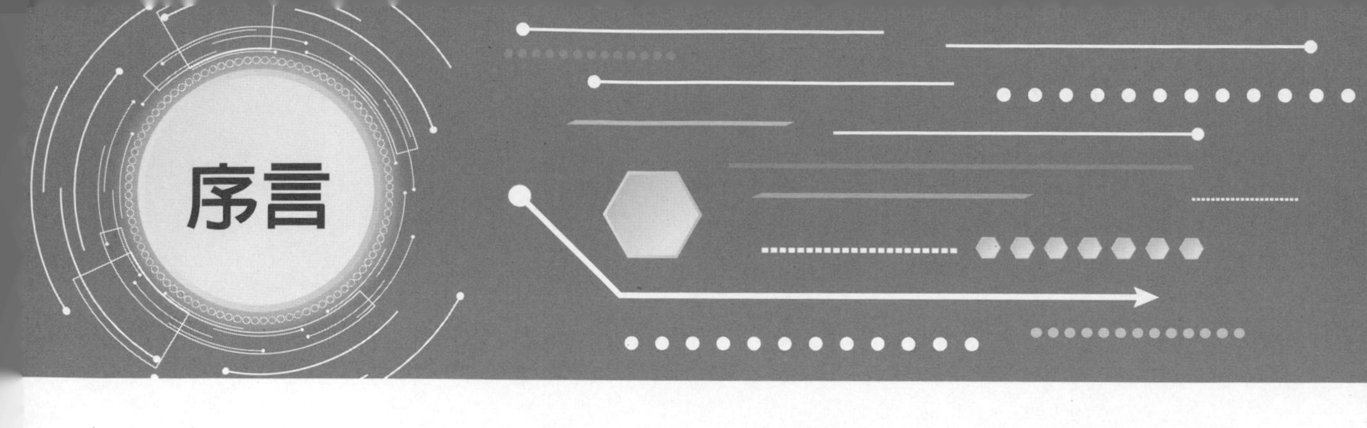

近年來因人工智慧興起，帶起許多學生、工程師與學者開始投入相關技術的學習、研究和開發。早期談到人工智慧，大部分會聯想到機器學習中的監督式學習和非監督式學習。然而，監督或非監督式學習較難處理動態系統，機器學習技術的另一個分支——強化學習，剛好補足此缺口。

談到強化學習，最經典的教科書當推 Richard S. Sutton 和 Andrew G. Barto 合著的"Reinforcement Learning: An Introduction"，該書涵蓋了基本的強化學習概念，搭配精心設計過的例子，讓讀者能清楚了解每個學習演算法的優缺點。讀懂該教科書所需背景知識，大部分可從大專校院提供的相關課程獲得，例如：機率、最佳化方法、檢測與估測、控制系統等。機率是最基礎的課程，用以建構強化學習的系統架構；最佳化方法和檢測與估測的知識，有助於了解該書相關數學推導和估測器統計特性之討論；若學過控制系統，則對強化學習整套理論較有共鳴，易理解整體概念，而非單純了解個別學習演算法。

就個人觀察，對強化學習知識和技術有興趣的族群，可分成下面幾類。第一類，大學部從事專題研究的同學，希望使用強化學習做簡單的應用；第二類，研究所希望以強化學習爲研究主題的研究生；第三類，業界工程師，希望開發能與環境互動並透過學習機制提升系統效能；第四類，大專校院教師，希望開授人工智慧相關課程滿足學生選課需求。

然而，對上述族群之部分學習者或授課者來說，直接閱讀 Sutton 的教科書或利用該書授課門檻過高。舉例來說，學習者可能要克服英文閱讀的障礙、缺乏相關背景知識或沒時間看完近 400 頁的原文書。實際上，Sutton 建議若以一學期的上課時間來說，可以涵蓋該原文書內容的前十個章節，但就目前主流的強化學習技術而言，幾乎都涉及第十二章資格跡和第十三章策略梯度法的觀念，缺少這兩章的知識將難以充分掌握較進階的強化學習演算法。Sutton 建議若以一學年的上課時間來說，可以涵蓋該原文書的所有內容，但就目前台灣教師授課與學生選課的情況，不論是大學部或研究所課程，較難有連續開兩學期的選修課程。坊間雖已有強化學習相關的中文書籍，但多半以應用爲導向，用若干例子呈現強化學習的部分風貌，較缺乏完整性的探討；也有 Sutton 原文書的中譯本以及部落客自行翻譯原文書的部分章節供人閱讀，但品質良莠不齊。有鑑於此，一本以中文撰寫，具備下述特性的強化學習教科書有其必要性：(1) 涵蓋最重要的概念與技術，但仍呈現強化學習完整的理論架構；(2) 理論架構搭配淺顯易懂的應用範例，讓授課教師或自學者能於一學期的時間內熟稔強化學習並加以應用。

撰寫本書之目的並非爲了取代 Sutton 的經典著作，而是希望提供門檻較低的學習管道，讓想要自修的讀者可以先閱讀本書來提升理解程度，再閱讀 Sutton 的書，相信對該書細節的掌握能有所幫助。爲此，本書以 Sutton 的教科書內容爲基礎，大部分的符號使用和演算法架構儘量遵循該書風格，但額外增加若干解釋以便降低閱讀門檻。爲了縮短學習時間，本書在不破壞強化學習整體知識與架構的前提下，選擇性討論相關概念與演算法。

對有志於讀懂 Sutton 著作（2nd Edition）的讀者，本書最佳使用方式爲，透過本書與該書內容的對應關係，先閱讀本書章節，再閱讀該書對應之章節。內容對應關係如下：本書第一章對應該書第一到三章；本書第二章對應該書第四章；本書第三章對應該書第五章；本書第四章對應該書第六章；本書第五章對應該書第七章；本書第六章對應該書第九章和第十章；本書第七章對應該書第八章；本書第八章對應該書第十二章；本書第九章對應該書第十三章。此外，Sutton 的著作將強化學習內容分成三大部分，第一部分爲表格解法，第二部分爲近似解法，第三部分爲與強化學習相關的領域探討和目前的技術瓶頸。就本書之章節安排，第一章到第五章，屬於 Sutton 著作的第一部分；第六章和第九章，屬於該書的第二部分；第七章和第八章的方法適用於第一部分的表格解法和第二部分的近似解法，可視爲獨立的章節。另外，爲了讓讀者能

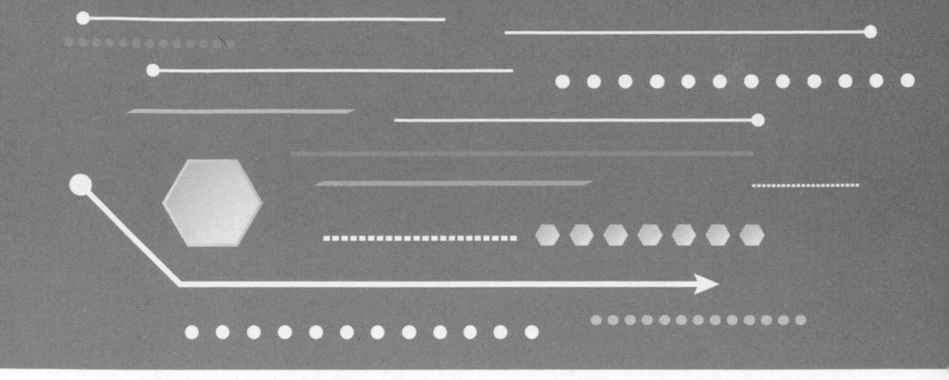

先了解強化學習可能的應用場景，本書第一章包含了 Sutton 著作中第三部分的少許內容。

個人認爲，若要較深入地了解強化學習方法與技術，勢必要動手撰寫程式。本書提供若干演算法應用範例，搭配程式碼和完整程式碼電子檔之使用，可適用於三個層次的學習方式。對於程度較好且有豐富程式撰寫經驗的讀者，在閱讀範例後，可直接將範例的環境用熟悉的程式語言實作，與本書的圖表結果比較，用以判別程式的正確性，不需參考範例後面提供的程式碼。對於程度中等且有程式撰寫經驗的讀者，可利用範例後面接續的程式碼，與本書裡的演算法虛擬碼 (pseudocode) 比較，了解其概念後再自行撰寫程式。對於較少程式撰寫經驗的讀者，可至下列網頁(https://www.ee.nthu.edu.tw/wychiu/)(點選Publication\ E. Monographs [E1])下載完整程式碼電子檔，透過逐行比對演算法和程式碼之間的關係來學習。值得一提的是，目前強化學習演算法之開發以Python程式語言爲主，網路上也有豐富的資源可供下載使用。本書的範例程式以Matlab程式語言爲主，主要因爲任教系所相關課程通常涉及軟硬體的實作整合，而現有的硬體平台較多支援Matlab。未來若時間允許，網頁上也將有Python撰寫的範例程式，提供讀者更多元的學習資源。

然而若僅將強化學習當作工程方法，學習過程未免太過枯燥。大致來說，強化學習考慮代理人 (agent) 與環境 (environment) 互動，而環境之變化視爲動態系統，與監督和非監督式學習最大差別在於，強化學習涉及搜尋最佳策略過程中探索 (exploration) 和開發 (exploitation) 之平衡。探索的目的在於讓代理人尋找比現存方法更好的解決方案，開發的目的在於使用代理人目前最有利的方式累積最高的獎勵 (reward)。強化學習中探索與開發的平衡，不僅可視爲工程系統設計過程中的取捨問題，也能與人生哲學做連結。舉例來說，我們畢業後在選擇自己最適合的職業，就是 exploitation；在職場上工作一陣子，考慮跳槽到其他類似或截然不同的職業，就是 exploration。在生活上，我們喜歡在自己的舒適圈 (comfort zone) 做自己最擅長的事，因爲熟悉所以通常做得好，但持續待在舒適圈久了，對個人視野有所侷限，多少會限制自己的發展；若能勇敢跳出舒適圈，做一些自己不擅長的事，或許有機會獲得更高的成就。做自己最擅長的事，在目前最有利的情況下獲得好的結果，就是 exploitation，做自己不擅長的事，探索更多的可能，就是 exploration。當然，我們不能一直做探索，因爲好酒沉甕底，總是需要時間和經驗的累積；比較好的方式是，將大部分的時間做自己擅長的事，少部分的時間用來做自己不擅長的事，這也就是本書會介紹的 ε 貪婪動作選擇策略。

期待本書能有系統且快速地帶領讀者了解與應用強化學習相關概念與技術。本書雖經過筆者的專題生和研究生試讀，難免還有錯誤與疏漏，期望諸位先進達人不吝指教，任何建議或錯誤勘正歡迎來信寄至 chiuweiyu@gmail.com，也歡迎欲以本書授課的教師來信索取教材投影片。

邱偉育 謹識

作者學經歷

經歷

清華大學電機系副教授
清華大學電機系助理教授
元智大學電機系助理教授
波蘭波茲南工業大學訪問學者
中央研究院資訊科技創新研究中心訪問學者
美國奧克拉荷馬州立大學訪問學者
美國普林斯頓大學博士後研究

學歷

清華大學博士
清華大學學士

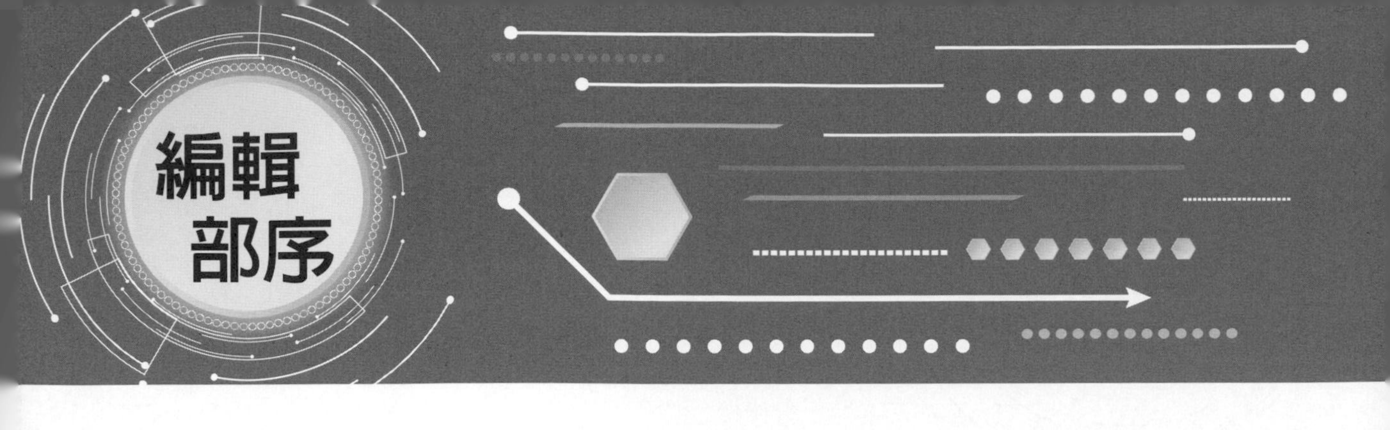

「系統編輯」是我們的編輯方針，我們所提供給您的，絕不只是一本書，而是關於這門學問的所有知識，他們由淺入深，循序漸進。

近年來因人工智慧興起，帶起許多學生、工程師與學者開始投入相關技術的學習、研究和開發。早期談到人工智慧，大部分會聯想到機器學習中的監督式學習和非監督式學習。然而監督或非監督式學習較難處理動態系統，機器學習技術的另一個分支─強化學習，剛好補足此缺口。

強化學習的應用相當廣，最有名的兩個例子為 AlphaGo 透過資料學習在圍棋比賽上屢獲佳績，以及 Google 利用強化學習技術，優化資料中心的運作，進而減少 40%的冷卻花費。相較於坊間中文化教材大部分以若干例子呈現強化學習的特色，本書以奠定基本功為目的，一步步帶領讀者建構完整的強化學習知識，介紹的相關概念包含：動態規劃、蒙地卡羅法、1 步時間差分法、n 步時間差分法、近似解法、規劃與學習、資格跡與學習、策略梯度法。

同時，為了使您能有系統且循序漸進研習相關方面的叢書，我們以流程圖方式，列出各有關圖書的閱讀順序，以減少您研習此門學問的摸索時間，並能對這門學問有完整的知識。若您在這方面有任何問題，歡迎來函連繫，我們將竭誠為您服務。

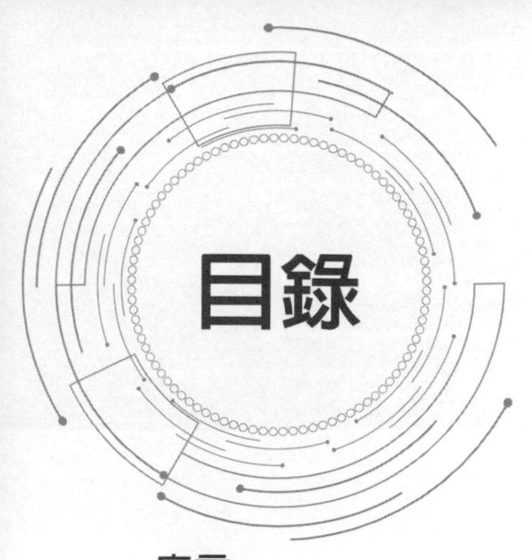

序言 iii

符號表 x

1 強化學習框架 1-1

1-1 強化學習主要元素與馬可夫決策過程 ...1-3
1-2 範例1.1 ...1-7
1-3 策略和價值函數 ...1-9
1-4 範例1.2 ...1-12
1-5 最佳策略和最佳價值函數 ...1-13
重點回顧 ...1-15
章末練習 ...1-17

2 動態規劃 2-1

2-1 策略評估 ...2-2
2-2 策略改進 ...2-5
2-3 範例2.1與程式碼 ...2-7
2-4 策略疊代和價值疊代 ...2-10
2-5 動態規劃的優缺點與異步更新 ...2-13
2-6 範例2.2與程式碼 ...2-15
2-7 廣義策略疊代 ...2-18
重點回顧 ...2-19
章末練習 ...2-20

3 蒙地卡羅法 3-1

3-1 蒙地卡羅預測 ...3-2
3-2 同策略與異策略法 ...3-8
3-3 同策略蒙地卡羅控制 ...3-9
3-4 範例3.1與程式碼 ...3-14
3-5 異策略與重要性抽樣 ...3-18
3-6 異策略蒙地卡羅預測 ...3-21
3-7 異策略蒙地卡羅控制 ...3-26
重點回顧 ...3-29
章末練習 ...3-31

4 1步時間差分法 4-1

4-1 時間差分法 ...4-2
4-2 Sarsa和Q學習 ...4-4
4-3 範例4.1與程式碼 ...4-7
4-4 期望Sarsa ...4-11
重點回顧 ...4-13
章末練習 ...4-14

5 n步時間差分法 5-1

5-1 n步時間差分預測 ...5-2
5-2 n步Sarsa與n步期望Sarsa ...5-6
5-3 範例5.1與程式碼 ...5-12
5-4 異策略n步時間差分控制 ...5-15
重點回顧 ...5-23
章末練習 ...5-25

6 近似解法 6-1

6-1 函數近似與隨機梯度下降 6-3
6-2 同策略梯度與半梯度預測 6-10
6-3 同策略回合式半梯度控制 6-16
6-4 範例6.1與程式碼 6-20
6-5 異策略深度Q網路..........................6-26
6-6 同策略差分半梯度控制...................6-29
重點回顧 6-33
章末練習 6-35

7 規劃與學習 7-1

7-1 規劃 7-2
7-2 範例7.1與程式碼 7-5
7-3 優先掃掠 7-9
7-4 內在動機 7-12
7-5 範例7.2與程式碼 7-14
重點回顧 7-19
章末練習 7-20

8 資格跡與學習 8-1

8-1 資格跡和λ報酬.................................8-2
8-2 半梯度TD(λ)和回合式半梯度Sarsa(λ) 8-4
8-3 資格跡和表格解法 8-11
8-4 範例8.1與程式碼 8-16
重點回顧 8-18
章末練習 8-20

9 策略梯度法 9-1

9-1 策略梯度與策略參數更新................9-2
9-2 簡樸策略梯度演算法 9-4
9-3 增強演算法 9-7
9-4 行動者評論家演算法 9-10
9-5 範例9.1與程式碼 9-14
重點回顧 9-20
章末練習 9-22

A 參考文獻 A-1

B 名詞索引 B-1

符號表

t	時步
τ	累積時步
T	任務終止時刻，在回合式任務中，爲隨機變量；在連續性任務中，T=∞
s,s'	狀態
a	動作
r	獎勵
$p(s',r\|s,a)$	在狀態s選擇動作a，轉移到狀態s'獲得獎勵r的機率
S_t	在時間t的狀態，爲隨機變量
S_0	任務起始狀態，可爲隨機變量
S_T	回合式任務終止狀態
A_t	在時間t的動作，爲隨機變量
R_t	在時間t的獎勵，爲隨機變量
γ	折扣率
G_t	在時間t後累積的獎勵；在時間t的報酬（爲隨機變量）
π	策略
$\pi(s)$	使用策略π，在狀態s選擇的動作
$\pi(a\|s)$	在狀態s選擇動作a的機率
$\theta > 0$	演算法參數，做閾値使用
$\boldsymbol{\theta}$	策略參數，做策略參數化使用
$\pi(a\|s,\boldsymbol{\theta})$	給定策略參數$\boldsymbol{\theta}$，在狀態s選擇動作a的機率
$v_\pi(s)$	在狀態s使用策略π的狀態價值；使用策略π的狀態價值函數

$q_\pi(s,a)$	在狀態動作配對(s,a)使用策略π的動作價值；使用策略π的動作價值函數
α	學習率
ε	使用ε貪婪動作選擇的參數，代表選擇任意動作的機率
δ_t	在時間t的時間差分誤差
$V(s)$	在狀態s的價值估測；狀態價值函數估測
$Q(s,a)$	在狀態動作配對(s,a)的價值估測；動作價值函數估測
$\boldsymbol{w}$	加權向量，用來做函數近似
$V(s,\boldsymbol{w})$	給定加權向量$\boldsymbol{w}$，在狀態s的價值估測；給定加權向量$\boldsymbol{w}$，狀態價值函數估測
$Q(s,a,\boldsymbol{w})$	給定加權向量$\boldsymbol{w}$，在狀態動作配對(s,a)的價值估測；給定加權向量$\boldsymbol{w}$，動作價值函數估測
$\boldsymbol{x}(s)$	在狀態s的特徵向量
$\boldsymbol{x}(s,a)$	在狀態動作配對(s,a)的特徵向量
(S_t,U_t)	一個訓練實例，S_t爲輸入，U_t爲輸出
K	動作空間的動作個數
N	瓦片層個數
ξ_i	瓦片編碼中第i維度的瓦片層偏置量
f_{ANN}	類神經網路
d	特徵向量維度
n	累計取樣次數；n步時間差分法的參數；規劃過程中的疊代次數
$\boldsymbol{z}_t$	在時間t的資格跡向量

強化學習框架

「機器學習」(Machine Learning) 爲實現人工智慧 (artificial intelligence)的主要技術，一般透過資料或過往經驗來最佳化人工智慧系統效能，圖 1.1 將機器學習 (machine learning) 粗略區分三類：「監督式學習」(Supervised Learning)、「非監督式學習」(Unsupervised Learning)、「強化學習」(Reinforcement Learning)。監督式學習主要利用標記範例 (labeled example) 學習，在給定系統輸入資訊的情況下，預測可能的系統輸出。非監督式學習主要利用未標記的資料 (unlabeled data) 學習，尋找隱藏在資料集背後的結構。強化學習爲本書主要探討對象，透過代理人 (agent) 與環境 (environment) 互動，企圖最大化累積獎勵 (cumulative reward)。

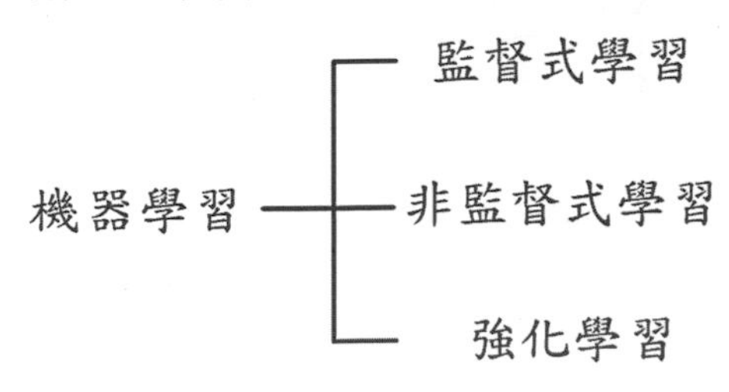

▲圖 1.1　機器學習分類。

強化學習與監督或非監督式學習最大差別在於，強化學習討論動態系統，必須考慮狀態的轉移，相較之下，監督或非監督式學習不涉及系統動態。在強化學習過程中，代理人與環境互動，依據環境的狀態 (state) 執行特定動作 (action)，該動作會獲得對應獎勵 (reward) 並引發狀態的轉移。我們可以把強化學習解釋爲，利用獎勵訊號強化代理人學習如何選擇動作，以便最大化累積獎勵 (cumulative reward) 或報酬 (return)。

爲了嚴謹地探討強化學習，本章將利用「馬可夫決策過程」(Markov decision process, MDP) 的數學模型，描述代理人與環境互動的軌跡。在馬可夫決策過程的框架下，代理人依據此刻的狀態選擇要被執行的動作，該選擇方式稱爲「策略」(Policy)。執行選擇的動作後，狀態會轉移到下一刻狀態，在此同時，代理人獲得對應的獎勵；下一刻獎勵和狀態具隨機性，其機率分布稱爲「轉移機率」(Transition Probability)。圖 1.2 總結上述代理人在馬可夫決策過程中與環境的互動，而代理人最大化累積獎勵即可解釋成最佳策略的尋找。

爲了找尋最佳策略，我們必須能客觀評斷策略的好壞，評斷的標準稱爲該策略的價值 (value)，較好的策略會有對應較高的價值。本章進一步推導出，給定一策略，該策略對應的價值必須滿足若干關係式，這些關係式稱爲「貝爾曼方程」(Bellman Equation)。因此，最佳策略會有對應的「貝爾曼最佳方程」(Bellman Optimality Equation)，該方程在後續章節將被用來找尋最佳策略。

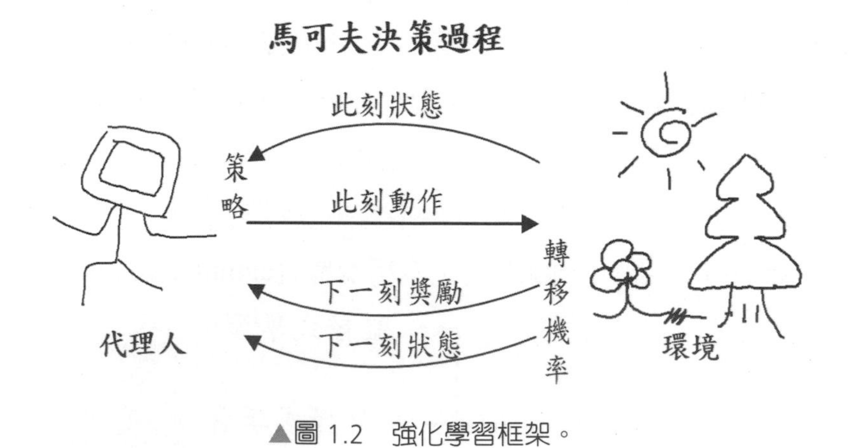

▲圖 1.2　強化學習框架。

1-1 強化學習主要元素與馬可夫決策過程

在探討強化學習框架下的數學元素前，我們先簡述該方法之若干應用。

1. 版圖遊戲 (board game) 策略學習與優化。人工智慧圍棋軟體 AlphaGo 為目前最有名的例子，由英國倫敦 Google DeepMind 公司於 2014 年開始開發。最終版本為 AlphaGo Zero，可透過自我學習 21 天後，贏過中國史上最年輕的七次世界冠軍得主柯潔 [2016 Wikipedia]。值得一提的是，AlphaGo 本身不單只是利用強化學習的方法來學圍棋，還包含了機器學習領域的監督式學習 (supervised learning) 技術；學習過程涉及職業棋士的棋譜使用、監督式學習的策略網路建構、強化學習的策略網路建構、軟體自我學習過程、價值網路建構等 [2016 Silver]。此外，TD-Gammon 軟體是另一個將強化學習演算法應用到版圖遊戲 Backgammon 的例子，由 IBM 的 Gerald Tesauro 開發 [1995 Tesauro]。
2. Google 資料中心冷卻系統優化。為了處理資料中心電腦設備運作所產生的熱能，必須額外耗費大量電能讓冷卻系統持續監控資料中心的溫度。DeepMind AI 利用強化學習技術，讓資料中心運作更有效率，並宣稱可以減少冷卻花費約 40% [2016 DeepMind]。
3. 自主式滑翔機 (glider) 的操控。自主式滑翔機希望透過對功角 (angle of attack) 和傾斜角 (bank angle) 的控制，於利用上升暖氣流做滑翔時，能獲得最大的高度提升。研究顯示，依據當地氣流的垂直速度和加速度，做功角和傾斜角的選擇最為有效 [2016 Reddy]，而此角度的選擇方式即可透過強化學習過程做最佳化。
4. 智慧能源系統中再生能源買賣之競價機制。近年來各國提倡再生能源之使用來降低溫室氣體排放，然而該能源之生產具不確定性，若能最佳化能源買賣的競價機制，則有利於活絡再生能源的交易市場，進而提升再生能源之使用意願。考量再生能源的不確定性，強化學習可依據過往再生能源產量、再生能源預測量、再生能源可能需求量、用電端儲能裝置剩餘電量等資訊，學習最佳的競價策略，用以最大化利潤或用電滿意度 [中華民國專利 I687890]。

上述前兩個例子為目前強化學習應用中最具有顯著成果的場景，後兩個例子呈現強化學習裡的可能元素，包含目的、動作選擇、動作選擇之依據、環境之不確定性等。為了能有系統地研究強化學習的架構與方法，本節將介紹強化學習中的相關元素與其背後的數學模型。

強化學習主要元素爲代理人 (agent)、環境 (environment)、狀態 (state)、動作 (action)、獎勵 (reward)。強化學習旨在處理代理人與環境的交互，在時刻t透過環境提供的狀態資訊S_t，代理人選擇動作A_t，被選擇的動作將影響下一時刻$t+1$的狀態S_{t+1}和獎勵R_{t+1}。習慣上，用大寫符號代表「隨機變數」(Random Variable)，如：狀態S_t、動作A_t、獎勵R_{t+1}等，皆爲隨機變數；用小寫符號代表定值，如：s'、r、s、a等，皆爲定值。圖 1.3 呈現強化學習裡代理人與環境的交互關係。在代理人與環境的交互過程中，代理人將透過獎勵不斷修正動作選擇，企圖最大化累積獎勵 (cumulative reward) 或報酬 (return)。

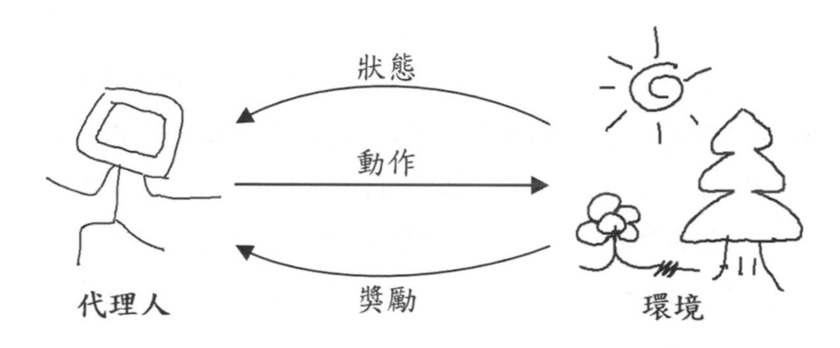

▲圖 1.3　代理人與環境之交互關係。

強化學習主要建立在馬可夫決策過程，此過程透過機率函數p的使用，描述狀態、動作和獎勵之間關係，方便數學分析與推導。定義轉移機率$p(s',r|s,a)$：

$$p(s',r|s,a) \triangleq p(S_{t+1}=s',R_{t+1}=r|S_t=s,A_t=a). \tag{1.1}$$

上式中，條件機率$p(S_{t+1}=s',R_{t+1}=r|S_t=s,A_t=a)$代表在此刻狀態$S_t$爲$s$和動作$A_t$爲$a$的條件下，下一刻狀態$S_{t+1}$爲$s'$和獎勵$R_{t+1}$爲$r$的機率。時刻符號$t$是用來區分當下和下一時刻，而下一刻狀態和獎勵只與當下時刻的狀態和動作有關，與前一時刻或更早之前的資訊無關，因此馬可夫決策過程無記憶性 (memorylessness)。本書主要考慮有限 (finite) 馬可夫決策過程，亦即狀態s、動作a和獎勵r皆爲有限個，分別屬於有限集合$s\in\boldsymbol{S}$、$a\in\boldsymbol{A}(s)$、$r\in\boldsymbol{R}$，但在某些範例或練習中，馬可夫決策過程也會涉及無限個狀態、無限個動作或無限個獎勵。

當代理人與環境互動，依據(1.1)的馬可夫決策過程可獲得軌跡：

$$S_0,A_0,R_1,S_1,A_1,R_2,S_2,\dots,S_t,A_t,R_{t+1},S_{t+1},\dots \tag{1.2}$$

此處針對獎勵和下一時刻狀態使用相同下標$t+1$，用意在強調獎勵和狀態轉移是一併發生的，但也有學者會使用$S_t, A_t, R_t, S_{t+1}, \ldots$的表示方式。(1.2)的軌跡可用圖 1.4 表示。

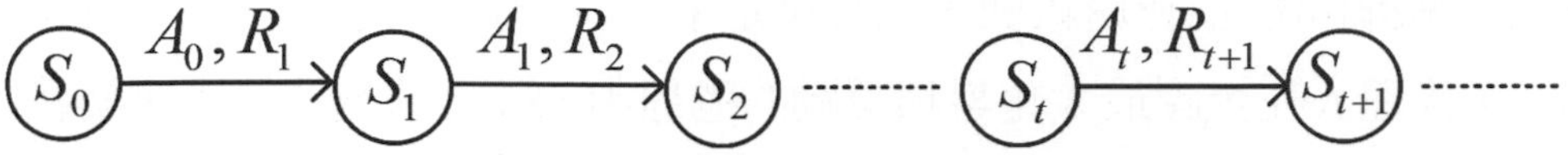

$$S_0 \xrightarrow{A_0, R_1} S_1 \xrightarrow{A_1, R_2} S_2 \cdots\cdots S_t \xrightarrow{A_t, R_{t+1}} S_{t+1} \cdots\cdots$$

▲圖 1.4　馬可夫決策過程中的軌跡示意圖。

根據機率定義，給定任一狀態s和動作a，我們有

$$\sum_{s',r} p(s', r|s, a) = 1. \tag{1.3}$$

另一方面，「狀態轉移機率」(State-Transition Probability) $p(s'|s, a)$可從轉移機率$p(s', r|s, a)$求得：

$$p(s'|s, a) \triangleq \sum_r p(s', r|s, a). \tag{1.4}$$

依據轉移機率$p(s', r|s, a)$的特性，可將環境 (environment) 區分成確定性的環境 (deterministic environment) 和隨機的環境 (stochastic environment)；也可區分成穩態環境 (stationary environment) 和非穩態環境 (nonstationary environment)。若環境爲確定性的，則對所有s'、r、s、a的組合或所有元組(s', r, s, a)，我們有$p(s', r|s, a) = 0$或$p(s', r|s, a) = 1$；若環境爲隨機的，則至少有一個s'、r、s、a的組合或一個元組(s', r, s, a)，讓$p(s', r|s, a) > 0$且$p(s', r|s, a) < 1$。若環境爲穩態，則$p(s', r|s, a)$的統計特性不隨時間改變，亦即$p(s', r|s, a)$的數值不隨時間改變；若環境爲非穩態，則$p(s', r|s, a)$的統計特性隨時間改變，亦即$p(s', r|s, a)$的數值隨時間改變。

在馬可夫決策過程的模型下，代理人將透過獎勵不斷修正動作選擇，企圖最大化報酬G_t：

$$G_t \triangleq R_{t+1} + \gamma R_{t+2} + \gamma^2 R_{t+3} + \cdots = R_{t+1} + \gamma G_{t+1}. \tag{1.5}$$

從上式來看，報酬G_t即是將未來可能獲得的獎勵R_{t+n}累積起來，因此也稱爲累積獎勵，而累積獎勵的過程通常將獎勵乘上適當加權γ^{n-1}，其中$\gamma \in [0,1]$稱爲「折扣率」(Discount Rate) 或「折扣因子」(Discount Factor)。折扣率的使用可從兩個層面來理解：第一，報酬可能爲無窮級數，此時選定小於 1 的折扣率數學上可確保級數收斂；第二，代理人在企圖最大化累積獎勵的過程中，離此刻越遠的未來獎勵不確定性較大，可利用以折扣率爲底數的指數 (γ^{n-1}) 給予較低的加權，降低該獎勵對整體報酬的影響。另一方面，折扣率的設定可讓代理人變得較短視近利 (myopic) 或較有遠見 (farsighted)。當$\gamma = 0$時，報酬G_t就是立即的獎勵R_{t+1}，亦即不考慮未來獎勵的貢獻，此時代理人爲短視近利；若當下動作A_t只影響立即獎勵R_{t+1}，則最大化報酬等同於在每個時刻最大化獎勵。當$\gamma \to 1$時，報酬G_t與未來的獎勵有關，折扣率越接近 1 代理人越具遠見。

折扣率的設定與強化學習要處理的問題有關，習慣上我們將強化學習問題分爲「回合式任務」(Episodic Task) 和「連續性任務」(Continuing Task)，回合式任務有最終時刻 T (final time step)的概念，對應的狀態S_T稱爲「終點狀態」(Terminal State)，而連續性任務沒有終點的概念。在回合式任務中，T 爲隨機變數，在不同「回合」(Episode) 數值可能不一樣，此時折扣率$\gamma \in [0,1]$，通常設定成$\gamma = 1$。數學上當$t \geq T$時，定義獎勵與報酬爲：

$$R_t \triangleq 0 \quad \forall\ t > T, G_T \triangleq 0. \tag{1.6}$$

在連續性任務中，爲了讓(1.4)不會趨近無窮大造成數學上無法定義，我們設定$\gamma \in [0,1)$；此時，若獎勵序列有上下界，則報酬爲有限值。

在結束本節前，筆者欲將獎勵和報酬的概念與生活經驗做連結。折扣率的設定連接了獎勵和報酬的關係，折扣率越接近 1，代表看得更遠，重視長期的累積成果（報酬），而非只專注當下的獎勵。強化學習的目的是最大化報酬，其過程類似於我們想要達成某個人生目標，即便當下所做的決定造成較小的收穫甚或有損自身利益，只要方向正確，持續不斷努力還是可以獲得不錯的成果。如果我們太短視近利（折扣率越接近 0 或等於 0），只在乎當下的得與失，長期下來對達成較長遠的目標幫助不大。從這個角度來說，人生或許應該將折扣率設定大一點，用較具遠見的觀點，決定當下的所有選擇。

1-2 範例 1.1

本範例討論回合式任務和連續性任務的網格世界 (gridworld)，以便提升讀者對相關符號與術語使用之理解程度。除了網格世界的基準問題 (benchmark problems)，本書將陸續介紹山地車 (mountain car)、倒單擺 (inverted pendulum)等的強化學習任務[Gatti 2015]，分析各類強化學習演算法。

回合式任務的討論以圖 1.5 的代理人走迷宮爲例，任務起點爲迷宮入口$S_0 = (1,1)$，任務終點爲迷宮出口$S_T = (1,8)$。一次成功地從入口走到出口即爲一次回合式任務。在每個時步 (time step)，代理人可選擇上、下、左、右四個動作（a分別標記爲↑、↓、←、→），並做相對應之移動，但若遇障礙物（有色區塊）或迷宮邊界，則代理人位置維持不動。假設每走一步獲得獎勵$R = -1$，設定折扣率$\gamma = 1$，學習目的爲用最少的步數或時間走至迷宮出口。若第一次執行回合式任務耗費的步數爲T_1，則報酬爲$-T_1$；若第二次執行任務選擇了不同路徑，耗費的步數爲T_2，則報酬爲$-T_2$。一般而言，$T_1 \neq T_2$，亦即任務結束時刻具隨機性。

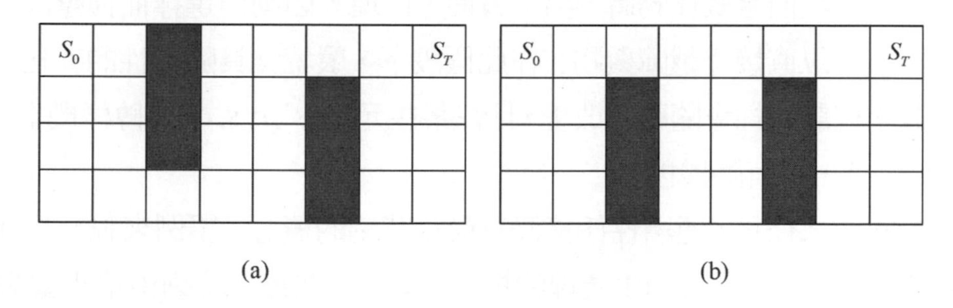

▲圖 1.5　回合式任務的迷宮範例，迷宮(a)和迷宮(b)的入口和出口相同，
但迷宮裡面障礙物位置不同。
代理人學習從迷宮入口$S_0 = (1,1)$移動到迷宮出口$S_T = (1,8)$。

圖 1.5 的迷宮例子可用來說明環境的四種分類：具確定性的穩態環境、具確定性的非穩態環境、具隨機性的穩態環境、具隨機性的非穩態環境。前述代理人走迷宮的任務描述，不論是圖 1.5(a)或圖 1.5(b)的迷宮，其環境爲具確定性的穩態環境。接下來我們額外增加一些假設條件，形成具確定性的非穩態環境、具隨機性的穩態環境或具隨機性的非穩態環境。

假設迷宮環境在執行滿 100 次回合式任務後改變，舉例來說，代理人在前 100 次回合式任務中，迷宮環境爲圖 1.5(a)，在 101~200 次回合式任務中，迷宮環境變成圖 1.5(b)，在 201~300 次回合式任務中，迷宮環境又變成圖 1.5(a)。在此假設下，環境爲具確定性的非穩態環境，因爲前 100 次回合式任務中，$p((1,2),-1|(1,2),\rightarrow)=1$，但在 101~200 次回合式任務中，$p((1,2),-1|(1,2),\rightarrow)=0$，亦即轉移機率統計特性改變了，但對所有元組$(s',r,s,a)$轉移機率仍維持$p(s',r|s,a)=0$或$p(s',r|s,a)=1$的確定性特徵。

考慮圖 1.5(a) 迷宮，假設轉移機率 $p((1,4),r|(1,2),\rightarrow)=0.01$ 且 $p((1,2),r|(1,2),\rightarrow)=0.99$，亦即在狀態位置$(1,2)$選擇動作→，代理人有很小的機率可以直接穿越在$(1,3)$的障礙物並移動到位置$(1,4)$，在大部分的時候，代理人因爲障礙物的存在而保持在相同位置上。在此假設下，環境爲具隨機性的穩態環境，因爲對所有元組(s',r,s,a)，$p(s',r|s,a)$數值不隨時間改變，但在某些元組(s',r,s,a)下轉移機率滿足$0<p(s',r|s,a)<1$，亦即具隨機性。

假設迷宮環境會在圖 1.5(a)和圖 1.5(b)間做週期性的轉換，該轉換發生在代理人每執行滿 100 次回合式任務時。另一方面，代理人因動作選擇而撞擊障礙物時，有很小的機率可以直接穿越障礙物。在此假設下，環境爲具隨機性的非穩態環境，因爲轉移機率統計特性會隨時間改變，且在某些元組(s',r,s,a)下轉移機率滿足$0<p(s',r|s,a)<1$，具有隨機性。

相較於回合式任務，連續性任務沒有最終時刻的概念。舉例來說，考慮時變的物品需求量，代理人學習透過生產線的控制，儘可能在每一時刻供給相當數量的物品。因爲物品需求量隨時間改變，供給與需求的平衡在每一時刻都希望被達到，沒有明顯的起始點和終點，因此視爲連續性任務。處理供需平衡的問題時，生產線的控制與代理人的動作選擇有關，每一時刻供給與需求量的差值與獎勵有關。

圖 1.6 的5×7網格世界爲另一個連續性任務的例子，每一格子視爲一個狀態（位置狀態），共 35 個狀態。代理人動作爲上、下、左、右，每選擇一次動作，代理人狀態做對應移動，獎勵爲$R=-1$，但以下兩種情形除外：若該動作導致代理人超出網格世界，則代理人位置不動，亦即下一刻狀態等於此刻狀態，獎勵爲$R=-1$；若代理人狀態爲(2,7)，則不管選擇任何動作，狀態轉移如圖中箭頭所示，下一刻代理人狀態爲(2,1)並獲得獎勵$R=20$。

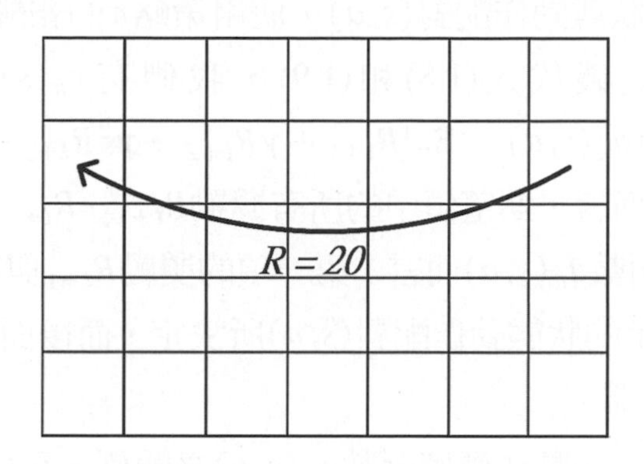

▲圖 1.6　連續性任務的網格世界範例。

1-3 策略和價值函數

代理人根據目前狀態，透過動作選擇來改變每個時刻可獲得的獎勵，其選擇方式由策略π來定義：

$$\pi(a|s) \triangleq p(A_t = a|S_t = s). \tag{1.7}$$

$\pi(a|s)$代表給定狀態s選擇動作a的機率。若動作選擇具有隨機性，亦即在某些配對(s,a)下我們有$0 < \pi(a|s) < 1$，則$\pi(a|s)$稱爲隨機策略 (stochastic policy)。若策略π在所有狀態s下，動作選擇不具隨機性，亦即對所有配對(s,a)，我們有$\pi(a|s) = 0$或$\pi(a|s) = 1$，則$\pi(a|s)$稱爲確定性策略 (deterministic policy)，此時習慣上使用$\pi(s)$代表在狀態s下選擇的動作。

給定策略π，可定義「狀態價值函數」(State-Value Function) 和「動作價值函數」(Action-Value Function)。狀態價值函數$v_\pi(s)$定義爲：

$$v_\pi(s) \triangleq \mathbf{E}_\pi[G_t|S_t = s] \tag{1.8}$$

其中，$\mathbf{E}[\cdot]$代表期望值 (expectation)，而$\mathbf{E}_\pi$代表在使用策略π的期望值。因此，$v_\pi(s)$代表在狀態s，使用策略π的報酬期望值。動作價值函數$q_\pi(s,a)$定義爲：

$$q_\pi(s,a) \triangleq \boldsymbol{E}_\pi[G_t|S_t = s, A_t = a] \tag{1.9}$$

因此，$q_\pi(s,a)$代表在狀態動作配對(s,a)，使用策略π的報酬期望值。值得注意的是，將(1.5)報酬的定義代入(1.8)和(1.9)，我們有$v_\pi(s)=\mathbf{E}_\pi[R_{t+1}+\gamma R_{t+2}+\gamma^2 R_{t+3}+\cdots|S_t=s]$和$q_\pi(s,a)=\mathbf{E}_\pi[R_{t+1}+\gamma R_{t+2}+\gamma^2 R_{t+3}+\cdots|S_t=s,A_t=a]$，對狀態價值函數$v_\pi(s)$而言，期望值中的所有獎勵$R_{t+1}$、$R_{t+2}$、$R_{t+3}$……皆與策略$\pi$有關，但對動作價值函數$q_\pi(s,a)$而言，第一項的獎勵$R_{t+1}$與策略$\pi$無關，因為該獎勵是由條件機率中給定的狀態動作配對$(s,a)$所決定，而後面項的獎勵$R_{t+2}$、$R_{t+3}$、$R_{t+4}$……才與策略$\pi$有關。

狀態價值函數$v_\pi(s)$和動作價值函數$q_\pi(s,a)$之關係，可由下面兩式描述：

$$v_\pi(s)=\textstyle\sum_a \pi(a|s)\, q_\pi(s,a) \tag{1.10}$$

$$q_\pi(s,a)=\textstyle\sum_{s',r} p(s',r|s,a)[r+\gamma v_\pi(s')]. \tag{1.11}$$

(1.10)式可由下解釋：在狀態s，計算使用策略π的報酬期望值，可透過先計算在狀態s選擇動作a的個別報酬期望值$q_\pi(s,a)$，再乘上選擇動作a的機率$\pi(a|s)$累加起來。(1.11)式可由下解釋：在狀態動作配對(s,a)，計算使用策略π的報酬期望值，可透過先計算立即獎勵r，加上在下一個時刻的狀態s'使用策略π的報酬期望值$\gamma v_\pi(s')$，此個別總合$[r+\gamma v_\pi(s')]$再乘上發生機率$p(s',r|s,a)$累加起來。不論是(1.10)或(1.11)，報酬期望值的計算皆符合直覺，基本上都是考量在狀態s或狀態動作配對(s,a)下，所有可能狀況造成的報酬期望值，再乘上個別狀況發生機率$\pi(a|s)$或$p(s',r|s,a)$累加起來。

價值函數更新規則或關聯性描述常用「返回圖」(Backup Diagram) 做視覺化呈現；在返回圖中，最上面節點的價值，可由下面所有節點的個別價值返回計算獲得。圖 1.7 呈現(1.10)和(1.11)對應的返回圖。

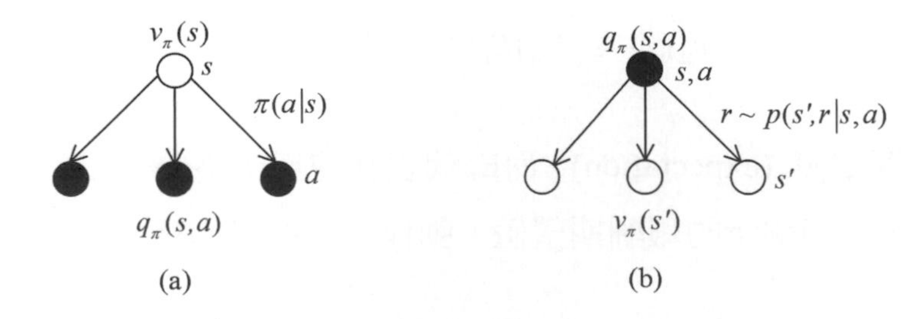

▲圖 1.7 (a) (1.10)式返回圖；(b) (1.11)式返回圖。

(1.10)將狀態價值函數用動作價值函數表示，(1.11)將動作價值函數用狀態價值函數表示，若將狀態價值函數用狀態價值函數表示或將動作價值函數用動作價值函數表示，則可得貝爾曼方程 (Bellman equation)。將(1.11)代入(1.10)可得v_π的貝爾曼方程：

$$v_\pi(s) = \sum_a \pi(a|s) \sum_{s',r} p(s',r|s,a)[r + \gamma v_\pi(s')]. \tag{1.12}$$

將(1.10)代入(1.11)可得q_π的貝爾曼方程：

$$q_\pi(s,a) = \sum_{s',r} p(s',r|s,a)[r + \gamma \sum_{a'} \pi(a'|s')\, q_\pi(s',a')]. \tag{1.13}$$

圖 1.8 呈現(1.12)和(1.13)對應的返回圖。(1.12)式的返回圖可將圖 1.7(b)接到圖 1.7(a)底下獲得；(1.13)式的返回圖可將圖 1.7(a)接到圖 1.7(b)底下獲得。

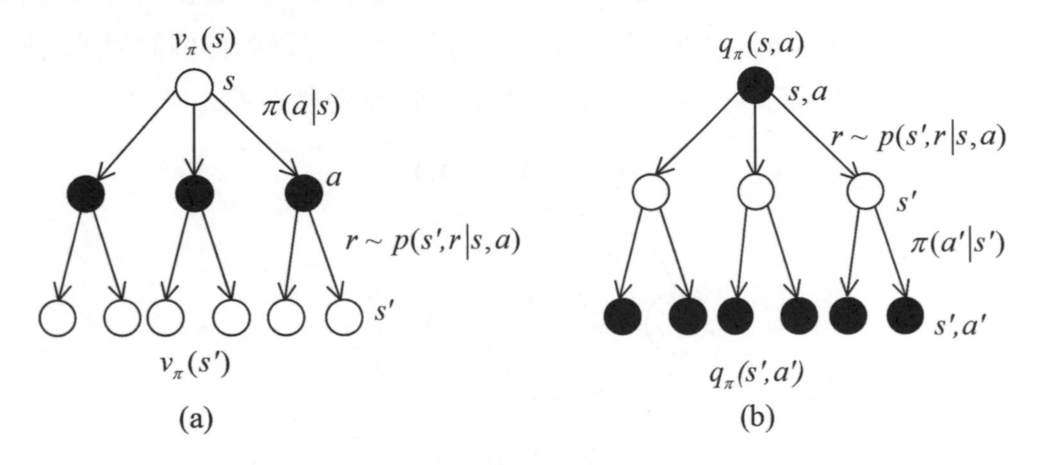

▲圖 1.8　(a) (1.12)式返回圖；(b) (1.13)式返回圖。

1-4 範例 1.2

本範例討論確定性策略和隨機策略，並計算使用策略所產生的價值。考慮圖 1.9 的回合式任務，該任務從起點S_0選擇動作a_k即到終點S_T（$T=1$），並獲得獎勵R_T。上述任務的特性是，動作的選擇與狀態無關，且選擇完動作任務即結束。具此特性的任務所衍生出的最佳動作選擇問題，統稱爲「多臂拉霸問題」(Multi-armed Bandit Problem)，若有 K 個動作可以選擇，則該問題可以更明確地稱作「K 臂拉霸問題」(K-armed Bandit Problem)。

圖 1.9 爲具隨機性的穩態環境，選擇動作a_k獲得的獎勵R_T爲「高斯隨機變數」(Gaussian Random Variable)，該變數的平均爲μ_k，標準差爲σ_k，習慣上用符號$R_T \sim N(\mu_k, \sigma_k)$代表。考慮確定性策略$\pi_k(S_0) = a_k$，使用該策略的狀態價值爲$v_{\pi_k}(S_0) = \boldsymbol{E}_{\pi_k}[R_T|S_0] = \mu_k$。考慮均勻隨機策略$\pi(a_k|S_0) = 1/K$，使用該策略的狀態價值爲$v_\pi(S_0) = \boldsymbol{E}_\pi[R_T|S_0] = \sum_{k=1}^{K} \mu_k/K$。值得注意的是，若考慮動作價值函數與任意策略$\pi'$，則$q_{\pi'}(S_0, a_k) = \boldsymbol{E}_{\pi'}[R_T|S_0, A_0 = a_k] = \mu_k$，亦即動作價值與策略無關。此外，不論是確定性策略或隨機策略，其價值函數皆與標準差σ_k無關。

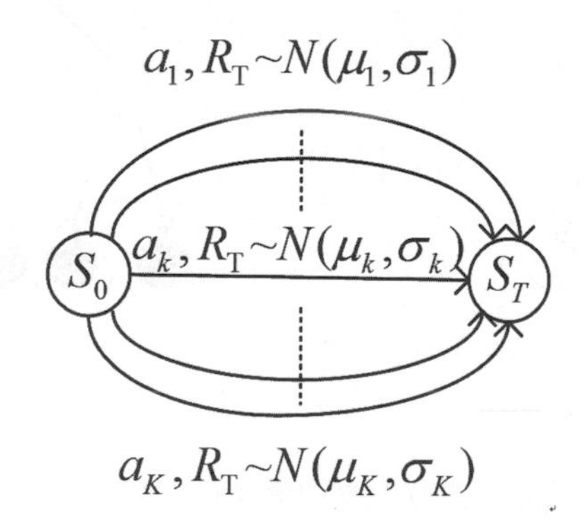

▲圖 1.9 回合式任務，起點和終點為S_0和S_T，共K個動作可選取，若選擇動作a_k，對應獎勵為平均為μ_k且標準差為σ_k的高斯隨機變數。

1-5 最佳策略和最佳價值函數

給定兩個策略π'和π，π'比π更好或一樣好的數學定義為：

$$v_{\pi'}(s) \geq v_\pi(s) \qquad \forall s \in \boldsymbol{S}. \tag{1.14}$$

根據上述定義，「最佳策略」(Optimal Policy) 是比所有其他策略更好或一樣好的策略，習慣上以π_*代表。最佳策略未必唯一，但所有最佳策略皆擁有相同的價值函數。π_*對應的「最佳狀態價值函數」(Optimal State-Value Function) $v_*(s)$定義為：

$$v_*(s) \triangleq \max_\pi v_\pi(s) \qquad \forall s \in \boldsymbol{S}. \tag{1.15}$$

π_*對應的「最佳動作價值函數」(Optimal Action-Value Function) $q_*(s,a)$定義為：

$$q_*(s,a) \triangleq \max_\pi q_\pi(s,a) \qquad \forall s \in \boldsymbol{S}, \forall a \in \boldsymbol{A}(s). \tag{1.16}$$

下述定理描述最狀態價值函數$v_*(s)$和最佳動作價值函數$q_*(s,a)$之關係。

定理 1.1

a. $$v_*(s) = \max_a q_*(s,a). \tag{1.17}$$

b. $$q_*(s,a) = \sum_{s',r} p(s',r|s,a)[r + \gamma v_*(s')]. \tag{1.18}$$

證明：

a. $v_*(s) \triangleq \max_\pi v_\pi(s) = \max_\pi \sum_a \pi(a|s)\, q_\pi(s,a)$ [參考(1.10)]

$\leq \max_\pi \max_a q_\pi(s,a) = \max_a \max_\pi q_\pi(s,a) = \max_a q_*(s,a)$.

然而，$\max_a q_\pi(s,a)$可視為狀態價值函數，因此我們有

$\max_a q_*(s,a) = \max_\pi \max_a q_\pi(s,a) \leq \max_\pi v_\pi(s) = v_*(s)$.

b. $q_*(s,a) \triangleq \max_\pi q_\pi(s,a) = \max_\pi \sum_{s',r} p(s',r|s,a)[r + \gamma v_\pi(s')]$ [參考(1.11)]

$= \sum_{s',r} p(s',r|s,a)[r + \gamma \max_\pi v_\pi(s')] = \sum_{s',r} p(s',r|s,a)[r + \gamma v_*(s')]$.

■

(1.17)將最佳狀態價值函數用最佳動作價值函數表示，(1.18)將最佳動作價值函數用最佳狀態價值函數表示，圖 1.10 呈現(1.17)和(1.18)對應的返回圖。若將最佳狀態價值函數用最佳狀態價值函數表示或將最佳動作價值函數用最佳動作價值函數表示，則可得「貝爾曼最佳方程」(Bellman Optimality Equation)。將(1.18)代入(1.17)可得v_*的貝爾曼最佳方程：

$$v_*(s) = \max_a \sum_{s',r} p(s', r|s, a)[r + \gamma v_*(s')]. \tag{1.19}$$

將(1.17)代入(1.18)可得q_*的貝爾曼最佳方程：

$$q_*(s, a) = \sum_{s',r} p(s', r|s, a)[r + \gamma \max_{a'} q_*(s', a')]. \tag{1.20}$$

圖 1.11 呈現(1.19)和(1.20)對應的返回圖。(1.19)式的返回圖可將圖 1.10(b)接到圖 1.10(a)底下獲得；(1.20)式的返回圖可將圖 1.10(a)接到圖 1.10(b)底下獲得。

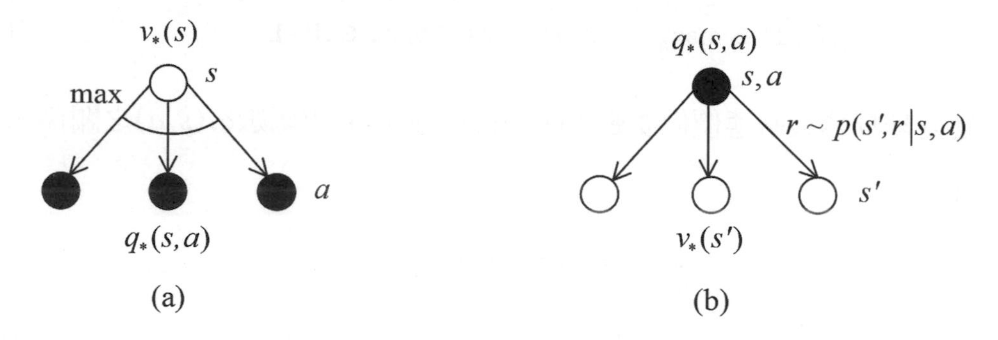

▲圖 1.10 (a) (1.17)式返回圖；(b) (1.18)式返回圖。

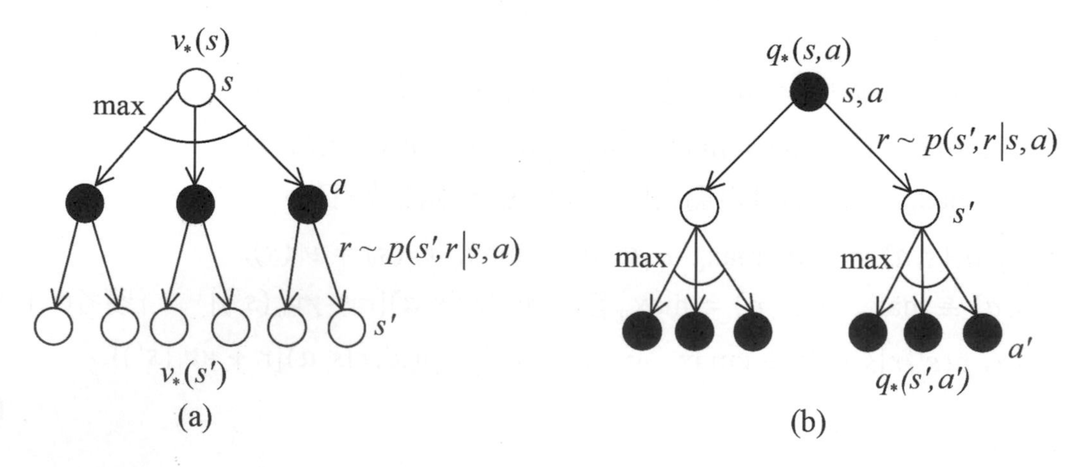

▲圖 1.11 (a) (1.19)式返回圖；(b) (1.20)式返回圖。

重點回顧

1. 強化學習主要元素爲代理人、環境、狀態、動作、獎勵，其中的狀態、動作、獎勵爲代理人與環境互動產生的訊號，這些訊號關係由馬可夫決策過程所定義。
2. 強化學習的學習過程爲：環境提供代理人當時刻的狀態資訊（或代理人主動量測環境當時刻的狀態資訊），代理人依據狀態選擇動作，該動作影響下一時刻的狀態和獎勵。
3. 確定性環境，轉移機率滿足$p(s',r|s,a)=0$或$p(s',r|s,a)=1$；隨機環境，至少存在一組合s'、r、s、a，讓轉移機率滿足$1>p(s',r|s,a)>0$。穩態環境，$p(s',r|s,a)$的統計特性不隨時間改變；非穩態環境，$p(s',r|s,a)$的統計特性隨時間改變。
4. 隨機策略是在某些配對(s,a)下，我們有$0<\pi(a|s)<1$；確定性策略是在所有配對(s,a)下，我們有$\pi(a|s)=0$或$\pi(a|s)=1$，此時習慣上使用$\pi(s)$代表在狀態s下選擇的動作。
5. 強化學習處理的問題分成回合式任務和連續性任務。回合式任務有明顯的終點狀態，連續性任務則無。
6. 強化學習的目的爲最大化代理人所獲得的報酬，報酬定義爲累積獎勵。最大化報酬的手段是使用最佳策略，策略可視爲給定狀態下選擇動作的條件機率。
7. 策略的優劣取決於對應之價值函數，價值函數必須滿足貝爾曼方程。
8. 價值函數包含狀態價值函數和動作價值函數，返回圖可提供視覺化的價值函數關聯性。
9. 圖 1.12 彙整貝爾曼方程之返回圖。

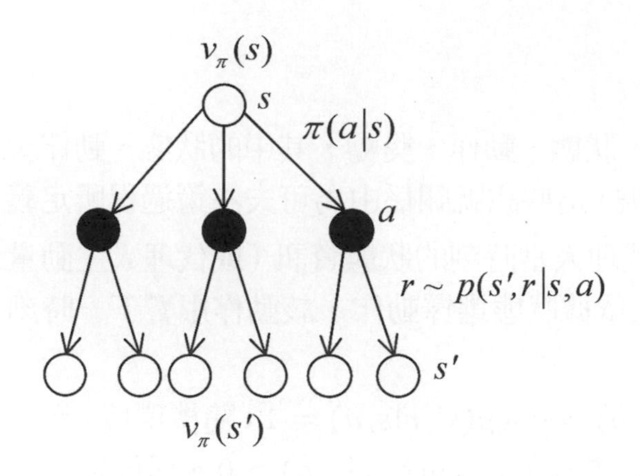

$v_\pi(s)$的貝爾曼方程返回圖

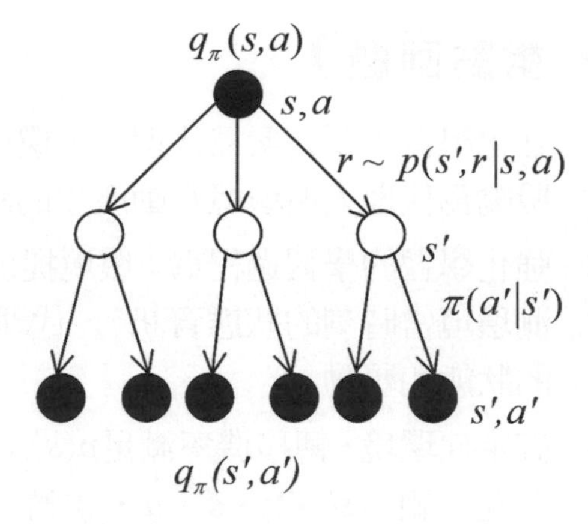

$q_\pi(s,a)$的貝爾曼方程返回圖

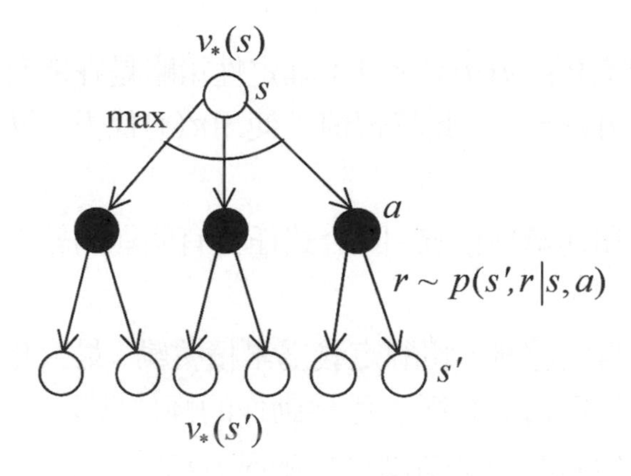

$v_*(s)$的貝爾曼最佳方程返回圖

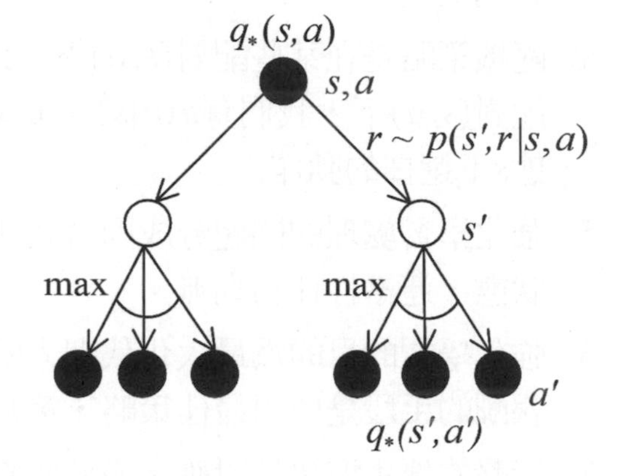

$q_*(s,a)$的貝爾曼最佳方程返回圖

▲圖 1.12　狀態價值、動作價值、最佳狀態價值、最佳動作價值的貝爾曼方程之返回圖。

章末練習

練習 1.1 考慮下圖在滑車上的倒單擺位置控制問題，視爲回合式任務。倒單擺長度爲ℓ，與垂直線的夾角爲$\theta(t)$，$u(t)$爲滑車的受力（加速度訊號），目標爲控制$\theta(t) \in (-\frac{\pi}{2}, \frac{\pi}{2})$，當夾角超出控制目標範圍，任務結束。爲利用強化學習達成控制目標，請定義狀態和動作，並設計獎勵訊號。

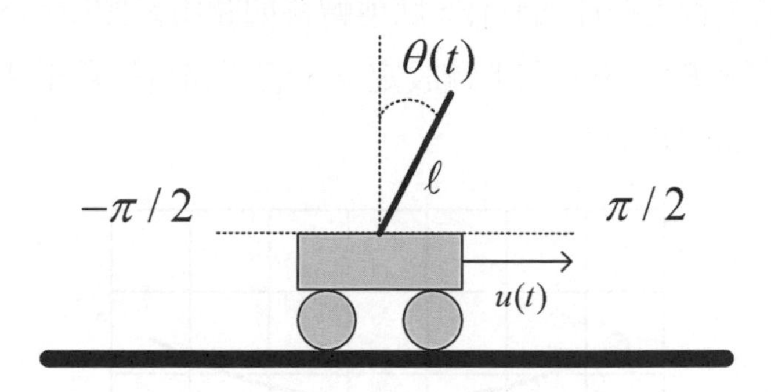

練習 1.2 承練習 1.2，假設夾角的角速度$\dot{\theta}(t)$可量測，將角速度納入狀態資訊是否有助於學習？請說明原因。

練習 1.3 代理人學習從下圖的迷宮入口S_0走到出口S_T，迷宮出口則視爲終點狀態，而每次從入口走到出口即視爲執行一次回合式任務。在每個時間點，代理人可選擇上、下、左、右四個方向，並做相對應之移動，但若遇障礙物（有色區塊）或迷宮邊界，則代理人位置維持不動。設定折扣率$\gamma = 1$，代理人學習目的爲用最少的時間走至迷宮出口，請定義狀態和動作，並設計獎勵訊號。

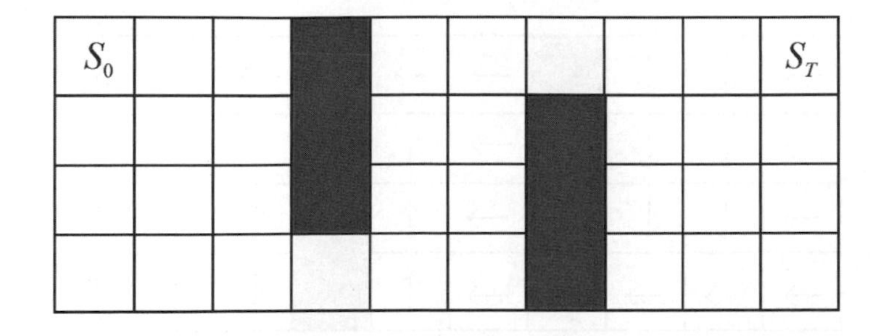

練習 1.4 承練習 1.3，設計每走一步獲得獎勵$R = 0$，到達終點獲得獎勵$R = 1$，此種設計是否有助於代理人學習用最少的時間走出迷宮？代理人最佳策略爲何？

練習 1.5　承練習 1.4，但將折扣率設定爲$\gamma < 1$，此設定是否有助於代理人學習用最少的時間走出迷宮？代理人最佳策略爲何？

練習 1.6　考慮下圖的連續性任務（圖 1.6），每一格子視爲一個狀態（位置狀態），共 35 個狀態。代理人動作爲上、下、左、右，每選擇一次動作，代理人狀態做對應移動，獎勵爲$R = -1$，但以下兩種情形除外：若該動作導致代理人超出網格世界，則代理人位置不動，亦即下一刻狀態等於此刻狀態，獎勵爲$R = -1$；若代理人狀態爲(2,7)，則不管選擇任何動作，狀態轉移如圖中箭頭所示，下一刻代理人狀態爲(2,1)並獲得獎勵$R = 20$。在上述設定下，若任務目的爲最大化平均報酬，則對應此目的之最佳策略爲何？

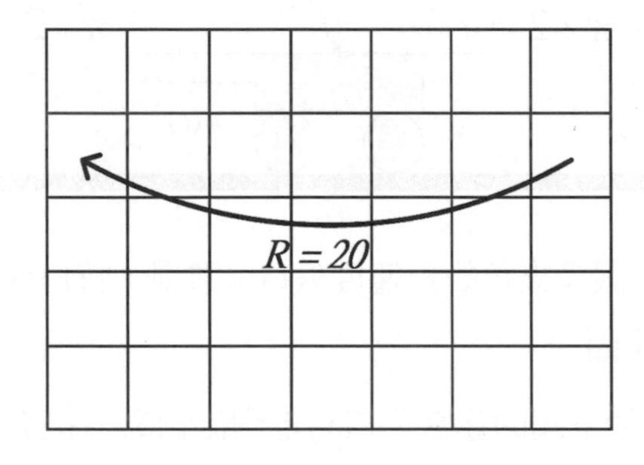

練習 1.7　考慮下圖回合式任務，折扣率$\gamma = 1$。位置狀態與箭號可定義確定性策略$\pi(s) = a$，其中s爲的圖中的位置狀態，a爲圖中箭號所代表的動作，舉例來說，$\pi(1,1) = \rightarrow$、$\pi(1,2) = \downarrow$、$\pi(4,10) = \uparrow$。假設狀態每轉移一次，代理人獲得獎勵$R = -1$，計算使用此確定性策略π的狀態價值函數$v_\pi(s)$。

→	↓	↓		→	→	→	→	→	S_T
→	↓	↓		→	↑		↑	↑	↑
→	↓	↓		→	↑		↑	↑	↑
→	→	→	→	→	↑		↑	↑	↑

練習 1.8　承練習 1.7，考慮下圖定義的隨機策略$\pi(a|s)$，其中位置狀態s若有兩個箭號，代表選擇對應之動作a機率為$1/2$。計算使用此隨機策略π的狀態價值函數$v_\pi(s)$。

↓→	↓→	↓		→	→	→	→	→	S_T
↓→	↓→	↓		↑→	↑		↑→	↑→	↑
↓→	↓→	↓		↑→	↑		↑→	↑→	↑
→	→	→	→	↑→	↑		↑→	↑→	↑

練習 1.9　考慮範例 1.2，說明為何多臂拉霸問題中的動作價值與策略無關。

練習 1.10　證明若對所有狀態s，$v_{\pi'}(s) \geq v_\pi(s)$，則對所有狀態動作配對$(s,a)$，$q_{\pi'}(s,a) \geq q_\pi(s,a)$。

練習 1.11　以下敘述若為正確，請證明；若為錯誤，請提供反例。若對所有狀態動作配對(s,a)，$q_{\pi'}(s,a) \geq q_\pi(s,a)$，則對所有狀態$s$，$v_{\pi'}(s) \geq v_\pi(s)$。

練習 1.12　策略排序由(1.14)的狀態價值定義，請說明是否能用動作價值定義？亦即給定兩個策略π'和π，π'比π更好或一樣好定義為：對所有狀態動作配對(s,a)，$q_{\pi'}(s,a) \geq q_\pi(s,a)$。

動態規劃

強化學習最終是要找尋最佳策略，最佳策略必須滿足貝爾曼方程。本章探討如何利用貝爾曼方程來評估與改進策略，進而透過疊代過程找到最佳策略。上述最佳化策略的方法，統稱爲「動態規劃」(Dynamic Programming) [Chapter 4, Sutton 2018]，可同時處理回合式或連續性任務，但必須已知環境模型（轉移機率）。動態規劃早期主要是用來分析多階段決策過程 (multistage decision process) 的數學方法，已廣泛應用到軍事、商業、工業、經濟……等領域[Bellman 2010]，而該方法主要的開創者爲貝爾曼 (Richard Bellman)，貝爾曼方程即是以他爲名。

動態規劃的基本概念是，先做「策略評估」(Policy Evaluation)，再做「策略改進」(Policy Improvement)，並重複上述兩步驟。策略評估的目的是判斷目前策略的好壞，亦即計算策略的價值函數；策略改進的目的是尋找比目前策略更好或至少一樣好的策略。雖然動態規劃必須假設轉移機率已知並加以利用，但是透過策略評估和改進的疊代過程，可以被一般化成尋找最佳策略的方法，該方法稱爲「廣義策略疊代」(Generalized Policy Iteration)。

廣義策略疊代的概念與我們生活經驗多有連結。舉例來說，對於一個積極生活的人，總是會想辦法在各個層面追求更好，但是在追求的過程中，必須先了解所謂好的定義，這就是廣義策略疊代中的策略評估。在有能力對人生或事物做客觀評斷或分析的前提下，自然而然會有辦法提升自己，成為更好的一個人，這就是廣義策略疊代中的策略改進。當能力與視野提升時，我們價值觀也會慢慢改變，對好與壞的定義也隨之改變，進而影響人生追求的目標。價值觀的改變、客觀的評斷與分析、努力提升自己再回到價值觀的改變，這樣的循環就是廣義策略疊代。

又以解決工程問題為例，工程系統設計通常有若干方法可以使用，為了找到最有效的方法，工程師必須評估各個方法的優缺點，這就是策略評估。若找到現存最好的方法，但是系統效能還是差強人意，於是工程師針對其缺點做補強或修正，這就是策略改進。一個好的系統，需要來回不斷地對設計方法做評估和改進，即是廣義策略疊代。

2-1 策略評估

策略評估的定義：給定一策略π，計算 (compute) 或估計 (estimate) 該策略的狀態價值函數或動作價值函數。上述被評估的對象是策略，計算或估計的對象則是價值函數。此節討論的策略評估主要針對狀態價值函數$v_\pi(s)$，但其概念可以延伸到動作價值函數$q_\pi(s,a)$。

根據貝爾曼方程，狀態價值函數$v_\pi(s)$須滿足

$$v_\pi(s) = \sum_a \pi(a|s) \sum_{s',r} p(s',r|s,a)[r + \gamma v_\pi(s')] \qquad \text{[參考(1.12)]}$$

其中，$\pi(a|s)$為給定狀態s選擇行動a的機率、γ為折扣因子、$p(s',r|s,a)$為轉移機率。上式可改寫成疊代規則：

$$v_{k+1}(s) = \sum_a \pi(a|s) \sum_{s',r} p(s',r|s,a)[r + \gamma v_k(s')]. \qquad (2.1)$$

(2.1)也可用「指定運算子」(Assignment Operator)符號“←”，表示成

$$v(s) \leftarrow \sum_a \pi(a|s) \sum_{s',r} p(s',r|s,a)[r + \gamma v(s')]. \qquad (2.2)$$

此時，(2.1)中的下標$k, k+1$可省略。上式(2.2)作價值函數$v(s)$的更新，利用到其他價值函數$v(s')$，此方法稱爲「自助法」(Bootstrapping)；簡單來說，自助法在某個狀態s的價值計算，利用下一刻可轉移到的所有狀態之價值$v(s')$協助計算。價值爲報酬的期望值，亦即累積獎勵的期望值，使用自助法的好處在於不須等待獎勵累積的過程，只要知道當下獎勵r和可轉移到的狀態價值$v(s')$，在每一次疊代就可估計$v(s)$；當自助法應用到學習過程，學習速度可有效提升。

考慮以下條件：對連續性任務，折扣因子$\gamma < 1$；對回合式任務，所有狀態在使用策略π下，可抵達終點狀態。若滿足該條件，則我們可以證明策略評估可透過(2.1)或(2.2)疊代方式收斂至價值函數$v_\pi(s)$，然而其收斂性是在經過無數次疊代的結果。實作上只能用有限次疊代來逼近價值函數$\mathrm{v}_\pi(\mathrm{s})$，因此演算法 2.1 呈現有限次疊代的虛擬碼 (pseudocode)。

▣ 演算法 2.1 疊代策略評估

1: 輸入：策略π

2: 演算法參數：閾值$\theta > 0$

3: 初始化：在終點狀態S_T，$V(S_T) = 0$，在其他狀態s，$V(s)$爲任意值

4: 輸出：價值函數$V(s)$

5: $\Delta \leftarrow \theta + 1$;

6: **While** $\Delta > \theta$

7: $\quad\Delta \leftarrow 0$;

8: $\quad$**For** 所有狀態s（不包括終點狀態）

9: $\quad\quad v \leftarrow V(s)$;

10: $\quad\quad V(s) \leftarrow \sum_a \pi(a|s) \sum_{s',r} p(s',r|s,a)[r + \gamma V(s')]$;

11: $\quad\quad \Delta \leftarrow \max\{\Delta, |v - V(s)|\}$;

12: $\quad$**End**

13: **End**

演算法 2.1 關鍵步驟說明如下。步驟 2 設定閾值 (threshold)，通常爲很小的正數，用來設定演算法停止條件。步驟 6 比較改變量Δ與閾值θ的大小，來控制疊代數目。步驟 8 的 for 迴圈掃過所有狀態s（順序可任意指定）；終點狀態不包含在內，因爲終點狀態價值函數值定義爲零。步驟 11 計算改變量，定義爲新價值函數$V(s)$和原價值函數v在所有狀態的最大差值。如果此差值大於閾值θ，代表演算法還未收斂，程式將繼續執行；如果差值小於閾值θ，則停止程式，因爲繼續疊代對價值函數$V(s)$的更新幫助不大。步驟 11 利用 for 迴圈紀錄最大差值，不需使用額外記憶空間儲存在每個狀態的差值。定義$|\boldsymbol{S}|$爲有限集合 $\boldsymbol{S}$ 裡元素的個數，步驟 12 結束 for 迴圈後，Δ值可表示爲下式：

$$\Delta = \max_{n=1,2,\ldots,|\boldsymbol{S}|} |v(s_n) - V(s_n)|. \quad (2.3)$$

另一個較直覺的演算法停止條件爲設定演算法執行 K 次疊代後停止：

6: **For** $k = 1,2,\ldots,K$

此做法的壞處在於不同問題需要不同疊代次數來逼近眞實價值函數，設定太大的 K 值會浪費計算時間與資源，設定太小的 K 可能無法計算出較準確的價值函數。

演算法 2.1 步驟 10 呈現動態規劃的兩大缺點。第一，該更新須計算$\sum_{s',r} p(s',r|s,a)[r+\gamma V(s')]$，因此必須已知轉移機率$p(s',r|s,a)$。實際應用上，轉移機率多半未知或很難獲得。第二，計算$\sum_{s',r} p(s',r|s,a)[r+\gamma V(s')]$等同於計算期望值$q_\pi(s,a)$，而期望值的計算量與下一刻狀態$s'$和獎勵$r$的個數有關。一般而言，狀態和獎勵個數通常很多，因此須消耗較大的計算資源。上述兩大缺點皆會出現在本章介紹的所有動態規劃演算法。

2-2 策略改進

策略改進的定義：給定價值函數，尋找更佳策略。給定兩個策略π'和π，π'比π更好或一樣好的數學定義爲

$$v_{\pi'}(s) \geq v_{\pi}(s) \qquad \forall s \in \boldsymbol{S}. \qquad \text{[參考(1.14)]}$$

策略改進的方法主要來自「策略改進定理」(Policy Improvement Theorem)。

定理 2.1 策略改進定理

給定兩個策略π'和π，若對所有狀態s皆滿足$q_{\pi}(s, \pi'(s)) \geq v_{\pi}(s)$，則$\pi'$比$\pi$更好或一樣好，亦即(1.14)成立。

$q_{\pi}(s, \pi'(s))$代表在狀態s選擇動作$\pi'(s)$後，接著連續使用π選擇動作所獲得的報酬，因此定理 2.1 的前提爲：使用π'後接著連續使用π（該策略用π_1代表）所獲得的報酬比一開始就連續使用π所獲得的報酬較高或一樣。在此前提下，以可獲得報酬來說，連續二次使用π'接著連續使用π（該策略用π_2代表），會比使用π_1來的更好或一樣好；連續三次使用π'接著連續使用π（該策略用π_3代表），會比π_2來的更好或一樣好……π'的使用越多次，會獲得越高或著一樣高的報酬，因此連續使用π'獲得的報酬$v_{\pi'}(s)$自然會比連續使用π所獲得的報酬$v_{\pi}(s)$更高或一樣高，如圖 2.1 所示。

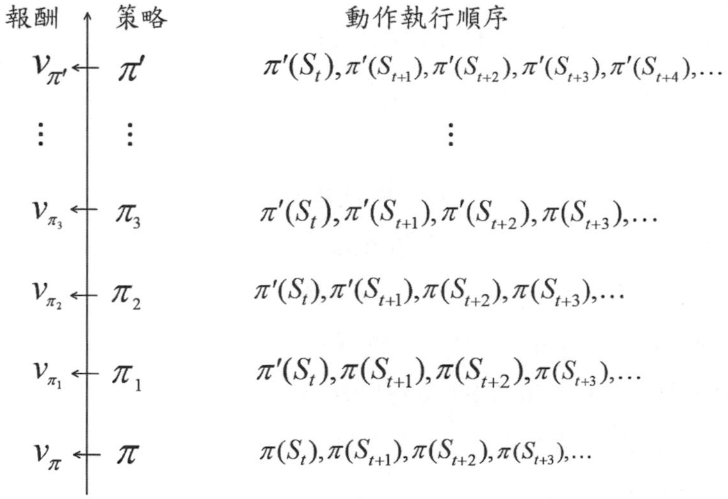

報酬	策略	動作執行順序
$v_{\pi'}$	π'	$\pi'(S_t), \pi'(S_{t+1}), \pi'(S_{t+2}), \pi'(S_{t+3}), \pi'(S_{t+4}), \ldots$
$\vdots$	$\vdots$	$\vdots$
v_{π_3}	π_3	$\pi'(S_t), \pi'(S_{t+1}), \pi'(S_{t+2}), \pi(S_{t+3}), \ldots$
v_{π_2}	π_2	$\pi'(S_t), \pi'(S_{t+1}), \pi(S_{t+2}), \pi(S_{t+3}), \ldots$
v_{π_1}	π_1	$\pi'(S_t), \pi(S_{t+1}), \pi(S_{t+2}), \pi(S_{t+3}), \ldots$
v_{π}	π	$\pi(S_t), \pi(S_{t+1}), \pi(S_{t+2}), \pi(S_{t+3}), \ldots$

▲圖 2.1 策略π'、π、π_n對應的狀態價值與動作選擇。

上述的數學推導如下：

$$
\begin{aligned}
v_\pi(s) \le q_\pi(s,\pi'(s)) &= \mathbf{E}[R_{t+1} + \gamma v_\pi(S_{t+1}) | S_t = s, A_t = \pi'(s)] \\
&= \mathbf{E}_{\pi'}[R_{t+1} + \gamma v_\pi(S_{t+1}) | S_t = s] \\
&\le \mathbf{E}_{\pi'}[R_{t+1} + \gamma q_\pi(S_{t+1}, \pi'(S_{t+1})) | S_t = s] \\
&= \mathbf{E}_{\pi'}[R_{t+1} + \gamma \boldsymbol{E}_{\pi'}[R_{t+2} + \gamma v_\pi(S_{t+2})] | S_t = s] \\
&= \mathbf{E}_{\pi'}[R_{t+1} + \gamma R_{t+2} + \gamma^2 v_\pi(S_{t+2}) | S_t = s].
\end{aligned}
$$

上式推導可獲得以下關係：

$$
\mathbf{E}_{\pi'}[R_{t+1} + \gamma v_\pi(S_{t+1}) | S_t = s] \le \mathbf{E}_{\pi'}[R_{t+1} + \gamma R_{t+2} + \gamma^2 v_\pi(S_{t+2}) | S_t = s]
$$

若持續利用定理 2.1 的前提，可以推論

$$
\begin{aligned}
v_\pi(s) &\le \mathbf{E}_{\pi'}[R_{t+1} + \gamma v_\pi(S_{t+1}) | S_t = s] \le \mathbf{E}_{\pi'}[R_{t+1} + \gamma R_{t+2} + \gamma^2 v_\pi(S_{t+2}) | S_t = s] \\
&\le \mathbf{E}_{\pi'}[R_{t+1} + \gamma R_{t+2} + \gamma^2 R_{t+3} + \gamma^3 v_\pi(S_{t+3}) | S_t = s] \\
&\le \mathbf{E}_{\pi'}[R_{t+1} + \gamma R_{t+2} + \gamma^2 R_{t+3} + \gamma^3 R_{t+4} + \cdots | S_t = s] \\
&= v_{\pi'}(s).
\end{aligned}
$$

爲了滿足定理 2.1 的前提，我們可以在拜訪到狀態s時，依據動作價值函數$q_\pi(s,\cdot)$選擇可以獲得最高價值的動作，此方式稱爲「貪婪動作選擇」(Greedy Action Selection)，而使用貪婪動作選擇的策略稱爲「貪婪策略」(Greedy Policy)。貪婪策略總是選擇最有利的動作，在給定一策略π的情況下，貪婪策略π'可表示如下：

$$
\begin{aligned}
&\pi'(s) \leftarrow \arg\max_a \ q_\pi(s,a). \\
&= \arg\max_a \ \mathbf{E}[R_{t+1} + \gamma v_\pi(S_{t+1}) | S_t = s, A_t = a] \\
&= \arg\max_a \ \textstyle\sum_{s',r} p(s',r|s,a)[r + \gamma v_\pi(s')]
\end{aligned}
\tag{2.4}
$$

因爲策略改進定理，所以貪婪策略π'比π更好或一樣好。$\pi'(s)$看似爲確定性策略 (deterministic policy)，實際上也包含隨機策略 (stochastic policy)。如果有兩個以上的動作能達到最大值，那麼我們可以任意給定非零機率給這些能達到最大值的動作，因此貪婪動作選擇也能產生出隨機策略。

利用貪婪動作選擇來改進策略涉及狀態價值函數或動作價值函數之使用，使用(2.4)最後一式的狀態價值函數必須給定轉移機率，使用(2.4)第一式的動作價值函數則無此要求。動態規劃假設已知完美的環境模型，因此可使用狀態價值函數做策略改進。現實情況下模型通常未知，因此會使用動作價值函數做策略改進。演算法 2.2 利用貪婪動作選擇，實現策略改進程序。

■ **演算法 2.2** 策略改進

1: 輸入：狀態價值函數$v_\pi(s)$
2: 輸出：一樣或更好的策略π'
3: **For** 所有狀態s（不包括終點狀態）
4: $\pi'(s) \leftarrow \arg\max_a \sum_{s',r} p(s',r|s,a)[r+\gamma v_\pi(s')]$
5: **End**

2-3 範例 2.1 與程式碼

考慮圖 2.2 中5×7的網格世界，處理連續性任務，折扣率爲$\gamma = 0.9$。每一格子視爲一個狀態（位置狀態），共 35 個狀態。代理人動作爲上、下、左、右，每選擇一次動作，代理人狀態做對應移動，獎勵爲$R = 0$，但以下兩種情形除外：若該動作導致代理人超出網格世界，則代理人位置不動，亦即下一刻狀態等於此刻狀態，獎勵爲$R = 0$；若代理人狀態爲(2,7)，則不管選擇任何動作，狀態轉移如圖 2.2 中箭頭所示，下一刻代理人狀態爲(2,1)並獲得獎勵$R = 40$。

假設代理人在任一狀態s，所有動作被選擇的機率相同，亦即$\pi(\uparrow|s) = \pi(\downarrow|s) = \pi(\leftarrow|s) = \pi(\rightarrow|s) = 1/4$。利用演算法 2.1 做策略評估，設定閾值$\theta = 0.01$，圖 2.3 網格呈現該策略之狀態價值函數，以下幾點值得注意。第一，因爲使用相同機率之動作選擇，且唯一能獲得正值獎勵是達到狀態(2,7)，因此越接近(2,7)的狀態其狀態價值越大。第二，在(2,7)的狀態價值大於 40，因爲代理人在轉移到(2,1)後，有機會再移動到(2,7)且移動過程中獎勵$R = 0$。但由於機率不高且折扣率影響，在(2,7)的狀態價值僅略大於40。第三，在第一列的狀態所有往上的動作不改變代理人位置，因此第一列的狀態價值高於第二列的狀態價值，第一列的狀態比第三列的狀態多1/4的機率移動到(2,7)，第三列狀態價值大約是第一列狀態價值的3/4倍。第四，圖 2.3 網格中數值符合貝爾曼方程。以$V(2,6)$爲例，狀態(2,6)僅有上下左右共四個狀態有機會轉移過去，且轉移機率爲1/4，因此在狀態(2,6)，根據圖 2.3 網格中數值我們可驗證以下等式：

$$V(2,6)=\frac{1}{4}\{0+\gamma V(2,5)\}+\frac{1}{4}\{0+\gamma V(2,7)+\frac{1}{4}\{0+\gamma V(1,6)\}+\frac{1}{4}\{0+\gamma V(3,6)\}.$$

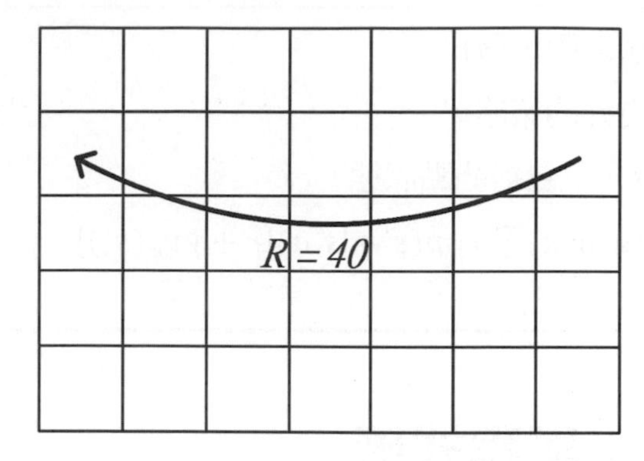

▲圖 2.2　5×7 網格世界，為連續性任務。

0.6	0.92	1.72	3.4	6.73	12.86	21.83
0.57	0.87	1.63	3.29	6.95	15.76	40.51
0.51	0.77	1.38	2.64	5.12	9.75	16.88
0.45	0.65	1.11	1.96	3.41	5.57	7.9
0.42	0.58	0.95	1.58	2.53	3.73	4.75

▲圖 2.3　使用相同機率之動作選擇策略呈現之狀態價值。

範例 2.1 程式碼

```
% Script
L=7; % length
D=5; % width
Sg=[2 L];    % goal state (terminal state)

%% parameter setting
theta=0.01;
mygamma=0.9;

%% initialization
V=rand(D,L);    %    V=[row col]
V(Sg(1),Sg(2))=0;
S_prime=zeros(4,2);
```

```
    R=zeros(4,1);

%% Iterative Policy Evaluation
delta=theta+1; % step 5
while delta> theta
        delta=0;
            for i=1:D
              for j=1:L
                    v=V(i,j); % step 9
                    for k=1:4 % action selection
                        [S_prime(k,:) ,R(k)] =Ex2_1_env([i j],k,L,D);
                        R(k)= R(k)+mygamma*V(S_prime(k,1),S_prime(k,2));
                    end
                    V(i,j)=sum(R)/4; % step 10
                    delta=max([delta   abs(v-V(i,j))]); % step 11
               end
             end
    end
    V % step 4

    % Function
    function [S,R] =Ex2_1_env(S,A,L,D)
  if S(1)==2 && S(2)==L     % Transition from B to A
         R=40;
         S=[2 1];
      else
         % state transition
         if (A==1)&&(S(1)-1>=1)     % up
             S(1)=S(1)-1;
         end
         if (A==2)&&(S(2)+1<=L)     % right
             S(2)=S(2)+1;
```

```
            end
            if (A==3)&&(S(1)+1<=D)      % down
                S(1)=S(1)+1;
            end
            if (A==4)&&(S(2)-1>=1)      % left
                S(2)=S(2)-1;
            end
            % reward setting
            R=0;
        end
    end
```

2-4 策略疊代和價值疊代

依據執行策略評估程序的不同做區分，動態規劃可分為「策略疊代」(Policy Iteration) 和「價值疊代」(Value Iteration)。策略疊代在策略評估時必須等收斂條件滿足後（可能經過若干次疊代），再做策略改進；價值疊代在策略評估時僅做一次疊代，即接著做策略改進。

▣ **演算法 2.3** 策略疊代

1: 演算法參數：閾值$\theta > 0$
2: 初始化：在終點狀態S_T，$V(S_T) = 0$，在其他狀態s，$V(s)$為任意值；
任意策略π
3: 輸出：逼近v_*的價值函數V，逼近最佳策略π_*的π
4: $\Delta \leftarrow \theta + 1$;
5: **While** $\Delta > \theta$
6: $\Delta \leftarrow 0$;
7: **For** 所有狀態s（不包括終點狀態）
8: $v \leftarrow V(s)$;
9: $V(s) \leftarrow \sum_{s',r} p(s',r|s,\pi(s))[r + \gamma V(s')]$;

10: $\Delta \leftarrow \max\{\Delta, |v - V(s)|\}$;

11: **End**

12: **End**

13: **For** 所有狀態s（不包括終點狀態）

14: $\pi'(s) \leftarrow \arg\max_a \sum_{s',r} p(s',r|s,a)[r + \gamma V(s')]$

15: **End**

16: **If** $\pi'(s) \neq \pi(s)$

17: $\pi \leftarrow \pi'$;

18: 跳至步驟4執行程式;

19: **End**

演算法 2.3 爲策略疊代，經由疊代執行疊代策略評估與策略改進，尋找最佳策略。步驟 4~12 是執行疊代策略評估，步驟 13~15 是執行策略改進，步驟 16 決定是否再執行一次疊代策略評估與策略改進。如果衍生的貪婪策略π'和原策略π相同，代表已經找到最佳策略，此時終止演算法並輸出價值函數V和策略π；如果不同，則將π更新後繼續步驟 4~15。

關於演算法 2.3，以下兩點值得注意。第一，疊代策略評估的價值更新式爲$V(s) \leftarrow \sum_a \pi(a|s) \sum_{s',r} p(s',r|s,a)[r + \gamma V(s')]$。步驟 4~12 雖然是執行疊代策略評估，但因爲使用貪婪動作選擇，價值更新簡化成步驟 9 的形式。第二，步驟 13~15 的策略改進幅度通常不大，因此策略改進後若仍需執行步驟 4~12 的疊代策略評估，一般很快就會收斂。

演算法 2.4 爲價值疊代，其價值更新式爲

$$v_{k+1}(s) = \max_a \sum_{s',r} p(s',r|s,a)[r + \gamma v_k(s')] \tag{2.5}$$

(2.5)也可用指定運算子符號“←”表示成

$$v(s) \leftarrow \max_a \sum_{s',r} p(s',r|s,a)[r + \gamma v(s')]. \tag{2.6}$$

此時下標$k, k+1$被省略。

▣ 演算法 2.4 價值疊代

1: 演算法參數：閾值$\theta > 0$

2: 初始化：在終點狀態S_T，$V(S_T) = 0$，在其他狀態s，$V(s)$爲任意值

3: 輸出：逼近v_*的價值函數V，逼近最佳策略π_*的π

4: $\Delta \leftarrow \theta + 1$;

5: **While** $\Delta > \theta$

6: $\Delta \leftarrow 0$;

7: **For** 所有狀態s（不包括終點狀態）

8: $v \leftarrow V(s)$;

9: $V(s) \leftarrow \max_a \sum_{s',r} p(s',r|s,a)[r + \gamma V(s')]$;

10: $\Delta \leftarrow \max\{\Delta, |v - V(s)|\}$;

11: **End**

12: **End**

13: $\pi(s) \leftarrow \arg\max_a \sum_{s',r} p(s',r|s,a)[r + \gamma V(s')]$;

關於演算法 2.4，以下兩點值得注意。第一，步驟 9 可看成是將v_*的貝爾曼方程改寫成更新規則。第二，步驟 9 可看成執行疊代策略評估裡的一次疊代後，就直接進行策略改進。針對動作a，執行疊代策略評估裡的一次疊代，可表示成

$$Q(s,a) = \sum_{s',r} p(s',r|s,a)[r + \gamma V(s')]. \tag{2.7}$$

(2.7)代表動作a在一次疊代後所獲得的價值估測值。考量動作選擇之隨機性，一次疊代後所獲得的平均狀態價值估測值，是將所有可能的動作a產生的(2.7)式估測值，乘上動作選擇機率$\pi(a|s)$，再累加起來。若接著做策略改進，依據貪婪動作選擇，產生(2.7)式最大值的動作將會被選擇，該最大值表成

$$\max_a Q(s,a) = \max_a \sum_{s',r} p(s',r|s,a)[r + \gamma V(s')]$$

即是對應之狀態價值估測值。因此，價值疊代是完成疊代策略評估裡的一次疊代後進行策略改進。

2-5 動態規劃的優缺點與異步更新

尋找最佳策略即是求解

$$\max_\pi \ v_\pi(s). \qquad \text{[參考(1.15)]}$$

在已知轉移機率的條件下，我們可以針對下述的貝爾曼最佳方程求解：

$$v_*(s) = \max_a \sum_{s',r} p(s',r|s,a)[r + \gamma v_*(s')]$$

上式爲非線性方程式組，變數是所有的$v_*(s)$共有$|\boldsymbol{S}|$個，因此有$|\boldsymbol{S}|$條方程式。獲得$v_*(s)$的數值後，最佳策略$\pi_*(s)$爲

$$\pi_*(s) = \arg\max_a \textstyle\sum_{s',r} p(s',r|s,a)[r + \gamma v_*(s)].$$

當狀態空間過大，解$|\boldsymbol{S}|$條方程式變成非常困難。

動態規劃的優點在於使用疊代的方式求解，可避免直接處理較困難的非線性方程式組，然而動態規劃也伴隨兩個主要的缺點。第一，動態規劃演算法必須假設環境的機率分布模型已知（使用轉移機率），但在實際應用上模型資訊較不易取得，因此被歸類爲最佳化演算法而非學習演算法。第二，利用動態規劃尋找最佳策略涉及較高的計算量，該計算量來自於價值函數更新時使用「期望更新」(Expected Update)，如：

$$V(s) \leftarrow \sum_a \pi(a|s) \sum_{s',r} p(s',r|s,a)[r + \gamma V(s')]$$

或

$$V(s) \leftarrow \max_a \sum_{s',r} p(s',r|s,a)[r + \gamma V(s')]$$

亦即使用轉移機率來計算所有狀況對應報酬的期望值。

最後值得一提的是，依據價值更新順序的不同，期望更新可分爲同步更新和異步更新（或稱非同步更新）。更新規則本質上屬於同步更新，但動態規化演算法的程序悄悄地將同步更新規則轉換成非同步更新，稱爲「異步動態規劃」或「非同步動態規劃」 (Asynchronous Dynamic Programming)。

以更新規則爲例：

$$v_{k+1}(s) = \max_a \sum_{s',r} p(s',r|s,a)[r + \gamma v_k(s')]$$

假設總共只有 3 個狀態s_1, s_2, s_3，若執行同步更新，我們必須使用兩個矩陣，一個存放舊的狀態函數值$v_k(s)$，另一個存放新的狀態函數值$v_{k+1}(s)$；新的狀態價值計算僅利用舊的狀態價值，計算過程中舊的狀態價值不被影響。因此，更新$v_{k+1}(s_1)$時，使用舊的$v_k(s_1), v_k(s_2), v_k(s_3)$；更新$v_{k+1}(s_2)$時，使用舊的$v_k(s_1), v_k(s_2), v_k(s_3)$；更新$v_{k+1}(s_3)$時，使用舊的$v_k(s_1), v_k(s_2), v_k(s_3)$。

以演算法的異步更新程序爲例：

$$V(s) \leftarrow \max_a \sum_{s',r} p(s',r|s,a)[r + \gamma V(s')]$$

執行該程序只需使用一個矩陣存放狀態價值。假設總共只有 3 個狀態s_1, s_2, s_3，若依序執行狀態函數值更新，則更新$V(s_1)$時，使用舊的$V(s_1)$, $V(s_2)$, $V(s_3)$；更新$V(s_2)$時，使用更新過的$V(s_1)$和舊的 $V(s_2)$, $V(s_3)$；更新$V(s_3)$時，使用更新過的$V(s_1), V(s_2)$和舊的$V(s_3)$。

2-6 範例 2.2 與程式碼

考慮圖 2.4 的沼澤漫遊 (swamp wandering) 網格世界，處理問題為回合式任務，折扣率為$\gamma = 1$。每一格子視為一個狀態（位置狀態），沼澤佔據第一列 15 個狀態，任務起點$S_0 = (2,1)$，終點為$S_T = (2,15)$。代理人動作為上、下、左、右，每次動作選擇，代理人狀態做對應移動，但若該動作導致代理人超出網格世界，則代理人位置不動，亦即下一刻狀態等於此刻狀態。若下一刻狀態為沼澤，則獎勵為-100；若下一刻狀態為其他狀態（包含終點S_T），則獎勵為-1。

本範例用演算法 2.4 價值疊代來計算狀態價值函數，設定閾值$\theta = 0.01$，圖 2.5 網格呈現演算法獲得的最佳狀態價值。從網格數值可觀察到下述幾點。第一，最佳狀態價值來自避開沼澤至終點狀態，行走最近距離累積的獎勵，符合直覺。第二，第一列數值和第三列數值相同，此範例中沼澤區域對應獎勵只要符合$R < -1$，則改變沼澤獎勵函數不影響最佳狀態價值函數，其原因在於當代理人在沼澤區域，最佳動作為下移一格，之後右移到終點，過程中不會碰到沼澤區域。最後，根據圖 2.5 呈現的最佳狀態價值函數，利用貪婪動作選擇，可獲得圖 2.4 中的最佳路徑。

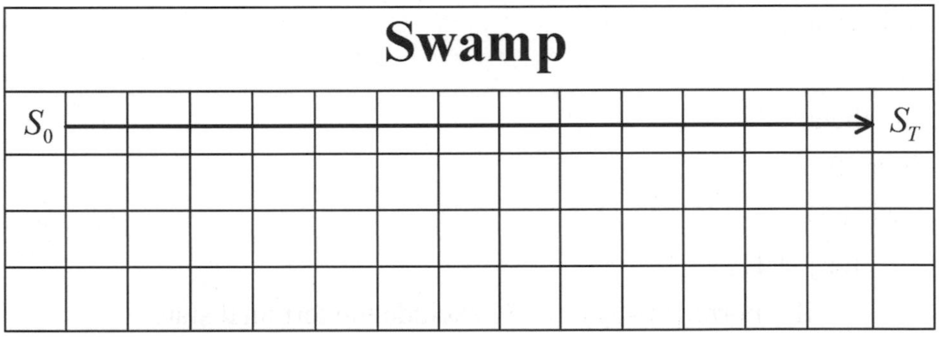

Swamp

S_0 → S_T

▲圖 2.4　5 × 15的沼澤漫遊網格世界與最佳路徑選擇，任務起點為$S_0 = (2,1)$，終點為$S_T = (2,15)$。

-15	-14	-13	-12	-11	-10	-9	-8	-7	-6	-5	-4	-3	-2	-1
-14	-13	-12	-11	-10	-9	-8	-7	-6	-5	-4	-3	-2	-1	0
-15	-14	-13	-12	-11	-10	-9	-8	-7	-6	-5	-4	-3	-2	-1
-16	-15	-14	-13	-12	-11	-10	-9	-8	-7	-6	-5	-4	-3	-2
-17	-16	-15	-14	-13	-12	-11	-10	-9	-8	-7	-6	-5	-4	-3

▲圖 2.5　沼澤漫遊問題之最佳狀態價值。

範例 2.2 程式碼

```
% Script
%% environment setting
L=15; % length
D=5; % width
Sg=[2 L];    % goal state (terminal state)

%% parameter setting
theta=0.01;
mygamma=1;

%% initialization
V=rand(D,L);   %    V=[row col]
V(Sg(1),Sg(2))=0;
S_prime=zeros(4,2);
R=zeros(4,1);

%% Value Iteration
delta=theta+1;
while delta> theta
        delta=0;
        for i=1:D
            for j=1:L
                if   norm([i j]-Sg)>0    % exclude the terminal state
                    v=V(i,j); % step 8
                    for k=1:4 % action selection
                        [S_prime(k,:) ,R(k)] =env_SW([i j],k,L,D);
                         R(k)= R(k)+mygamma*V(S_prime(k,1),S_prime(k,2));
                     end
                     V(i,j)=max(R); % step 9
                     delta=max([delta    abs(v-V(i,j))]); % step 10
                end
            end
```

```
        end
end
V    % step 3

% Function
%% gridworld environment
function [S,R] = env_SW(S,A,L,D)
    % state transition
    if (A==1)&&(S(1)-1>=1)      % up
        S(1)=S(1)-1;
    end
    if (A==2)&&(S(2)+1<=L)      % right
        S(2)=S(2)+1;
    end
    if (A==3)&&(S(1)+1<=D)      % down
        S(1)=S(1)+1;
    end
    if (A==4)&&(S(2)-1>=1)      % left
        S(2)=S(2)-1;
    end
    % reward setting
    if S(1)==1
        R=-100;
    else
        R=-1;
    end
end
```

2-7 廣義策略疊代

廣義策略疊代泛指疊代使用策略評估和策略改進尋找最佳策略的方法，只要符合此條件衍生的演算法，不論實際執行策略評估或策略改進的程序爲何，皆可視爲廣義策略疊代的使用。舉例來說，策略疊代就是一種基於廣義策略疊代的演算法，使用疊代策略評估來實現策略評估程序，使用貪婪動作選擇來實現策略改進程序。此外，策略疊代也使用轉移機率和自助法來尋找最佳策略，但不代表基於廣義策略疊代的演算法都必須使用轉移機率和自助法。

廣義策略疊代將作爲尋找最佳策略方法的基礎，可衍生出利用轉移機率的動態規劃，也可衍生出接下來章節討論的各類強化學習演算法，如圖 2.6 所示。因爲轉移機率在實際應用上通常未知，要估測也需要額外耗費計算量與記憶空間，所以強化學習演算法基本上不使用轉移機率，但可以使用自助法或不使用自助法。

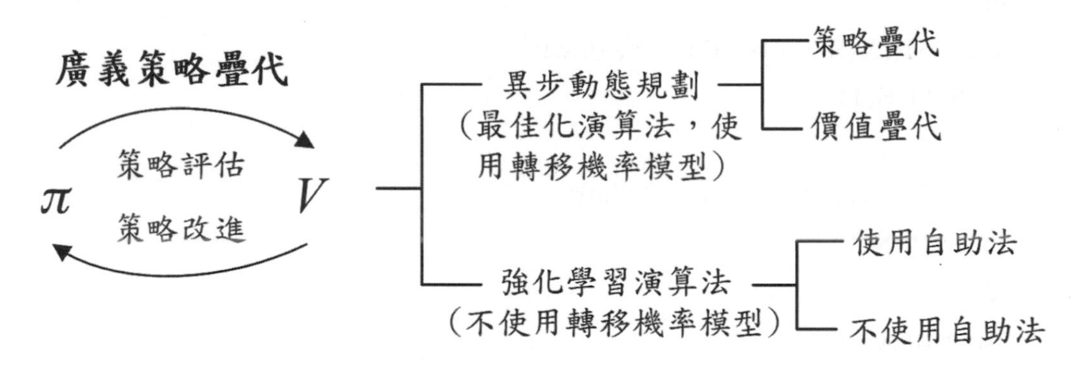

▲圖 2.6　廣義策略疊代衍生出的最佳化和學習演算法。

重點回顧

1. 策略評估定義：給定一個策略，計算或估測該策略的價值函數。
   策略改進定義：給定價值函數，尋找更佳策略。
   在本章討論的動態規劃，策略評估和策略改進主要針對狀態價值函數。
2. 動態規劃泛指利用完美的環境模型（轉移機率），尋找最佳策略的演算法，尋找過程包含策略評估和策略改進。動態規劃使用自助法，亦即狀態價值更新使用其他狀態的價值估測。
3. 動態規劃裡的策略評估是將貝爾曼方程改寫成疊代規則，稱為疊代策略評估，用以評估給定策略。策略改進利用貪婪動作選擇，用以改進給定的價值函數。
4. 貪婪動作選擇能產生確定性策略或隨機策略，如果衍生的貪婪策略跟原策略一樣好，則原策略是最佳策略。
5. 疊代策略評估的收斂條件：對連續性任務，折扣因子滿足$\gamma < 1$；對回合式任務，所有狀態在使用策略π下，可抵達終點狀態。
6. 依據執行策略評估程序的不同做區分，動態規劃可分成策略疊代和價值疊代。策略疊代必須等疊代策略評估裡的價值函數收斂後，再進行策略改進；價值疊代在完成疊代策略評估裡的一次疊代後，就進行策略改進。
7. 將v_π的貝爾曼方程改寫成更新規則，可得到疊代策略評估演算法；將v_*的貝爾曼方程改寫成更新規則，可得到價值疊代演算法。
8. 策略疊代和價值疊代，必須假設轉移機率已知，是最佳化演算法，不是學習演算法。
9. 動態規劃有兩大缺點：其一，動態規劃使用轉移機率，假設環境模型已知；其二，動態規劃使用期望更新，造成價值更新的計算量過大。
10. 廣義策略疊代，泛指疊代使用策略評估和策略改進的方法尋找最佳策略，但不指定執行策略評估和策略改進的程序。動態規劃是基於廣義策略疊代的一種演算法。
11. 圖 2.7 彙整本章介紹的動態規劃演算法。

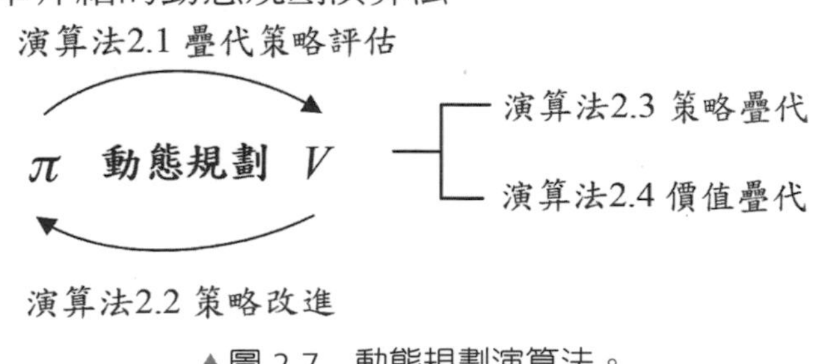

▲圖 2.7　動態規劃演算法。

章末練習

練習 2.1　考慮範例 2.1 中5×7的網格世界，若增加 6~10 列的狀態將代理人可移動範圍擴大至10×7的網格世界，在5×7網格的狀態價值會增加還是減少？請說明原因並利用範例 2.1 程式碼做驗證。

練習 2.2　考慮範例 2.1 中5×7的網格世界，若將折扣率設定爲$\gamma = 0.5$，狀態價值會增加還是減少？哪個狀態的價值改變最小？請說明原因並利用範例 2.1 程式碼做驗證。

練習 2.3　考慮範例 2.2 中5×15的網格世界，將折扣率設定爲$\gamma = 0.9$，計算$v_*(1,14)$、$v_*(3,15)$、$v_*(5,15)$。

練習 2.4　考慮範例 2.2 中5×15的網格世界，改變獎勵設定。若下一刻狀態爲沼澤，則獎勵爲-50；若下一刻狀態爲其他狀態（包含終點S_T），則獎勵爲-5。計算$v_*(1,14)$、$v_*(3,15)$、$v_*(5,15)$。

練習 2.5　考慮練習 2.4 之設定，該設定下之最佳策略是否與範例 2.2 之最佳策略相同？請說明原因。

練習 2.6　考慮範例 2.2 中5×15的網格世界，若增加 6~10 列的狀態將代理人可移動範圍擴大至10×15的網格世界，在5×15網格的狀態價值v_*將如何變化？請說明原因。

練習 2.7　考慮範例 2.2 中5×15的網格世界，代理人使用相同機率之動作選擇策略π，亦即$\pi(\uparrow|s) = \pi(\downarrow|s) = \pi(\leftarrow|s) = \pi(\rightarrow|s) = 1/4$，撰寫程式計算$v_\pi$。將$v_\pi$與圖 2.5 呈現的$v_*$比較，何者狀態價值較大？請說明原因。

練習 2.8　給定策略π與其衍生出的貪婪策略π'，證明π和π'滿足策略改進定理的假設條件，亦即$q_\pi(s, \pi'(s)) \geq v_\pi(s)$。

練習 2.9　給定策略π與其衍生出的貪婪策略π'，並定義策略$\tilde{\pi}$：在狀態s選擇動作$\pi'(s)$，之後根據π選擇動作。證明對所有狀態s，皆滿足$v_{\pi'}(s) \geq v_{\tilde{\pi}}(s) \geq v_\pi(s)$。

練習 2.10　給定策略π與其衍生出的貪婪策略π'，證明若π'和π一樣好，則π爲最佳策略。

CHAPTER 3 蒙地卡羅法

前一章呈現的動態規劃，是最佳化方法，或視爲規劃方法。最佳化問題必須假設環境模型已知，亦即轉移機率$p(s',r|s,a)$已知的情況下求解。在實際應用上，轉移機率的獲得較困難，必須透過代理人和環境的互動，搜尋最佳策略。在未知環境動態的條件下，尋找最佳策略，稱爲學習問題。學習問題不使用動態規劃求解，但廣義策略疊代概念卻可以幫助設計學習演算法。

本章介紹本書第一個強化學習演算法──「蒙地卡羅法」(Monte Carlo Methods) [Chapter 5, Sutton 2018]。蒙地卡羅法遵循廣義策略疊代概念，先透過抽樣來逼近價值函數（策略評估），再透過貪婪動作選擇來改進策略（策略改進）。在使用蒙地卡羅法的學習過程中，代理人透過抽樣資訊來計算與更新價值函數，該方式稱爲「抽樣更新」(Sample Update)，不必利用環境模型。因此，蒙地卡羅法可以有效避免動態規劃的兩大缺點，但因爲價值更新過程需使用完整的報酬，該方法僅適用於處理回合式任務。

爲了方便理解蒙地卡羅法執行策略評估和策略改進的程序，我們將解決強化學習問題的過程分成兩階段：第一階段解決「預測問題」(Prediction Problem)，亦即作策略評估；第二階段解決「控制問題」(Control Problem)，亦即尋找最佳價值函數和最佳策略。解決預測問題的預測方法，通常會搭配貪婪動作選擇形成解決控制問題的控制方法。另一方面，預測問題通常以狀態價值的更新爲主，控制問題以動作價值的更新爲主。圖 3.1 彙整上述內容。

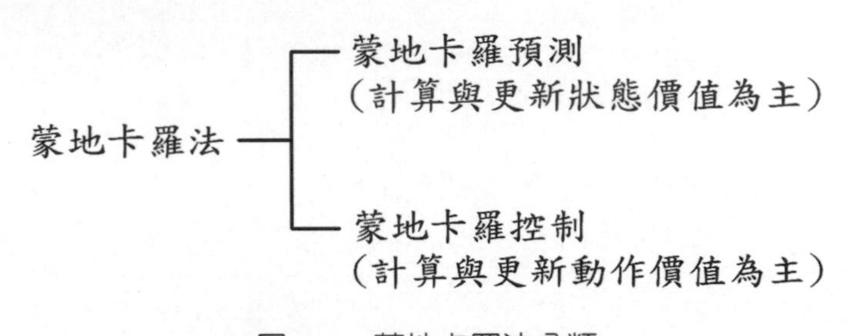

▲圖 3.1　蒙地卡羅法分類。

3-1 蒙地卡羅預測

考慮狀態價值函數v_π：

$$v_\pi(s) \triangleq \mathbf{E}_\pi[G_t|S_t = s]. \qquad \text{[參考(1.8)]}$$

代理人在不斷地執行回合式任務時，遇到狀態s並利用策略π與環境互動獲得報酬G_t，將這些報酬累加起來做平均，當數量夠大的時候，可預期此平均值非常接近$v_\pi(s)$。利用此概念逼近$v_\pi(s)$的方法，稱爲「蒙地卡羅估測」(Monte Carlo Estimation)或「蒙地卡羅預測」(Monte Carlo Prediction)，此方法只能處理回合式任務，因爲只有當任務終止時，才能計算報酬G_t。然而，不是所有的回合式任務都可使用蒙地卡羅估測，必須確保被評估的策略在環境裡能夠達到終點狀態才行。

考慮回合式任務，假設代理人在狀態s使用策略π與環境互動獲得報酬序列$G_1(s), G_2(s), \dots, G_{n-1}(s)$，則$v_\pi(s)$可透過累加後取平均來估測：

$$V_n(s) = \frac{\sum_{k=1}^{n-1} G_k(s)}{n-1}. \tag{3.1}$$

(3.1)式中，$V_n(s)$代表$v_\pi(s)$的估測值。在回合式任務中，若使用策略π出現狀態s，我們稱狀態s被拜訪 (visit)；執行一次回合式任務使用策略π的情況下，可能完全沒拜訪到狀態s、拜訪到狀態s一次或拜訪到狀態s若干次。蒙地卡羅估測可分爲基於第一次拜訪 (first-visit) 的蒙地卡羅預測和基於每次拜訪 (every-visit) 的蒙地卡羅預測。對第一次拜訪的蒙地卡羅預測$v_\pi(s)$，每個回合式任務中只有第一次拜訪到狀態s對應的報酬$G_k(s)$會放入報酬序列，於(3.1)做累加和平均。對每次拜訪的蒙地卡羅預測$v_\pi(s)$，每個回合式任務中只要拜訪到狀態s，對應的報酬$G_k(s)$皆放入報酬序列，於(3.1)做累加和平均。第一次拜訪的蒙地卡羅預測在文獻中已被廣泛地研究與討論，而每次拜訪的蒙地卡羅預測可較自然地延伸使用到更進階的學習演算法。

(3.1)式可改寫成

$$V_n(s) = \frac{\sum_{k=1}^{n-1} G_k(s)}{n-1} = \frac{\sum_{k=1}^{n-2} G_k(s)}{n-1} + \frac{G_{n-1}(s)}{n-1} = \frac{n-2}{n-1}V_{n-1}(s) + \frac{G_{n-1}(s)}{n-1}$$
$$= V_{n-1}(s) + \frac{1}{n-1}[G_{n-1}(s) - V_{n-1}(s)]. \tag{3.2}$$

(3.2)可抽象化成下式更新規則：

$$NewEst \leftarrow OldEst + StepSize\ \ [\ Target - OldEst\ \ ]. \tag{3.3}$$

上式的$NewEst$代表新的估測值，$OldEst$代表舊的估測值，$StepSize$是更新步長或稱「學習率」(Learning Rate)，$Target$是更新目標。用(3.3)執行更新規則的方式稱爲「增量實施」(Incremental Implementation)，亦即透過增量$[Target - OldEst]$乘上權重$StepSize$來實施更新。

增量實施與累加後取平均的方法相比，使用較少的記憶體，因爲累加後取平均必須記錄所有報酬，而增量實施只記錄舊的報酬估計值$V_n(s)$和更新目標$G_n(s)$即可。因此，(3.2)或(3.3)式增量實施的更新規則將廣泛地應用到後面章節介紹的強化學習演算法。

使用學習率爲$1/(n-1)$的增量實施更新方式和累加後取平均的更新方式，較適用於穩態 (stationary) 環境，因爲更新時舊的報酬和新的報酬權重皆爲$1/(n-1)$。

若爲穩態環境，亦即轉移機率$p(s',r|s,a)$統計特性不隨時間變化，則新舊報酬的參考價值同等重要，因此使用相同權重具合理性。若遇到非穩態 (nonstationary) 環境，亦即轉移機率$p(s',r|s,a)$統計特性隨時間變化，則報酬序列中較舊的報酬應給予較低的權重，讓估測以較新的報酬爲主，才能適時反映環境的改變。因此，使用學習率爲$1/(n-1)$的增量實施更新方式和累加後取平均的更新方式，對新舊報酬給予相同的權重更，較不適合處理非穩態環境。

若學習率爲$1/(n-1)$，其數值隨累計取樣次數n增多而變小。若學習率改成固定值$\alpha \in (0,1]$，亦即不隨累計取樣次數n增多而改變，則$V_n(s)$將較新的報酬給予較大的權重：

$$\begin{aligned}
V_{n+1}(s) &= V_n(s) + \alpha[G_n(s) - V_n(s)] = \alpha G_n(s) + (1-\alpha)V_n(s) \\
&= \alpha G_n(s) + (1-\alpha)\{V_{n-1}(s) + \alpha[G_{n-1}(s) - V_{n-1}(s)]\} \\
&= \alpha G_n(s) + \alpha(1-\alpha)G_{n-1}(s) + (1-\alpha)^2 V_{n-1}(s) \\
&= \sum_{k=1}^{n} \alpha(1-\alpha)^{n-k} G_k(s) + (1-\alpha)^n V_1(s).
\end{aligned} \tag{3.4}$$

在(3.4)最後一式中，$\sum_{k=1}^{n} \alpha(1-\alpha)^{n-k} + (1-\alpha)^n = 1$，因此有取加權和平均的概念，而較新的$G_k(s)$擁有較大的權重，較舊的$G_k(s)$有較小的權重。讓新的報酬比舊的報酬有較大的權重，除了能應付非穩態環境，也較適合應用到廣義策略疊代，因爲疊代過程策略會不斷更新，權重較大的最新報酬才能適時反映新策略的價值。

本節利用(3.3)式增量實施的更新規則，先介紹第一次拜訪蒙地卡羅預測和每次拜訪蒙地卡羅預測的虛擬碼。圖 3.2 呈現蒙地卡羅預測的返回圖。

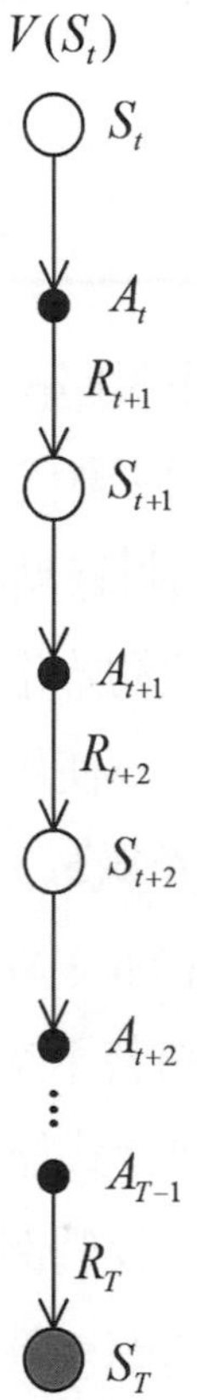

▲圖 3.2　蒙地卡羅預測的返回圖。

▣ 演算法 3.1 第一次拜訪蒙地卡羅預測

1: 輸入：策略π

2: 演算法參數：學習率$\alpha \in (0,1]$

3: 初始化：$V(s)$爲任意值

4: 輸出：價值函數$V(s)$

5: **For** 每一回合

6: 　　用π產生軌跡$S_0, A_0, R_1, S_1, A_1, R_2, \ldots, S_{T-1}, A_{T-1}, R_T$;

7: 　　$G \leftarrow 0$;

8: 　　**For** $t = T-1, T-2, \ldots, 0$

9: 　　　　$G \leftarrow R_{t+1} + \gamma G$;

10: 　　　　**If** $t = 0$ 或 $S_t \neq S_{t-1}, S_{t-2}, \ldots, S_0$

```
11:              V(S_t) ← V(S_t) + α[G − V(S_t)];
12:          End
13:      End
14:  End
```

演算法 2.1 疊代策略評估和演算法 3.1 第一次拜訪蒙地卡羅預測都是策略評估的方法，但在價值函數的初始化稍微不同。疊代策略評估因爲使用自助法，價值函數更新時必須考慮終點狀態，因此初始化須將終點狀態的價值函數值設定爲零；第一次拜訪蒙地卡羅預測沒有使用自助法，因此初始化不需考慮終點狀態的價值函數值。

演算法 3.1 是學習演算法，在步驟 6 使用策略π，根據目前狀態S_t選擇動作A_t，並從環境獲得獎勵R_t。本書中，大寫符號S_t、A_t和R_t代表具不確定性的隨機變數。舉例來說，不同回合任務在同一個時刻t，S_t實際數值通常不一樣；在同一次回合任務裡，若同個狀態在不同時刻被拜訪若干次，則對應的S_t在不同時刻的值皆相同。學習過程從時刻$t = 0$開始，一直到回合式任務結束$t = T$，但爲了計算報酬方便，當一次回合任務結束時，在步驟 8 裡我們倒過來更新價值函數。價值函數更新從$t = T - 1$開始，因爲$t = T$對應終點狀態，其價值函數值定義爲零不需更新，在演算法 3.1 裡也用不到。此時，時間符號t視爲疊代符號，舉例來說，$t = T - 1$不代表此時刻爲$T - 1$，$T - 1$時刻在步驟 6 已經過去。步驟 9 計算報酬的方式，即是實現(1.4)。舉例來說，當$t = T - 1$，$G \leftarrow R_T$；當$t = T - 2$，$G \leftarrow R_{T-1} + \gamma R_T$；當$t = T - 3$，$G \leftarrow R_{T-2} + \gamma(R_{T-1} + \gamma R_T) = R_{T-2} + \gamma R_{T-1} + \gamma^2 R_T$。

步驟 10 檢查條件，$t = 0$對應S_0，該狀態必定是第一次拜訪，須做步驟 11 的更新。因爲在步驟 8 我們倒過來更新價值函數，當$t > 0$時必須往前檢查$t - 1, t - 2, \ldots, 0$是否出現跟S_t一樣的狀態，如果有出現一樣的狀態，則S_t不是第一次拜訪，不做更新；如果沒有，則S_t是第一次拜訪，執行步驟 11 的更新。演算法 3.1 清楚呈現蒙地卡羅法如何避免動態規劃的兩大缺點，本章的其他演算法皆有此特性。第一，演算法用抽樣資訊取代轉移機率之使用，抽樣資訊來自於代理人與環境的眞實互動，不需假設環境模型已知。第二，步驟 11 的價值更新爲抽樣更新 (sample update)，亦即利用所有抽樣獲得的資訊做更新，計算量不涉及下一刻狀態和獎勵的所有組合，因此計算量比期望更新少很多。

了解第一次拜訪蒙地卡羅預測後，只要在演算法 3.1 裡將步驟 10 的檢查條件移除與調整更新順序，即可獲得每次拜訪蒙地卡羅預測，其虛擬碼如下。

▣ **演算法 3.2** 每次拜訪蒙地卡羅預測

1: 輸入：策略π

2: 演算法參數：學習率$\alpha \in (0,1]$

3: 初始化：$V(s)$爲任意值

4: 輸出：價值函數$V(s)$

5: **For** 每一回合

6: 用π產生軌跡$S_0, A_0, R_1, S_1, A_1, R_2, \dots, S_{T-1}, A_{T-1}, R_T$;

7: $G \leftarrow 0$;

8: **For** $t = 0,1, \dots, T-1$

9: $V(S_t) \leftarrow V(S_t) + \alpha[G_t - V(S_t)]$;

10: **End**

11: End

演算法 3.2 步驟 8，從$t = 0$開始疊代，與第一次拜訪蒙地卡羅預測的疊代順序相反。在非穩態環境中，較舊的報酬不確定性較大，應給予較小權重，因此從$t = 0$開始疊代先做更新才是正確的。然而，在第一次拜訪蒙地卡羅法裡，不論從$t = T - 1$開始往前計算或從$t = 0$開始往後計算，因爲只有第一次被拜訪到的狀態須更新價值函數值，所以對應報酬的權重在兩個方式計算下皆相同。因爲從$t = 0$開始疊代，步驟 9 的報酬G_t每次疊代須從R_{t+1}累計到最後R_T，稍比第一次拜訪蒙地卡羅預測的報酬計算麻煩一些。實作上，若不考慮更新順序的些許差異，步驟 8~10 可使用下述虛擬碼取代

8: **For** $t = T-1, T-2, \dots, 0$
9: $G \leftarrow R_{t+1} + \gamma G$;
10: $V(S_t) \leftarrow V(S_t) + \alpha[G - V(S_t)]$;
11: **End**

當狀態不多，平均軌跡長度較短的情況下，上述虛擬碼效果與原步驟 8~10 差異不大，因爲極有可能在該次回合式任務中，軌跡中的所有狀態皆相異，此時基於第一次被拜訪的更新方式等同於基於每次拜訪的更新方式。

3-2 同策略與異策略法

蒙地卡羅預測方法可作策略評估，根據廣義策略疊代，若加入策略改進機制，就能透過疊代尋找最佳策略。因爲蒙地卡羅預測是針對狀態價值函數，若已知轉移機率，可用貪婪動作選擇作策略改進[(2.4)式的最後一式]：

$$\pi'(s) \leftarrow \arg\max_a \ q_\pi(s,a)$$
$$= \arg\max_a \ \mathbf{E}[R_{t+1} + \gamma v_\pi(S_{t+1}) | S_t = s, A_t = a] \qquad [參考(2.4)]$$
$$= \arg\max_a \ \textstyle\sum_{s',r} p(s',r|s,a)[r + \gamma v_\pi(s')]$$

在大部分實際應用裡，轉移機率未知，必須用(2.4)第一式作策略改進，亦即使用動作價值函數。所幸一般的策略預測方法，只需要將狀態價值函數更新

$$V(S_t) \leftarrow V(S_t) + \alpha[G - V(S_t)] \tag{3.5}$$

改成動作價值函數更新

$$Q(S_t, A_t) \leftarrow Q(S_t, A_t) + \alpha[G - Q(S_t, A_t)] \tag{3.6}$$

即可實現動作價值函數預測。

單純將狀態價值函數改成動作價值函數作策略評估，並用貪婪動作選擇來改進策略，無法獲得最佳策略。主要原因在於代理人用貪婪動作選擇會造成狀態空間探索 (exploration) 受限制，當許多狀態沒有被拜訪到，策略評估無法準確進行，也就無法獲得最佳策略。上述關於貪婪動作選擇以達到策略改進，就是根據目前狀態做最好的選擇，此行爲稱作開發 (exploitation)。探索和開發爲互相衝突之行爲，代理人必須考慮探索與開發的平衡，此考量僅出現在學習問題；前一章討論的動態規劃，是最佳化問題，所有狀態都可以任意拜訪到，因此探索與開發平衡的考量並不存在。

在處理控制問題時，有兩種特殊的方式能確保代理人持續進行探索。第一種方式爲針對回合式任務，設定所有狀態動作配對讓其都有機會爲初始狀態動作配對，亦即執行具探索性的初始化 (exploring starts)。然而，此方式的缺點在於該初始化

設定方式未必可行，舉例來說，回合式任務可能已預先指定好初始位置與目標，代理人不能從任意的狀態開始。另一種方式為在所有的狀態動作配對，將初始的動作價值函數設定為較高的數值，讓代理人因開發行為選擇對應較高獎勵的動作。在實際探索過程中，代理人將發現這些較高的數值過於樂觀，會透過更新規則下修實際數值；而還未被拜訪的狀態或狀態動作配對仍具有較高的價值函數值，吸引代理人前往拜訪。此方式利用樂觀初始值 (optimistic initial values) 來鼓勵代理人拜訪所有的狀態動作配對，僅於任務執行初有效；當環境改變，樂觀初始值設定無法確保探索行為持續進行。

相較於上述兩種特殊的方式，為了廣泛地應用學習演算法於各類問題，使用更具一般性的方法處理控制問題裡探索 (exploration) 與開發 (exploitaiton) 行為平衡有其必要性。此類方法可分為「同策略」(On-policy) 和「異策略」(Off-policy)，區別在於產生軌跡的策略和被評估策略是否相同。產生軌跡的策略稱為「行為策略」(Behavior Policy)，被評估策略稱為「目標策略」(Target Policy)，同策略方法使用相同的行為策略和目標策略，異策略方法使用相異的行為策略和目標策略。同策略方法較簡單並且容易理解，異策略方法較複雜但更具一般性；同策略方法可視為異策略方法的特例，亦即將目標策略和行為策略設定為相同。

實際上，同策略和異策略法不限於處理控制問題中探索與開發行為之平衡，也可應用到預測問題中探討行為策略和目標策略的使用。舉例來說，演算法 3.1 第一次拜訪蒙地卡羅預測和演算法 3.2 每次拜訪蒙地卡羅預測皆為同策略蒙地卡羅預測方法，因為產生軌跡的行為策略是π，被評估的目標策略也是π。利用同策略蒙地卡羅預測，搭配修正過的貪婪動作選擇，即可獲得同策略蒙地卡羅控制演算法。

3-3 同策略蒙地卡羅控制

動態規劃是離線規劃，可以任意拜訪所有狀態，已確保所有狀態被無限次拜訪到。在線上學習 (online learning) 或即時學習 (real-time learning) 裡，代理人不能任意拜訪到未探索過的狀態，必須透過策略選擇動作，和環境互動過程中產生軌跡，設法讓軌跡持續經過所有狀態。「軟策略」(Soft Policy)是一種讓代理人有機會拜訪所有狀態的策略，策略π爲軟策略的定義爲：

$$\pi(a|s) > 0 \qquad \forall s, a \tag{3.7}$$

ε軟策略 (ε-soft policy) 是軟策略的一個例子，策略π爲ε軟策略的定義爲：

$$\pi(a|s) \geq \varepsilon/|\boldsymbol{A}| \qquad \forall s, a. \tag{3.8}$$

在線上學習裡，爲了確保所有狀態被無限次拜訪到，同時策略能不斷進步，我們將ε軟策略和貪婪動作選擇結合，形成ε貪婪動作選擇 (ε-greedy action selection)。在此選擇下，大部分時候選擇貪婪動作，在ε的機率下隨機選擇動作。給定動作價值函數$q_\pi(s,a)$，貪婪動作A^*表示成

$$A^* = \arg\max_a \ \ q_\pi(s,a). \tag{3.9}$$

若策略π'選擇動作的方式爲ε貪婪動作選擇，則π'稱爲「ε貪婪策略」(ε-greedy policy)，數學上表示爲：

$$\pi'(a|s) \leftarrow \begin{cases} 1 - \varepsilon + \dfrac{\varepsilon}{|\boldsymbol{A}|}, & 若 \ \ a = A^*; \\ \dfrac{\varepsilon}{|\boldsymbol{A}|}, & 若 \ \ a \neq A^*. \end{cases} \tag{3.10}$$

上式的π'滿足機率定義，因爲選擇到非貪婪動作的機會爲$\frac{\varepsilon}{|\boldsymbol{A}|} \times (|\boldsymbol{A}| - 1)$，與選擇到貪婪動作的機會相加等於 1。

給定一策略，對應的貪婪策略一定比原本的策略更好或一樣好，此結果確保廣義策略疊代中的策略改進；在基於同策略法的線上學習裡，爲了確保所有狀態被無限次拜訪到，讓廣義策略疊代中的策略評估能進行，我們必須放棄使用貪婪策略，使用ε貪婪策略爲權衡之計。ε貪婪動作選擇也能改進策略，其嚴謹論述如下。

定理 3.1

a. 若(3.9)式中的策略π爲ε軟策略，則(3.10)式定義的π'比π更好或一樣好。

b. 若π'和π一樣好，則π爲最佳ε軟策略（π'也是最佳ε軟策略）。

證明：

a. 利用定理 2.1 策略改進定裡，證明π'比π更好或一樣好，可證明對所有的狀態s，我們有$q_\pi(s,\pi'(s)) \geq v_\pi(s)$。

$$\begin{aligned} q_\pi(s,\pi'(s)) &= \sum_a \pi'(a|s) q_\pi(s,a) = \frac{\varepsilon}{|\boldsymbol{A}|}\sum_a q_\pi(s,a) + (1-\varepsilon)\max_a q_\pi(s,a) \\ &\geq \frac{\varepsilon}{|\boldsymbol{A}|}\sum_a q_\pi(s,a) + (1-\varepsilon)\sum_a \frac{\pi(a|s)-\frac{\varepsilon}{|\boldsymbol{A}|}}{1-\varepsilon} q_\pi(s,a) \\ &= \sum_a \pi(a|s) q_\pi(s,a) = v_\pi(s). \end{aligned} \tag{3.11}$$

在(3.11)式中，$\sum_a \pi(a|s) - \frac{\varepsilon}{|\boldsymbol{A}|} = 1-\varepsilon$ 且 $\pi(a|s) - \frac{\varepsilon}{|\boldsymbol{A}|} \geq 0$ (π爲ε軟策略)，因此 $\sum_a \frac{\pi(a|s)-\frac{\varepsilon}{|\boldsymbol{A}|}}{1-\varepsilon} q_\pi(s,a)$可視爲$q_\pi(s,a)$的加權平均值；另一方面，$\max_a q_\pi(s,a)$是$q_\pi(s,a)$的最大值。因爲$q_\pi(s,a)$的最大值大於或等於$q_\pi(s,a)$的加權平均值，所以不等式成立。

b. 定義$\tilde{v}_*$爲基於ε軟策略的最佳狀態價值函數，我們有

$$\begin{aligned} \tilde{v}_*(s) &= (1-\varepsilon) max_a \tilde{q}_*(s,a) + \frac{\varepsilon}{|\boldsymbol{A}|}\sum_a \tilde{q}_*(s,a) \\ &= (1-\varepsilon)\max_a \sum_{s',r} p(s',r|s,a)[r+\gamma \tilde{v}_*(s')] \\ &\quad + \frac{\varepsilon}{|\boldsymbol{A}|}\sum_a \sum_{s',r} p(s',r|s,a)[r+\gamma \tilde{v}_*(s')]. \end{aligned} \tag{3.12}$$

$\tilde{v}_*(s)$是上述方程式唯一解。另一方面，根據(3.11)可得

$$\begin{aligned} v_\pi(s) &= (1-\varepsilon)\max_a q_\pi(s,a) + \frac{\varepsilon}{|\mathcal{A}|}\sum_a q_\pi(s,a) \\ &= (1-\varepsilon)\max_a \sum_{s',r} p(s',r|s,a)[r+\gamma v_\pi(s')] \\ &\quad + \frac{\varepsilon}{|\mathcal{A}|}\sum_a \sum_{s',r} p(s',r|s,a)[r+\gamma v_\pi(s')]. \end{aligned} \tag{3.13}$$

$v_\pi(s)$是上述方程式唯一解。比較(3.12)和(3.13)，$\tilde{v}_*(s)=v_\pi(s)$亦即π為最佳ε軟策略。

■

結合動作價值函數更新和ε貪婪策略，演算法 3.1 第一次拜訪蒙地卡羅預測和演算法 3.2 每次拜訪蒙地卡羅預測可衍生成同策略控制方法，目標策略和行為策略都是基於$Q(s,a)$的ε貪婪策略，返回圖如圖 3.3 所示。

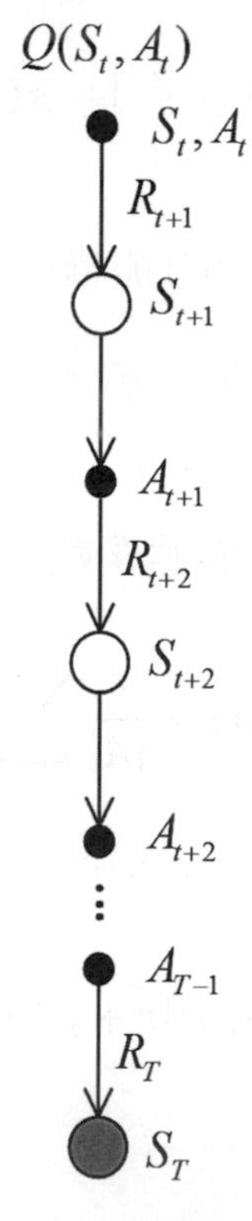

▲圖 3.3　蒙地卡羅控制的返回圖。

▣ 演算法 3.3 同策略第一次拜訪蒙地卡羅控制

1: 演算法參數：學習率$\alpha \in (0,1]$，$\varepsilon > 0$
2: 初始化：$Q(s,a)$爲任意值，π爲任意軟策略
3: 輸出：逼近最佳策略π_*的ε軟策略π
4: **For** 每一回合
5: 用π產生軌跡$S_0, A_0, R_1, S_1, A_1, R_2, \dots, S_{T-1}, A_{T-1}, R_T$;
6: $G \leftarrow 0$;
7: **For** $t = T-1, T-2, \dots, 0$
8: $G \leftarrow R_{t+1} + \gamma G$;
9: **If** $t = 0$ 或 $S_t \neq S_{t-1}, S_{t-2}, \dots, S_0$
10: $Q(S_t, A_t) \leftarrow Q(S_t, A_t) + \alpha[G - Q(S_t, A_t)]$;
11: **End**
12: **End**
13: $\pi \leftarrow$基於$Q(s,a)$的ε貪婪策略；
14: **End**

▣ 演算法 3.4 同策略每次拜訪蒙地卡羅控制

1: 演算法參數：學習率$\alpha \in (0,1]$，$\varepsilon > 0$
2: 初始化：$Q(s,a)$爲任意值，π爲任意軟策略
3: 輸出：逼近最佳策略π_*的ε軟策略π
4: **For** 每一回合
5: 用π產生軌跡$S_0, A_0, R_1, S_1, A_1, R_2, \dots, S_{T-1}, A_{T-1}, R_T$;
6: **For** $t = 0, 1, \dots, T-1$
7: $Q(S_t, A_t) \leftarrow Q(S_t, A_t) + \alpha[G_t - Q(S_t, A_t)]$;
8: **End**
9: $\pi \leftarrow$基於$Q(s,a)$的ε貪婪策略；
10: **End**

演算法 3.3 同策略第一次拜訪蒙地卡羅控制和演算法 3.4 同策略每次拜訪蒙地卡羅控制雖爲學習演算法，因爲在步驟 5 必須等回合任務結束後，收集完軌跡資訊$S_0, A_0, R_1, S_1, A_1, R_2, \ldots, S_{T-1}, A_{T-1}, R_T$後做更新，所以屬於離線 (offline) 學習。因此，使用蒙地卡羅控制的代理人在執行任務過程中不做任何更新與學習，造成較慢的學習速度且需要大量記憶體儲存軌跡資訊。當任務需要較長時間來執行或策略π很難讓代理人轉移至終點狀態時，蒙地卡羅控制方法將不適用。

3-4 範例 3.1 與程式碼

本範例使用演算法 3.4 同策略每次拜訪蒙地卡羅控制解沼澤漫遊問題，環境設定見圖 3.4，爲回合式任務且折扣率$\gamma = 1$。該環境爲3×4的網格世界，每一格子視爲一個狀態（位置狀態），沼澤佔據網格世界第一列 4 個狀態，任務起點$S_0 = (2,1)$，終點S_T=(2,4)。代理人動作爲上、下、左、右，每選擇一次動作，代理人狀態做對應移動，但若該動作導致代理人超出網格世界，則代理人位置不動，亦即下一刻狀態等於此刻狀態。若下一刻狀態爲沼澤，則獎勵爲-100；若爲其他狀態（包含終點S_T），則獎勵爲-1。雖然蒙地卡羅法爲離線學習，學習速度較慢，但因本範例的網格世界規模較小，仍可以處理。

圖 3.5 爲蒙地卡羅法的學習曲線，圖的橫軸爲回合式任務數目，縱軸爲平均報酬（20 次平均），使用學習率$\alpha = 0.1$和$\varepsilon = 0.1$。演算法約經過 30 次回合式任務後，平均報酬達到最大值，動作價值函數也趨於穩定（該圖無法呈現此資訊，須透過程式將動作價值函數值顯示觀察），但在之後執行回合式任務過程中，仍有可能因代理人掉進沼澤而影響平均報酬，造成數值些許震盪。

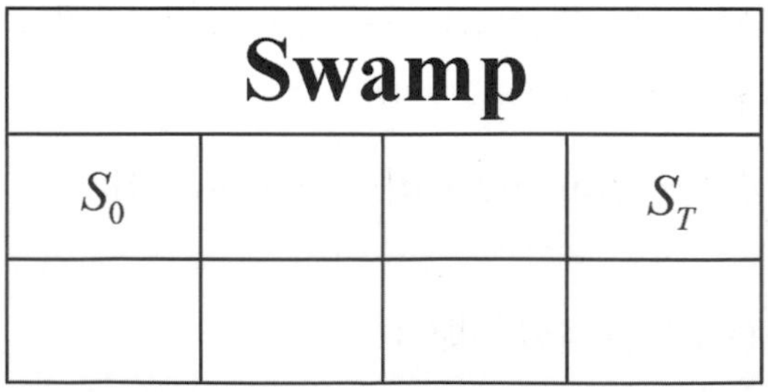

<table>
<tr><td colspan="4" align="center">Swamp</td></tr>
<tr><td>S_0</td><td></td><td></td><td>S_T</td></tr>
<tr><td></td><td></td><td></td><td></td></tr>
</table>

▲圖 3.4　3×4沼澤漫遊網格世界，任務起點$S_0 = (2,1)$，終點$S_T = (2,4)$。

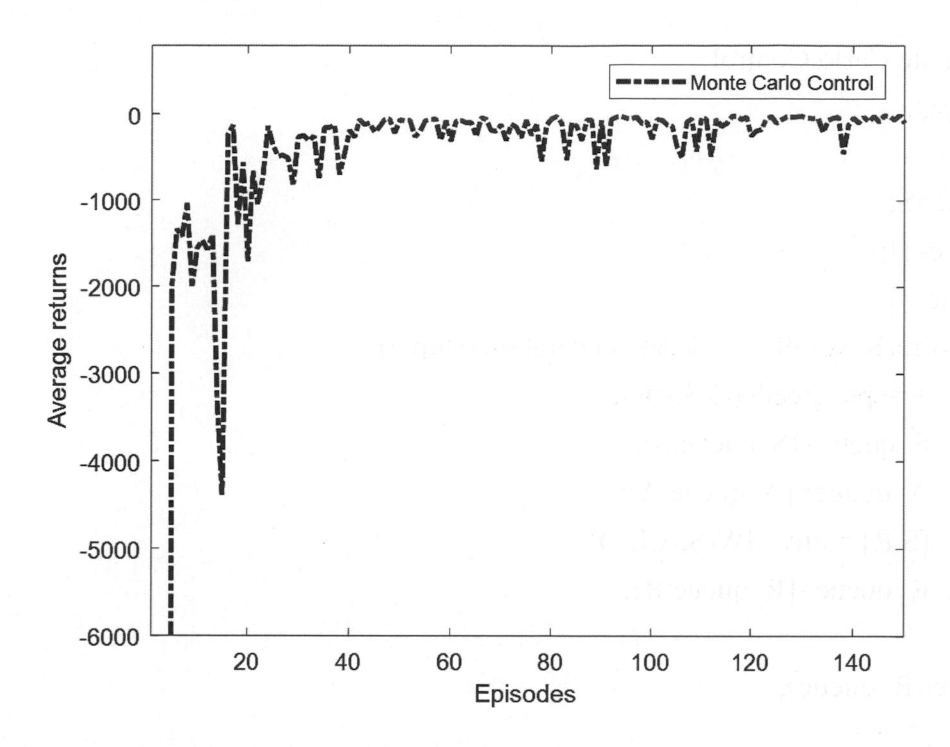

▲圖 3.5　同策略每次拜訪蒙地卡羅控制學習曲線。

範例 3.1 程式碼

```
% Script
%% environment setting
L=4;     % length
D=3;        % width
Sg=[2 L];    % goal state
So=[2 1];    % start state

%% parameter setting
myalpha=0.1;
eps=0.1;
mygamma=1;

%% initialization
tempQ=rand(D,L,4);
tempQ(Sg(1),Sg(2),:)=zeros(4,1);
```

```
%% Monte Carlo Control
Q=tempQ;
S=So;
S_queue=S;
R_queue=[];
A_queue=[];
while norm(S-Sg)>0        % data generation (step 5)
            A=eps_greedy(Q,S,eps);
            S_queue=[S_queue;S];
            A_queue=[A_queue;A];
            [S,R] = env_SW(S,A,L,D);
            R_queue=[R_queue;R];
end
T=numel(R_queue);
G=0;
for t=T:-1:1 % update (steps 6-8)
        G= R_queue(t)+mygamma*G;
        Q(S_queue(t,1),S_queue(t,2),A_queue(t))=Q(S_queue(t,1),...
   S_queue(t,2),A_queue(t))+myalpha*(G -...
   Q(S_queue(t,1),S_queue(t,2),A_queue(t)));
end

% Function
%% epsilon-greedy action selection
function A = eps_greedy(Q,S,eps)
   if rand<eps
        A=unidrnd(4);
   else
        [~,A]=max(Q(S(1),S(2),:));
   end
end
```

```
%% gridworld environment
function [S,R] = env_SW(S,A,L,D)
    % state transition
    if (A==1)&&(S(1)-1>=1)    % up
        S(1)=S(1)-1;
    end
    if (A==2)&&(S(2)+1<=L)    % right
        S(2)=S(2)+1;
    end
    if (A==3)&&(S(1)+1<=D)    % down
        S(1)=S(1)+1;
    end
    if (A==4)&&(S(2)-1>=1)    % left
        S(2)=S(2)-1;
    end
    % reward setting
    if S(1)==1
        R=-100;
    else
        R=-1;
    end
end
```

3-5 異策略與重要性抽樣

異策略法使用相異的目標策略和行爲策略，此時須將使用行爲策略獲得的報酬，轉換成目標策略的報酬，再對目標策略進行評估和改進。異策略法的好處在於可以將探索能力較強的策略設定爲行爲策略，讓目標策略進行開發行爲。「重要性抽樣」(Importance Sampling)是用來將不同策略的報酬做轉換，而轉換過程用到的轉換係數稱爲「重要性抽樣率」(Importance-Sampling Ratio)。學理上，並非所有行爲策略π_b和目標策略π的報酬都可以作轉換，使用重要性抽樣必須滿足

$$\pi(a|s) > 0 \Rightarrow \pi_b(a|s) > 0. \tag{3.14}$$

(3.14)的條件稱爲「覆蓋」(Coverage)，亦即行爲策略π_b必須覆蓋目標策略π所有可能選擇的動作。

考慮從狀態S_t開始，從S_t到A_t的機率爲$\pi(A_t|S_t)$、從A_t到S_{t+1}的機率爲$p(S_{t+1}|S_t, A_t)$、從S_{t+1}到A_{t+1}的機率爲$\pi(A_{t+1}|S_{t+1})$……因此，目標策略π產生軌跡$A_t, S_{t+1}, A_{t+1}, \ldots, S_{T-1}, A_{T-1}, S_T$的機率$p(A_t, S_{t+1}, A_{t+1}, \ldots, S_T|S_t;\pi)$可表示成

$$\begin{aligned} & p(A_t, S_{t+1}, A_{t+1}, \ldots, S_T|S_t;\pi) \\ & = \pi(A_t|S_t)p(S_{t+1}|S_t, A_t)\pi(A_{t+1}|S_{t+1}) \cdots p(S_T|S_{T-1}, A_{T-1}) \\ & = \prod_{k=t}^{T-1} \pi(A_k|S_k)p(S_{k+1}|S_k, A_k). \end{aligned} \tag{3.15}$$

上式中$p(S_{k+1}|S_k, A_k)$是狀態轉移機率，定義於(1.3)。從同狀態S_t開始，用行爲策略π_b產生相同軌跡$A_t, S_{t+1}, A_{t+1}, \ldots, S_{T-1}, A_{T-1}, S_T$的機率可表示成

$$p(A_t, S_{t+1}, A_{t+1}, \ldots, S_T|S_t;\pi_b) = \prod_{k=t}^{T-1} \pi_b(A_k|S_k)p(S_{k+1}|S_k, A_k). \tag{3.16}$$

重要性抽樣率 (importance-sampling ratio) $\rho_{t:T-1}$即是將(3.13)除以(3.14)：

$$\rho_{t:T-1} \triangleq \frac{\prod_{k=t}^{T-1} \pi(A_k|S_k)p(S_{k+1}|S_k, A_k)}{\prod_{k=t}^{T-1} \pi_b(A_k|S_k)p(S_{k+1}|S_k, A_k)} = \prod_{k=t}^{T-1} \frac{\pi(A_k|S_k)}{\pi_b(A_k|S_k)}. \tag{3.17}$$

在(3.14)的覆蓋條件成立下，若$\pi(A_k|S_k) > 0$則$\pi_b(A_k|S_k) > 0$，因此(3.17)不會造成分母等於零而使得$\rho_{t:T-1}$無法定義的情況。若軌跡產生從時刻t開始到時刻h，則對應的重要性抽樣率$\rho_{t:h}$可表示爲

$$\rho_{t:h} \triangleq \frac{\prod_{k=t}^{\min(h,T-1)} \pi(A_k|S_k)p(S_{k+1}|S_k,A_k)}{\prod_{k=t}^{\min(h,T-1)} \pi_b(A_k|S_k)p(S_{k+1}|S_k,A_k)} = \prod_{k=t}^{\min(h,T-1)} \frac{\pi(A_k|S_k)}{\pi_b(A_k|S_k)}. \tag{3.18}$$

(3.18)爲重要性抽樣率最具一般性的表示式，包含了(3.17)的定義，將$h = T - 1$帶入(3.18)，即可得到(3.17)。

在(3.14)的條件成立下，目標策略π對應的狀態價值函數$v_\pi(s)$可透過重要性抽樣得到：

$$v_\pi(s) = E_{\pi_b}[\rho_{t:T-1}G_t|S_t = s] \tag{3.19}$$

(3.19)的報酬G_t是利用行爲策略π_b產生，透過$\rho_{t:T-1}$轉換成目標策略π的報酬。爲方便理解(3.19)，假設我們使用行爲策略π_b產生$n-1$個抽樣G_t，並利用蒙地卡羅法來預測$v_\pi(s)$：

$$V_n(s) = \frac{\sum_{k=1}^{n-1} G_k(s)}{n-1}. \qquad \text{[參考(3.1)]}$$

上式中$V_n(s)$是用來預測$v_\pi(s)$，$G_k(s)$爲目標策略π產生的報酬，抽樣G_t透過關係式$G_k(s) \approx \rho_{t:T-1}G_t$來估測$G_k(s)$。如果行爲策略$\pi_b$產生報酬$G_t$的機率較小但目標策略$\pi$產生相同報酬的機率較大，代表$G_t$實際在上式出現的頻率較高，對$V_n(s)$的貢獻較大，因此利用係數$\rho_{t:T-1} > 1$將$G_t$放大作補償。如果行爲策略$\pi_b$產生報酬$G_t$的機率較大但目標策略$\pi$產生相同報酬的機率較小，代表$G_t$實際在上式出現的頻率較低，對$V_n(s)$的貢獻較小，因此利用係數$\rho_{t:T-1} < 1$將$G_t$縮小作修正。如果$G_t$發生在目標策略$\pi$和行爲策略$\pi_b$的機率一樣，則$\rho_{t:T-1} = 1$，亦即$G_t$近似$G_k(s)$。此外，若行爲策略$\pi_b$產生報酬$G_t$不能被目標策略$\pi$產生，則$\rho_{t:T-1} = 0$。實作上，該次抽樣不納入計算，因爲其報酬$G_t$無法提供任何可用來預測$v_\pi(s)$的資訊。

用行爲策略π_b產生抽樣來預測目標策略π的價值函數$v_\pi(s)$，一般式可表示成

$$V_n(s) = \frac{\sum_{k=1}^{n-1} W_k G_k(s)}{\sum_{k=1}^{n-1} W_k}. \tag{3.20}$$

上式可從兩種不同的角度解釋，分別獲得兩個不同預測$v_\pi(s)$的方法。第一種角度來自上一段落對重要性抽樣的解釋，將(3.20)中的報酬視爲從行爲策略π_b產生的報酬$G_k(s)$透過重要性抽樣率ρ_k轉換而來，亦即$G_k(s) \leftarrow \rho_k G_k(s)$，此時權重$W_k = 1$，形成「常規重要性抽樣」(Ordinary Importance Sampling)：

$$V_n(s) = \frac{\sum_{k=1}^{n-1} \rho_k G_k(s)}{n-1}. \tag{3.21}$$

另一種角度將權重W_k視爲轉換係數ρ_k，將$G_k(s)$視爲行爲策略π_b產生的報酬，亦即$G_k(s) \leftarrow G_k(s)$，此時權重$W_k = \rho_k$，形成「加權重要性抽樣」(Weighted Importance Sampling)：

$$V_n(s) = \frac{\sum_{k=1}^{n-1} \rho_k G_k(s)}{\sum_{k=1}^{n-1} \rho_k}. \tag{3.22}$$

常規重要性抽樣 (ordinary importance sampling) 和加權重要性抽樣 (weighted importance sampling) 有不同的統計特性，主要呈現在「偏差」(Bias) 和「變異數」(Variance) 的表現上。常規重要性抽樣是「無偏估計量」(Unbiased Estimator)，亦即$\mathrm{E}[V_n(s)] = v_\pi(s)$，但變異數$\mathrm{E}[(V_n(s) - \mathrm{E}[V_n(s)])^2]$通常較大；加權重要性抽樣是「有偏估計量」(Biased Estimator)，亦即$\mathrm{E}[V_n(s)] \neq v_\pi(s)$，但變異數通常較小。變異數較小的估測方式應用到強化學習時，學習速率通常較快。

下述定理證明(3.19)式的重要性抽樣，主要是利用$v_\pi(s)$的定義做展開，將報酬機率乘上行爲策略π_b產生相同報酬的機率，再除以該機率，因爲乘除相消，等式成立。而目標策略π產生的報酬機率除以行爲策略π_b產生相同報酬的機率，即是重要性抽樣率。

定理 3.2

在(3.14)的覆蓋條件下，我們有

$$v_\pi(s) = \mathbf{E}_{\pi_b}[\rho_{t:T-1}G_t|S_t = s] \qquad \text{[參考(3.19)]}$$

證明：

定義$p(A_t, S_{t+1}, A_{t+1}, \dots, S_T \rightarrow g|S_t;\pi)$爲在狀態$S_t$下，使用策略$\pi$產生軌跡$A_t, S_{t+1}, A_{t+1}, \dots, S_T$，獲得報酬$g$的機率；$p(A_t, S_{t+1}, A_{t+1}, \dots, S_T \rightarrow g|S_t;\pi_b)$爲在狀態$S_t$下，使用策略$\pi_b$產生相同軌跡$A_t, S_{t+1}, A_{t+1}, \dots, S_T$，獲得報酬$g$的機率。

$$\begin{aligned}
v_\pi(s) &= \mathbf{E}_\pi[G_t|S_t = s] = \textstyle\sum_g g p(A_t, S_{t+1}, A_{t+1}, \dots, S_T \rightarrow g|S_t = s;\pi) \\
&= \textstyle\sum_g g \frac{p(A_t, S_{t+1}, A_{t+1}, \dots, S_T \rightarrow g|S_t = s;\pi)}{p(A_t, S_{t+1}, A_{t+1}, \dots, S_T \rightarrow g|S_t = s;\pi_b)} \times p(A_t, S_{t+1}, A_{t+1}, \dots, S_T \rightarrow g|S_t = s;\pi_b) \\
&= \textstyle\sum_g g\, \rho_{t:T-1}(g) p(A_t, S_{t+1}, A_{t+1}, \dots, S_T \rightarrow g|S_t = s;\pi_b) \\
&= \mathbf{E}_{\pi_b}[\rho_{t:T-1}G_t|S_t = s].
\end{aligned}$$

3-6 異策略蒙地卡羅預測

爲了使用較少的記憶體來做價值函數估測，可利用類似(3.2)或(3.3)的增量實施方法，實現(3.20)的計算：

$$\begin{aligned}
V_{n+1}(s) &= V_n(s) + \frac{W_n}{C_n}[G_n(s) - V_n(s)] \\
C_n &= C_{n-1} + W_n \text{ 且 } C_0 \triangleq 0.
\end{aligned} \tag{3.23}$$

下述定理證明(3.23)爲(3.20)的遞迴關係式。

定理 3.3

(3.20)可由(3.23)增量實施的方式實現。

證明：

$$\begin{aligned}
V_{n+1}(s) &= \frac{\sum_{k=1}^{n} W_k G_k(s)}{\sum_{k=1}^{n} W_k} = \frac{\sum_{k=1}^{n-1} W_k G_k(s)}{\sum_{k=1}^{n} W_k} + \frac{W_n G_n(s)}{\sum_{k=1}^{n} W_k} = \frac{\sum_{k=1}^{n-1} W_k(s)}{\sum_{k=1}^{n} W_k} V_n(s) + \frac{W_n}{\sum_{k=1}^{n} W_k} G_n(s) \\
&= V_n(s) + \frac{W_n}{\sum_{k=1}^{n} W_k}[G_n(s) - V_n(s)] = V_n(s) + \frac{W_n}{C_n}[G_n(s) - V_n(s)].
\end{aligned}$$

上式中，C_n=$C_{n-1}+W_n$且$C_0 \triangleq 0$。

考量穩態環境，若使用常規重要性抽樣，則$G_n(s) \leftarrow \rho_n G_n(s)$且$W_n=1$，(3.23)變成

$$V_{n+1}(s)=V_n(s)+\frac{1}{n}[\rho_n G_n(s)-V_n(s)]. \tag{3.24}$$

若使用加權重要性抽樣，則$G_n(s) \leftarrow G_n(s)$且$W_n=\rho_n$，(3.23)變成

$$\begin{aligned} V_{n+1}(s) &= V_n(s)+\frac{\rho_n}{C_n}[G_n(s)-V_n(s)] \\ C_n &= C_{n-1}+\rho_n. \end{aligned} \tag{3.25}$$

考量非穩態環境，使用學習率$\alpha \in (0,1]$讓估測值$V_n(s)$將較新的報酬給予較大的權重。在常規重要性抽樣(3.24)中，將$1/n$代換成固定值α，遞迴關係表示成

$$V_{n+1}(s)=V_n(s)+\alpha[\rho_n G_n(s)-V_n(s)]. \tag{3.26}$$

在加權重要性抽樣(3.25)中，將$1/C_n$代換成固定值α，遞迴關係表示成

$$V_{n+1}(s)=V_n(s)+\alpha\rho_n[G_n(s)-V_n(s)]. \tag{3.27}$$

(3.26)和(3.27)可使用遞迴關係展開，呈現較新的報酬有較大權重的配置。以(3.27)爲例，我們有

$$\begin{aligned} &V_{n+1}(s) \\ &= V_n(s)+\alpha\rho_n[G_n(s)-V_n(s)] = \alpha\rho_n G_n(s)+(1-\alpha\rho_n)V_n(s) \\ &= \alpha\rho_n G_n(s)+(1-\alpha\rho_n)\{V_{n-1}(s)+\alpha\rho_{n-1}[G_{n-1}(s)-V_{n-1}(s)]\} \\ &= \alpha\rho_n G_n(s)+\alpha\rho_{n-1}(1-\alpha\rho_n)G_{n-1}(s)+(1-\alpha\rho_n)(1-\alpha\rho_{n-1})V_{n-1}(s) \\ &= \alpha\rho_n G_n(s)+\alpha\rho_{n-1}(1-\alpha\rho_n)G_{n-1}(s)+\alpha\rho_{n-2}(1-\alpha\rho_n)(1-\alpha\rho_{n-1})G_{n-2}(s)+\cdots \\ &\quad +\alpha\rho_1 \prod_{k=2}^{n}(1-\alpha\rho_k)\, G_1(s)+\prod_{k=1}^{n}(1-\alpha\rho_k)\, V_1(s) \\ &= \sum_{j=1}^{n}\alpha\rho_j \prod_{k=j+1}^{n}(1-\alpha\rho_k)\, G_j(s)+\prod_{k=1}^{n}(1-\alpha\rho_k)\, V_1(s). \end{aligned}$$

上式中，我們有$\sum_{j=1}^{n} \alpha\rho_j \prod_{k=j+1}^{n}(1-\alpha\rho_k)+\prod_{k=1}^{n}(1-\alpha\rho_k)=1$。

此節考慮穩態環境，並使用加權重要性抽樣(3.25)處理價值函數預測問題，返回圖見圖 3.6，演算法 3.5 呈現其虛擬碼。

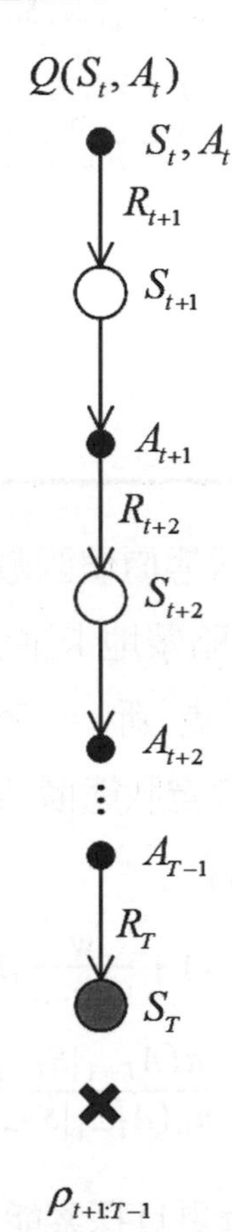

▲圖 3.6　異策略蒙地卡羅預測/控制的返回圖。

▣ **演算法 3.5** 異策略第一次拜訪蒙地卡羅預測

1:　輸入：目標策略π

2:　初始化：對所有狀態動作配對(s,a)，$Q(s,a)$為任意實數值，$C(s,a) \leftarrow 0$

3:　輸出：目標策略π的動作價值函數$Q(s,a)$

4:　**For** 每一回合

5:　　$\pi_b \leftarrow$任意可覆蓋目標策略π的行為策略，亦即滿足(3.14)；

6:　　用π_b產生軌跡$S_0, A_0, R_1, S_1, A_1, R_2, \ldots, S_{T-1}, A_{T-1}, R_T$;

7: $G \leftarrow 0;\ W \leftarrow 1;$

8: **For** $t = T-1, T-2, \dots, 0$ 且 $W \neq 0$

9: $G \leftarrow R_{t+1} + \gamma G;$

10: **If** $t = 0$ 或 $S_t \neq S_{t-1}, S_{t-2}, \dots, S_0$

11: $C(S_t, A_t) \leftarrow C(S_t, A_t) + W;$

12: $Q(S_t, A_t) \leftarrow Q(S_t, A_t) + \frac{W}{C(S_t, A_t)}[G - Q(S_t, A_t)];$

13: **End**

14: $W \leftarrow W \frac{\pi(A_t|S_t)}{\pi_b(A_t|S_t)};$

15: **End**

16: **End**

一般而言，預測問題較常考慮狀態價值函數$V(S_t)$的更新，例如演算法 3.1 和演算法 3.2。然而，演算法 3.5 異策略蒙地卡羅法爲了減少抽樣過程中的浪費，考慮動作價值函數 $Q(S_t, A_t)$ 的更新。考慮行爲策略 π_b 產生軌跡 $A_t, S_{t+1}, A_{t+1}, \dots, S_{T-1}, A_{T-1}, S_T$，若考慮狀態價值函數$V(S_t)$更新，在步驟 8 從軌跡尾巴往前計算，當$t = T - 1$時我們有

$$V(S_{T-1}) \leftarrow V(S_{T-1}) + \frac{W}{C(S_{T-1})}[R_T - V(S_{T-1})];$$

$$W = \frac{\pi(A_{T-1}|S_{T-1})}{\pi_b(A_{T-1}|S_{T-1})}.$$

然而，行爲策略π_b通常比目標策略π更具探索能力，很有可能$\pi(A_{T-1}|S_{T-1}) = 0$，亦即狀態價值函數無法做任何更新，浪費此次抽樣獲得的資訊。

爲了減少抽樣資訊的浪費，考慮行爲價值函數$Q(S_t, A_t)$在步驟 12 的更新，從軌跡尾巴往前計算，在$t = T - 1$時我們有

$$Q(S_{T-1}, A_{T-1}) \leftarrow Q(S_{T-1}, A_{T-1}) + \frac{W}{C(S_{T-1}, A_{T-1})}[R_T - Q(S_{T-1}, A_{T-1})];$$

$$W = 1.$$

此時動作價值函數一定會有至少一次的更新。上式中的權重$W = 1$主要是因爲$Q(S_{T-1}, A_{T-1})$的定義，$Q(S_{T-1}, A_{T-1})$代表在狀態S_{T-1}，選擇動作A_{T-1}後，接下來使

用目標策略π所產生的價值。因爲下一個狀態爲終點狀態S_T，因此獎勵R_T可直接用作更新且權重爲 1。換句話說，$Q(S_{T-1}, A_{T-1})$的更新與目標策略π和重要性抽樣率皆無關，即便$\pi(A_{T-1}|S_{T-1}) = 0$，獎勵R_T仍可用作更新。在$t = T - 2$時我們有

$$Q(S_{T-2}, A_{T-2}) \leftarrow Q(S_{T-2}, A_{T-2}) + \frac{W}{C(S_{T-2}, A_{T-2})}[R_{T-1} + R_T - Q(S_{T-2}, A_{T-2})];$$

$$W = \frac{\pi(A_{T-1}|S_{T-1})}{\pi_b(A_{T-1}|S_{T-1})}.$$

此時若$\pi(A_{T-1}|S_{T-1}) = 0$，則步驟 14 會設定$W \leftarrow 0$，停止步驟 8 的迴圈計算，進而結束該回合任務的資料更新。

步驟 11 的$C(S_t, A_t)$是狀態動作配對的函數，用來累加回合式任務中在配對(S_t, A_t)做更新時對應的重要性抽樣率，因此不同配對用不同的$C(S_t, A_t)$記錄。而W是該次回合任務中，從軌跡尾巴往前計算，每個時刻的重要性抽樣率；在不同回合任務裡，必須重新計算。當$W = 0$代表某一時刻$\frac{\pi(A_t|S_t)}{\pi_b(A_t|S_t)} = 0$，該時刻往前$t - 1, t - 2, \ldots$的資料將無法使用，因爲從$t$往後的軌跡無法被目標策略$\pi$產生，因此停止該回合任務裡的計算。

上面討論異策略第一次拜訪蒙地卡羅預測，演算法 3.6 呈現異策略每次拜訪蒙地卡羅預測，差別僅在於每回合任務只有在第一次被拜訪到的狀態動作配對才做動作價值更新。在上一節討論的同策略法中，說明了從$t = 0$往後疊代和從$t = T - 1$往前疊代的差異。在本節討論的異策略裡，爲了實作方便，忽略因更新順序可能造成報酬權重不同的些許差異。

▣ **演算法 3.6** 異策略每次拜訪蒙地卡羅預測

1: 輸入：目標策略π

2: 初始化：對所有狀態動作配對(s, a)，$Q(s, a)$爲任意實數值，$C(s, a) \leftarrow 0$

3: 輸出：目標策略π的動作價值函數$Q(s, a)$

4: **For** 每一回合

5:     $\pi_b \leftarrow$任意可覆蓋目標策略π的行爲策略，亦即滿足(3.12)；

6:     用π_b產生軌跡$S_0, A_0, R_1, S_1, A_1, R_2, \ldots, S_{T-1}, A_{T-1}, R_T$;

7: $G \leftarrow 0;\ W \leftarrow 1;$

8: **For** $t = T-1, T-2, \ldots, 0$ 且 $W \neq 0$

9: $G \leftarrow R_{t+1} + \gamma G;$

10: $C(S_t, A_t) \leftarrow C(S_t, A_t) + W;$

11: $Q(S_t, A_t) \leftarrow Q(S_t, A_t) + \frac{W}{C(S_t, A_t)}[G - Q(S_t, A_t)];$

12: $W \leftarrow W \frac{\pi(A_t|S_t)}{\pi_b(A_t|S_t)};$

13: **End**

14: **End**

3-7 異策略蒙地卡羅控制

異策略蒙地卡羅預測為了減少抽樣的浪費，已直接對動作價值函數做更新，因此將其延伸至控制方法，僅需將策略改進的機制放入即可。搭配異策略法的策略改進機制常用貪婪動作選擇，演算法 3.7 和演算法 3.8 分別呈現異策略第一次拜訪蒙地卡羅控制和異策略每次拜訪蒙地卡羅控制。

▣ **演算法 3.7** 異策略第一次拜訪蒙地卡羅控制

1: 初始化：對所有狀態動作配對(s, a)，$Q(s, a)$為任意實數值，$C(s, a) \leftarrow 0$

2: 輸出：逼近最佳策略π_*的π

3: **For** 每一回合

4: $\pi_b \leftarrow$任意軟策略；

5: 用π_b產生軌跡$S_0, A_0, R_1, S_1, A_1, R_2, \ldots, S_{T-1}, A_{T-1}, R_T;$

6: $G \leftarrow 0;\ W \leftarrow 1;$

7: **For** $t = T-1, T-2, \ldots, 0$ 且 $W \neq 0$

8: $G \leftarrow R_{t+1} + \gamma G;$

9: **If** $t = 0$ 或 $S_t \neq S_{t-1}, S_{t-2}, \ldots, S_0$

10: $C(S_t, A_t) \leftarrow C(S_t, A_t) + W;$

11: $Q(S_t, A_t) \leftarrow Q(S_t, A_t) + \frac{W}{C(S_t, A_t)}[G - Q(S_t, A_t)];$

12: **End**

13: $\pi(S_t) \leftarrow \arg\max_a Q(S_t, a);$

14: $W \leftarrow W \frac{\pi(A_t|S_t)}{\pi_b(A_t|S_t)}$;

15: **End**

16: **End**

演算法 3.7 步驟 4 須將π_b設定爲可以覆蓋π的策略，但π在步驟 13 利用貪婪動作選擇進行策略改進，因此π會隨更新進展而不斷改變。爲了確保覆蓋條件，將π_b設定成軟策略，因爲軟策略選擇任何動作的機率都大於零，不論π如何改變都一定會覆蓋到。步驟 4 和步驟 11 呈現異策略法的使用，產生軌跡的是軟策略π_b，做策略評估和策略改進的是基於Q表的貪婪策略π，兩者相異。步驟 14 的機率$\pi(A_t|S_t)$只有兩個值，若$\pi(S_t) = A_t$，則$\pi(A_t|S_t) = 1$；若$\pi(S_t) \neq A_t$，則$\pi(A_t|S_t) = 0$。也因如此，異策略蒙地卡羅控制通常學習速度較慢，因爲該方法只在回合任務中的尾巴才進行學習行爲，且尾巴軌跡的動作都必須是貪婪動作。

▣ **演算法 3.8** 異策略每次拜訪蒙地卡羅控制

1: 初始化：對所有狀態動作配對(s,a)，$Q(s,a)$爲任意實數值，$C(s,a) \leftarrow 0$

2: 輸出：逼近最佳策略π_*的π

3: **For** 每一回合

4: $\pi_b \leftarrow$任意軟策略；

5: 用π_b產生軌跡$S_0, A_0, R_1, S_1, A_1, R_2, \dots, S_{T-1}, A_{T-1}, R_T$;

6: $G \leftarrow 0$; $W \leftarrow 1$;

7: **For** $t = T-1, T-2, \dots, 0$ 且 $W \neq 0$

8: $G \leftarrow R_{t+1} + \gamma G$;

9: $C(S_t, A_t) \leftarrow C(S_t, A_t) + W$;

10: $Q(S_t, A_t) \leftarrow Q(S_t, A_t) + \frac{W}{C(S_t, A_t)}[G - Q(S_t, A_t)]$;

11: $\pi(S_t) \leftarrow \arg\max_a Q(S_t, a)$;

12: $W \leftarrow W \frac{\pi(A_t|S_t)}{\pi_b(A_t|S_t)}$;

13: **End**

14: **End**

重點回顧

1. 用廣義策略疊代求解學習問題，可將問題分成兩階段，第一階段為預測問題，第二階段為控制問題。預測問題即是做策略評估，控制問題同時做策略評估和策略改進，尋找最佳價值函數和最佳策略。
2. 蒙地卡羅法利用抽樣資訊取代轉移機率的使用，用抽樣更新取代期望更新的使用，因此能有效避免動態規劃的兩大缺點。
3. 在學習過程中獲得報酬序列，實作上通常將最新獲得的報酬給予較大的權重做加權和來逼近平均報酬。主要原因為二：其一，學習環境可能是非穩態，較舊的報酬參考價值較低；其二，在控制問題中，搜尋最佳策略過程會不斷改進策略，使用較新的報酬對新策略做評估較適合。
4. 增量實施比累加取平均更節省記憶體，將增量實施搭配固定學習率，應用在估測報酬的期望值，可讓最新獲得的報酬給予較大的權重。
5. 蒙地卡羅方法是本書介紹的第一個強化學習演算法，該演算法不使用自助法，只適用於回合式任務，在若干回合式任務結束後，利用抽樣報酬取平均來求解強化學習問題。
6. 使用策略π出現狀態s，則狀態s稱為被拜訪；依據使用抽樣報酬的差別可分為每次拜訪和第一次拜訪蒙地卡羅法。
7. 蒙地卡羅控制法是離線學習，主要缺點為學習速度慢和需要大的記憶空間儲存軌跡資訊。
8. 強化學習必須在探索和開發取得平衡，探索用意在更新價值函數，開發用意在根據目前價值函數選擇最好的動作。
9. 處理探索和開發平衡的方式有同策略法和異策略法：同策略法的行為策略和目標策略相同；異策略法的行為策略和目標策略相異。
10. 對所有的狀態，都有機會選擇到所有動作的策略稱為軟策略。
11. 重要性抽樣是將行為策略產生的報酬轉換成目標策略的報酬，其轉換係數稱為重要性抽樣率。
12. 重要性抽樣依據權重設定不同，可分為常規重要性抽樣和加權重要性抽樣。常規重要性抽樣是無偏估計量 (unbiased estimator)，但變異數 (variance) 通常較大，導致學習較慢；加權重要性抽樣是有偏估計量 (biased estimator)，但變異數通常較小，因此學習速度較快。

13. 圖 3.7 彙整蒙地卡羅法衍生出的學習演算法，其返回圖見圖 3.8。

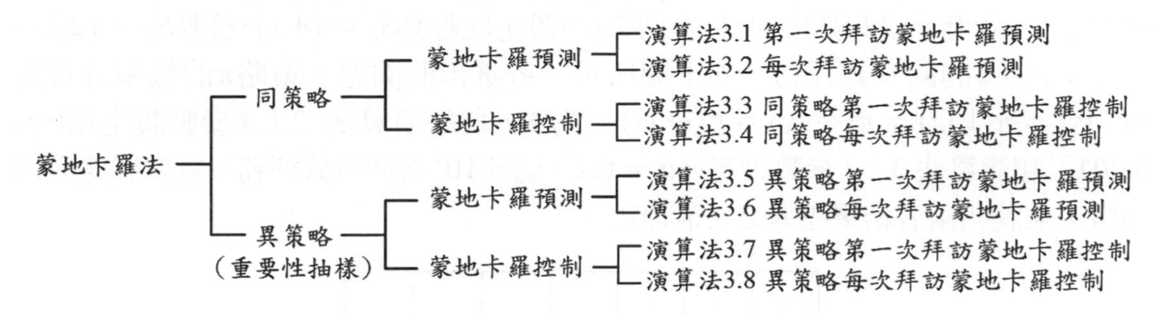

▲圖 3.7　蒙地卡羅法衍生出的學習演算法。

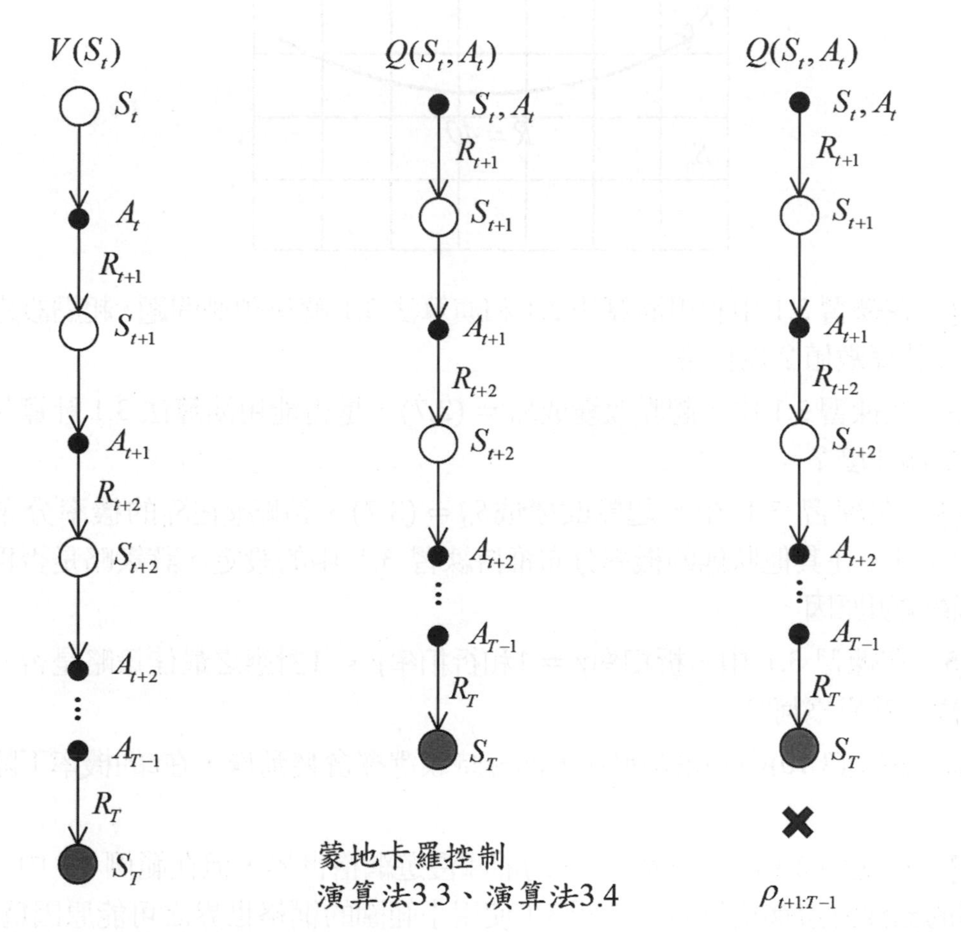

▲圖 3.8　基於蒙地卡羅法的學習演算法之返回圖。

章末練習

練習 3.1 考慮下圖的網格世界(範例 2.1),設定成起點$S_0 = (4,1)$、終點$S_T = (2,1)$、折扣率$\gamma = 1$的回合式任務,如下圖所示。考慮預測問題,策略π的機率分布爲$\pi(\uparrow|s) = \pi(\downarrow|s) = \pi(\leftarrow|s) = \pi(\rightarrow|s) = 1/4$,利用演算法 2.1(參數設定爲$\theta = 0.001$)和演算法 3.1(參數設定爲$\alpha = 0.1$,處理$10^4$次回合式任務)計算狀態價值函數,並說明兩者結果差異之可能原因。

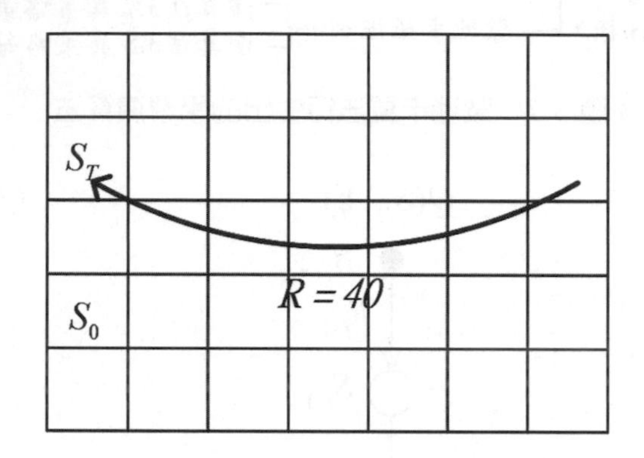

練習 3.2 在練習 3.1 中利用演算法 2.1 和演算法 3.1 解決預測問題,起點設定是否會影響其計算數值?爲什麼?

練習 3.3 在練習 3.1 中,起點改變成$S_0 = (2,7)$,是否能用演算法 3.1 計算狀態價值函數?爲什麼?

練習 3.4 在練習 3.1 中,起點改變成$S_0 = (3,7)$,策略π在S_0的機率分布設爲$\pi(\uparrow|S_0) = 1$,在其他狀態的機率分布維持練習 3.1 中的設定。該策略是否爲最佳策略?請說明原因。

練習 3.5 在練習 3.1 中,折扣率$\gamma = 1$和折扣率$\gamma < 1$對應之最佳策略是否一樣?若不一樣,差異爲何?

練習 3.6 證明(3.10)中的策略π'在大部分時候選擇貪婪動作,在ε的機率下隨機選擇動作。

練習 3.7 在範例 2.1 中,考慮 5×15 的沼澤漫遊網格世界,但在範例 3.1 中,只考慮3×4的沼澤漫遊網格世界。範例 3.1 使用小範圍的網格世界之可能原因爲何?

練習 3.8 考慮範例 3.1,以回合式任務次數 (episodes) 爲橫軸,描繪每一回合完成任務所需的平均步數 (average steps),並解釋所繪圖形與圖 3.3 之關係。

練習 3.9 考慮範例 3.1,將終點S_T設定爲(3,4),圖 3.3 將如何變化?修改範例 3.1 程式碼做驗證。

練習 3.10 考慮下圖 3 臂拉霸問題（範例 1.2），設定平均$\mu_1 = 0.5$、$\mu_2 = -1.2$、$\mu_3 = 10$，標準差$\sigma_1 = 0.1$、$\sigma_2 = 0.3$、$\sigma_3 = 0.8$。考慮確定性策略$\pi_k(S_0) = a_k$ $(k = 1,2,3)$和隨機策略$\pi(a_k|S_0) = 1/3$，撰寫蒙地卡羅預測程式驗證$v_{\pi_k}(S_0) = \mu_k$和$v_\pi(S_0) = \sum_{k=1}^{3} \mu_k/3$。

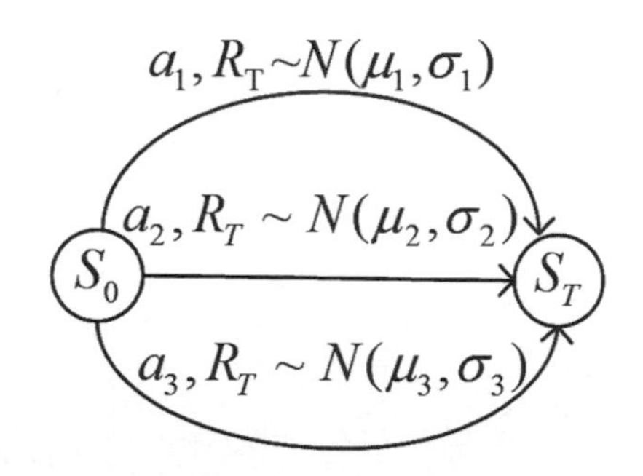

練習 3.11 承練習 3.10，標準差對學習演算法之影響爲何？比較標準差$(\sigma_1, \sigma_2, \sigma_3) = (0.1, 0.3, 0.8)$和$(\sigma_1, \sigma_2, \sigma_3) = (1, 3, 8)$對應的學習曲線。

1 步時間差分法

上一章介紹的蒙地卡羅法因爲使用完整報酬資訊，是離線學習且僅適用於回合式任務。爲了發展線上學習演算法，我們使用自助法來避開對完整報酬資訊的需要；此時，在估測某個狀態的價值時，會利用到其後續狀態的價值估測。將自助法和抽樣更新結合，並使用不同時間的狀態價值相差量，可以發展出「時間差分法」(Temporal-Difference Methods, TD methods) [Chapter 6, Sutton 2018]；該方法爲線上強化學習演算法的基礎，適用於回合式和連續性任務。

時間差分法與動態規劃類似，使用自助法做報酬估測；與蒙地卡羅法類似，透過與環境互動，在不假設環境模型已知的條件下，透過抽樣更新來學習最佳策略。爲了方便理解基於時間差分法的強化學習演算法，本章先討論預測問題，再談控制問題，如圖 4.1 所示。在預測問題裡，時間差分法根據狀態價值函數的定義，將完整報酬表示成立即獎勵加上在下一時刻狀態的價值函數估測值，用其當更新目標做策略評估。在控制問題裡，時間差分法將狀態價值函數用動作價值函數取代，並使用相同或相異的行爲與目標策略，進而衍生出同策略或異策略控制法。

同策略和異策略法，可分別比喻爲使用自己生活經驗來學習和使用他人生活經驗來學習。同策略法因爲使用自己生活經驗來學習，需考慮自身安全與利益，在探索時通常較爲小心，學習到的策略因而較保守。相較之下，異策略因爲透過他人生活經驗來學習，與自身安全與利益無關，只要別人透過動作選擇獲得較好的獎勵，這些經驗都有助於改進自己的策略，進而有機會學習到最佳策略。本章的範例將數值驗證同策略法的保守性和異策略法的最佳性。

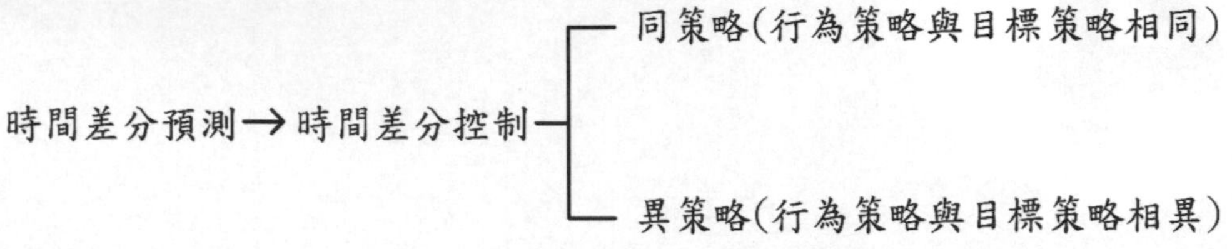

時間差分預測→時間差分控制─┬─ 同策略(行為策略與目標策略相同)
└─ 異策略(行為策略與目標策略相異)

▲圖 4.1　1 步時間差分法討論範圍。

4-1 時間差分法

根據狀態價值定義，我們有

$$v_\pi(s) \triangleq \mathbf{E}_\pi[G_t|S_t = s] \qquad [參考(1.8)]$$

$$= \mathbf{E}_\pi[R_{t+1} + \gamma G_{t+1}|S_t = s] \qquad [參考(1.5)]$$

$$= \mathbf{E}_\pi[R_{t+1} + \gamma v_\pi(S_{t+1})|S_t = s]. \qquad (4.1)$$

蒙地卡羅法利用(1.8)式將G_t當更新目標來評估策略，時間差分法用(4.1)式中的$R_{t+1} + \gamma v_\pi(S_{t+1})$當更新目標來評估策略。

根據增量實施更新規則

$$NewEst \leftarrow OldEst + StepSize\ [\ Target - OldEst\ ] \qquad [參考(3.3)]$$

時間差分法可表示爲

$$V(S_t) \leftarrow V(S_t) + \alpha[R_{t+1} + \gamma V(S_{t+1}) - V(S_t)]. \qquad (4.2)$$

上式解釋了時間差分名稱的由來，更新目標$R_{t+1}+\gamma V(S_{t+1})$爲$t+1$時刻的資訊，舊估測值$V(S_t)$爲$t$時刻的資訊，在時間軸上相差一時刻，因此也稱爲1步時間差分（1-step TD），其返回圖如圖4.2所示。此外，1步時間差分也被稱爲TD(0)，此二名稱來自後面章節會介紹的n步時間差分（n-step TD）和TD(λ)之特例。

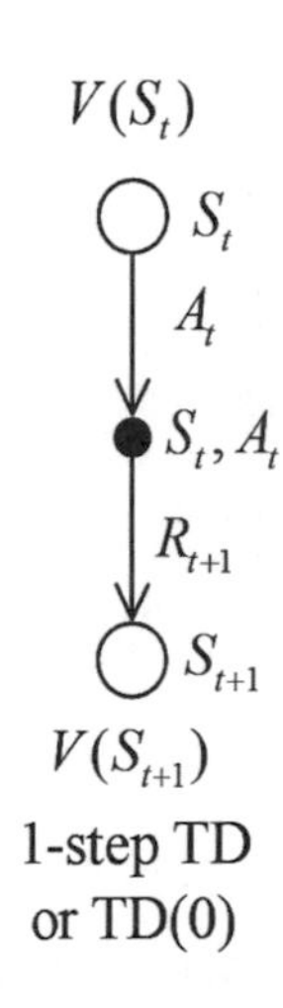

▲ 圖 4.2　1步時間差分的返回圖。

▣ 演算法 4.1 1步時間差分預測

1: 輸入：策略π

2: 演算法參數：學習率$\alpha \in (0,1]$

3: 初始化：在終點狀態S_T，$V(S_T)=0$，在其他狀態s，$V(s)$爲任意值

4: 輸出：價值函數$V(s)$

5: **For** 每一回合

6: 　　初始化狀態S；

7: 　　**For** 回合中每一時刻且S非終點狀態

8: 　　　　$A \leftarrow$根據狀態S，用π產生動作；

9: 　　　　$R, S' \leftarrow$執行動作A，從環境觀察獎勵和狀態；

10: 　　　　$V(S) \leftarrow V(S)+\alpha[R+\gamma V(S')-V(S)]$;

11: 　　　　$S \leftarrow S'$;

12: 　　**End**

13: **End**

演算法 4.1 利用時間差分的方式做策略評估，可處理回合式和連續性任務。假設任務爲回合式，步驟 3 針對任務的終點狀態S_T設定$V(S_T)=0$，事實上，使用自助法的演算法皆需此設定，諸如動態規劃。蒙地卡羅法因爲不使用自助法，所以演算法中沒有$V(S_T)=0$的初始化設定。若處理連續性任務，則移除步驟 3 的初始化

設定$V(S_T)=0$、移除步驟 5 和步驟 13 形成的迴圈、步驟 7 的迴圈執行條件改爲每一時刻。嚴格來說，若步驟 8 發生在時刻t，則步驟 9 和步驟 10 發生在時刻$t+1$，亦即在此刻選擇動作，必須在下一時刻才能觀察到獎勵和狀態改變，並做更新。實作上，當執行步驟 8 後，演算法程序上將等待接下來的狀態和獎勵，當此二資訊已獲得，再執行步驟 9 步驟 10 即可。因此，與蒙地卡羅演算法的情形相同，演算法裡時間符號t應視爲疊代符號，僅用來界定資訊的前後順序，若需要的資訊已獲得，則接下來的程序可依序被執行。也因如此，每個時間間隔實際上的時間差可以不同。舉例來說，時刻t到時刻$t+1$可能差 10 秒，時刻$t+1$到時刻$t+2$可能只差 5 秒。

若在演算法 4.1 中使用時間符號t，則步驟 7~12 可表示如下：

7: **For** $t=0,1,2,\dots,T-1$

8: A_t ←根據狀態S_t，用π產生動作；

9: 從環境觀察獎勵R_{t+1}和狀態S_{t+1}；

10: $V(S_t)\leftarrow V(S_t)+\alpha[R_{t+1}+\gamma V(S_{t+1})-V(S_t)]$;

11: **End**

上述程序中，不代表在時刻t執行步驟 8~10，因爲步驟 9 和步驟 10 必須在時刻$t+1$被執行。程序步驟 7 僅代表迴圈程序共執行T次，根據疊代符號t依序執行。

4-2 Sarsa 和 Q 學習

時間差分控制法可基於時間差分預測法，使用廣義策略疊代概念獲得。將時間差分法的狀態價值更新改成動作價值更新：

$$Q(S_t,A_t)\leftarrow Q(S_t,A_t)+\alpha[R_{t+1}+\gamma Q(S_{t+1},A_{t+1})-Q(S_t,A_t)]. \tag{4.3}$$

利用(4.3)做策略評估，搭配ε貪婪動作選擇，即是同策略時間差分控制法 Sarsa，該名稱來自於(4.3)中$S_t,A_t,R_{t+1},S_{t+1},A_{t+1}$資訊的使用。Sarsa 的返回圖於圖 4.3 所示，其虛擬碼於演算法 4.2 所示。

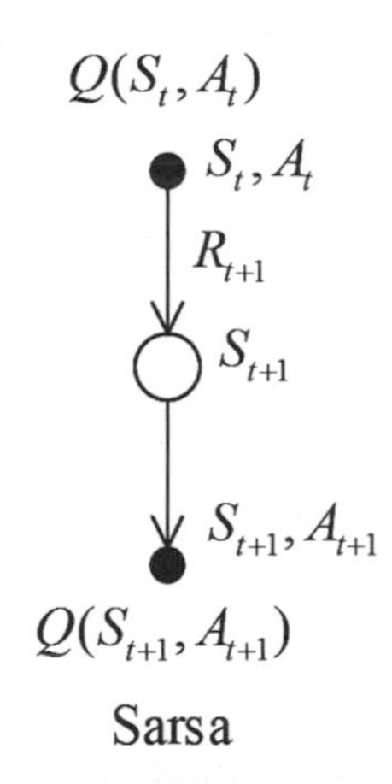

▲圖 4.3　Sarsa 的返回圖。

▣ 演算法 4.2 Sarsa

1: 演算法參數：學習率$\alpha \in (0,1]$，$\varepsilon > 0$
2: 初始化：在終點狀態S_T，$Q(S_T, a) = 0$，在其他狀態s，$Q(s, a)$爲任意値
3: 輸出：基於Q的ε貪婪策略
4: **For** 每一回合
5: 　　初始化狀態S；
6: 　　$A \leftarrow$基於$Q(S,\cdot)$的ε貪婪動作選擇；
7: 　　**For** 回合中每一時刻且S非終點狀態
8: 　　　　$R, S' \leftarrow$執行動作A，從環境觀察獎勵和狀態；
9: 　　　　$A' \leftarrow$基於$Q(S',\cdot)$的ε貪婪動作選擇；
10: 　　　　$Q(S, A) \leftarrow Q(S, A) + \alpha[R + \gamma Q(S', A') - Q(S, A)]$;
11: 　　　　$S \leftarrow S'; A \leftarrow A'$;
12: 　　**End**
13: **End**

演算法 4.2 在步驟 4 雖然針對回合式任務，但可應用到連續性任務。Sarsa 是同策略法，因爲步驟 9 是利用基於$Q(s, a)$的ε貪婪策略（行爲策略）產生軌跡，步驟 10 是依據步驟 9 產生的軌跡做價值計算，因此被評估的策略（目標策略）也是基於$Q(s, a)$的ε貪婪策略。步驟 3 輸出的目標策略是最佳的ε軟策略，與最佳策略有機率ε的差距，然而這是使用同策略法不得以的權宜之計；若直接使用貪婪動作選擇，代理人將不具探索能力，因此利用機率ε的差距來平衡探索與開發。Sarsa 的優點在於目標策略的更新即是行爲策略的更新，而行爲策略直接影響線上效能，所以 Sarsa 已最佳化線上效能；Sarsa 的缺點是只能在ε軟策略中選擇，找到最接近最佳策略的ε貪婪策略。

相較於同策略法，異策略法將目標策略和行爲策略分開，貪婪動作選擇和代理人持續探索可同時並存。此異策略時間差分控制法稱爲 Q 學習 (Q-learning)，其更新規則如下：

$$Q(S_t, A_t) \leftarrow Q(S_t, A_t) + \alpha[R_{t+1} + \gamma \max_a Q(S_{t+1}, a) - Q(S_t, A_t)].. \quad (4.4)$$

Q 學習的返回圖於圖 4.4 所示，其虛擬碼於演算法 4.3 所示。

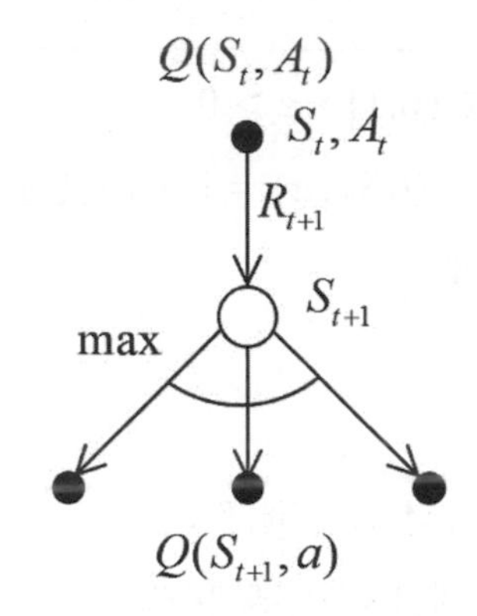

▲圖 4.4　Q 學習的返回圖。

▣ 演算法 4.3 Q 學習

1: 演算法參數：學習率$\alpha \in (0,1]$，$\varepsilon > 0$
2: 初始化：在終點狀態S_T，$Q(S_T, a) = 0$，在其他狀態s，$Q(s, a)$爲任意值
3: 輸出：基於Q的貪婪策略
4: **For** 每一回合
5: 　　初始化狀態S；
6: 　　**For** 回合中每一時刻且S非終點狀態
7: 　　　　$A \leftarrow$基於$Q(S,\cdot)$的ε貪婪動作選擇；
8: 　　　　$R, S' \leftarrow$執行動作A，從環境觀察獎勵和狀態；
9: 　　　　$Q(S, A) \leftarrow Q(S, A) + \alpha[R + \gamma \max_a Q(S', a) - Q(S, A)]$;

10: $S \leftarrow S'$;

11: **End**

12: **End**

演算法 4.3 是異策略法，步驟 7 產生軌跡的行爲策略是基於$Q(s,a)$的ε貪婪策略，步驟 9 評估的策略是基於$Q(s,a)$的貪婪策略，兩者相異。Q 學習優點是可以找到最佳策略；Q 學習缺點是因爲目標策略與行爲策略相異，目標策略更新不考慮受行爲策略影響的線上效能，所以線上效能通常比 Sarsa 差。廣義的 Q 學習可使用任意行爲策略（舉例來說，步驟 7 可使用任意軟策略），只要確保所有狀態動作配對都會被無限次拜訪到即可[Watkins, 1992]。若考量線上效能，行爲策略和目標策略差異不可太大，其原因在於目標策略會隨學習過程不斷改進，若行爲策略和目標策略差異不大時，則行爲策略會隨學習過程也不斷改進，以確保一定程度的線上效能。

4-3 範例 4.1 與程式碼

考慮圖 4.5 的沼澤漫遊網格世界，處理爲回合式任務，折扣率爲$\gamma = 1$。每一格子視爲一個狀態（位置狀態），沼澤佔據第一列 10 個狀態，任務起點$S_0 = (2,1)$，終點$S_T = (2,10)$。代理人動作爲上、下、左、右，每次動作選擇，代理人狀態做對應移動，但若該動作導致代理人超出網格世界，則代理人位置不動，亦即下一刻狀態等於此刻狀態。若下一刻狀態爲沼澤，則獎勵爲-100；若下一刻狀態爲其他狀態（包含終點S_T），則獎勵爲-1。

圖 4.6 比較 Sarsa 和 Q 學習的線上效能，兩個演算法皆使用學習率$\alpha = 0.1$和$\varepsilon = 0.3$，圖的橫軸爲回合式任務數目，縱軸爲平均報酬（40 次平均）。Sarsa 比 Q 學習有較好的線上效能，主要是因爲 Sarsa 將動作選擇造成的影響考慮進 Q 表的更新。比較 Sarsa 和 Q 學習演算法輸出策略所選擇的路徑（基於$Q(s,a)$的貪婪動作選擇）。Q 學習能獲得最佳策略，選擇圖 4.5 的最短路徑①（與動態規劃產生的最佳路徑一致，見範例 2.2 與圖 2.3），也因如此，代理人有時會因爲隨機動作選擇（發生機率爲ε）而踏進沼澤。Sarsa 獲得次佳策略，選擇繞道路徑②，避免因隨機動作

選擇進入沼澤；若設定$\varepsilon = 0.7$，則 Sarsa 選擇路徑③，使用保守路徑的現象更明顯，但該設定不影響 Q 學習的路徑選擇。

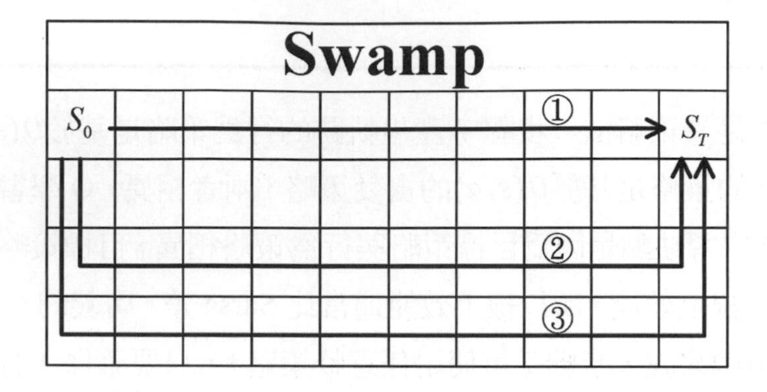

▲圖 4.5　5 × 10沼澤漫遊網格世界與路徑選擇，任務起點$S_0 = (2,1)$，終點$S_T = (2,10)$。

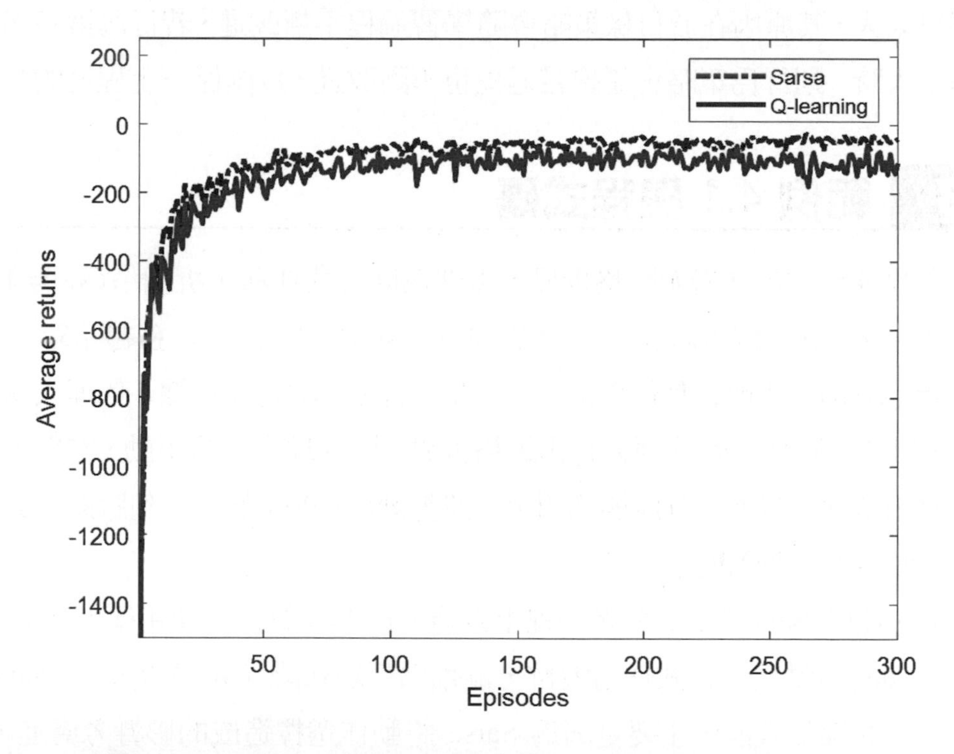

▲圖 4.6　Sarsa 和 Q 學習在沼澤漫遊網格世界中的線上效能比較。

範例 4.1 程式碼

```
% Script
%% environment setting
L=10; % length
D=5; % width
So=[2 1]; % start state
Sg=[2 L]; % goal state

%% parametr setting
myalpha=0.1;
eps=0.3;

%% initialization
tempQ=rand(D,L,4); % initial Q values at each state-action pair
tempQ(Sg(1),Sg(2),:)=zeros(4,1); % Q value of goal state equals zero

%% Sarsa
Q=tempQ;
S=So;    % start state (step 5)
A=eps_greedy(Q,S,eps); % step 6
while norm(S-Sg)>0
        [S_prime,R] = env_SW(S,A,L,D); % step 8
        A_prime=eps_greedy(Q, S_prime, eps); % step 9
        Q(S(1),S(2),A)=Q(S(1),S(2),A)+myalpha*(R+…
          Q(S_prime(1),S_prime(2),A_prime)-Q(S(1),S(2),A)); % step 10
        S=S_prime; A=A_prime; % step 11
end

%% Q-learning
Q=tempQ;
S=So;    % start state (step 5)
while norm(S-Sg)>0
        A=eps_greedy(Q,S,eps); % step 7
       [S_prime,R] = env_SW(S,A,L,D); % step 8
        Q(S(1),S(2),A)=Q(S(1),S(2),A)+myalpha*(R+…
            max(Q(S_prime(1),S_prime(2),:)) - Q(S(1),S(2),A) ); % step 9
        S=S_prime; % step 10
end
```

```
% Function
%% epsilon greedy action selection
function A = eps_greedy(Q,S,eps)
        [~,A]=max(Q(S(1),S(2),:));
        if rand<eps
                Avec=1:4;
                Avec(A)=[]
                A=Avec(unidrnd(3));
        end
end

%% gridworld environment
function [S,R] = env_SW(S,A,L,D)
    % state transition
    if (A==1)&&(S(1)-1>=1)      % up
        S(1)=S(1)-1;
    end
    if (A==2)&&(S(2)+1<=L)      % right
        S(2)=S(2)+1;
    end
    if (A==3)&&(S(1)+1<=D)      % down
        S(1)=S(1)+1;
    end
    if (A==4)&&(S(2)-1>=1)      % left
        S(2)=S(2)-1;
    end
    % reward setting
    if S(1)==1
        R=-100;
    else
        R=-1;
    end
end
```

4-4 期望 Sarsa

Sarsa 和 Q 學習皆使用抽樣更新 (sample update)，亦即價值更新只根據單一抽樣事件。另一種更新方式為期望更新 (expected update)，是將所有可能發生的事件都放入考量做更新。一般而言，期望更新因為透過平均壓低變異數，學習較快，但計算量比抽樣更新較高。

本節介紹期望 Sarsa (expected Sarsa)，使用期望更新，但與 Q 學習很像，皆考慮下一時刻所有狀態動作配對。期望 Sarsa 選取所有動作價值取平均做更新，而 Q 學習僅選取最大的動作價值做更新，亦即價值更新只根據單一抽樣事件。期望 Sarsa 更新規則如下：

$$\begin{aligned} Q(S_t,A_t) &\leftarrow Q(S_t,A_t)+\alpha[R_{t+1}+\gamma \boldsymbol{E}_\pi\,[Q(S_{t+1},A_{t+1})]-Q(S_t,A_t)]. \\ &= Q(S_t,A_t)+\alpha[R+\gamma \textstyle\sum_a \pi(a|S_{t+1})\,Q(S_{t+1},a)-Q(S_{t+1},A_t)]. \end{aligned} \tag{4.5}$$

(4.5)中的策略π是基於$Q(s,a)$衍生的目標策略。期望 Sarsa 的返回圖於圖 4.7 所示，其虛擬碼於演算法 4.4 所示。

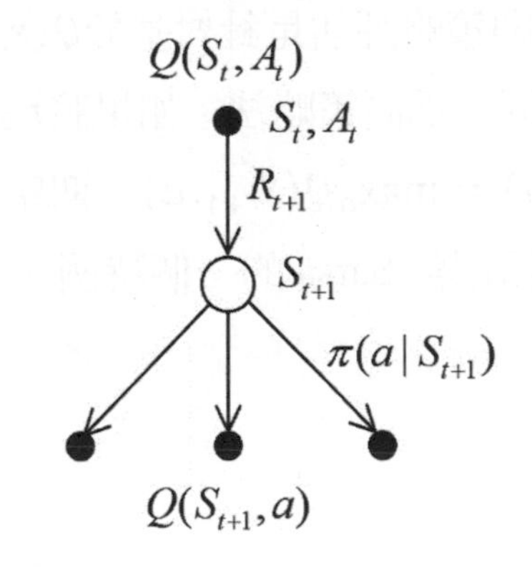

▲圖 4.7　期望 Sarsa 的返回圖。

▣ 演算法 4.4 期望 Sarsa

1: 演算法參數：學習率$\alpha \in (0,1]$，$\varepsilon > 0$
2: 初始化：在終點狀態S_T，$Q(S_T, a) = 0$，在其他狀態s，$Q(s, a)$為任意值
3: 輸出：逼近最佳策略π_*的目標策略π
4: **For** 每一回合
5: 　　初始化狀態S；
6: 　　**For** 回合中每一時刻且S非終點狀態
7: 　　　　$A \leftarrow$基於$Q(S,\cdot)$的ε貪婪動作選擇；
8: 　　　　$R, S' \leftarrow$執行動作A，從環境觀察獎勵和狀態；
9: 　　　　$\pi \leftarrow$基於$Q(s, a)$衍生的目標策略；
10: 　　　　$Q(S, A) \leftarrow Q(S, A) + \alpha[R + \gamma \sum_a \pi(a|S')\, Q(S', a) - Q(S, A)]$;
11: 　　　　$S \leftarrow S'$;
12: 　　**End**
13: **End**

期望 Sarsa 可以是同策略也可以是異策略。如果將演算法 4.4 中的策略π設定為基於$Q(s, a)$的ε貪婪策略，則策略評估是針對基於$Q(s, a)$的ε貪婪策略取期望更新，因此目標策略與行為策略相同，為同策略法。如果將π設定為基於$Q(s, a)$的貪婪策略，則$\sum_a \pi(a|S_{t+1})\, Q(S_{t+1}, a) = \max_a Q(S_{t+1}, a)$，期望 Sarsa 即是使用異策略法的 Q 學習。因此，Q 學習可視為期望 Sarsa 的一個特例。

重點回顧

1. 強化學習演算法可透過動作價值法衍生而成，先對動作價值函數做估測，再利用估測的價值函數做動作選擇。
2. 時間差分法利用時間差和自助法做價值更新。在處理預測問題時，考慮狀態價值更新；在處理控制問題時，考慮動作價值更新。同策略的 Sarsa 和異策略的 Q 學習，是使用時間差分法最有名的強化學習演算法。
3. 價值更新可分兩類：期望更新 (expected update) 和抽樣更新 (sample update)。期望更新將所有可能發生的事件，乘上發生機率做平均更新；抽樣更新只將單一抽樣事件納入更新。蒙地卡羅法、Sarsa、Q 學習使用抽樣更新；動態規劃和期望 Sarsa 使用期望更新。
4. 期望更新因為取期望值，可以降低變異數，加速學習，但計算量比抽樣更新高。
5. 圖 4.8 彙整 1 步時間差分法衍生出的學習演算法，其返回圖見圖 4.9。

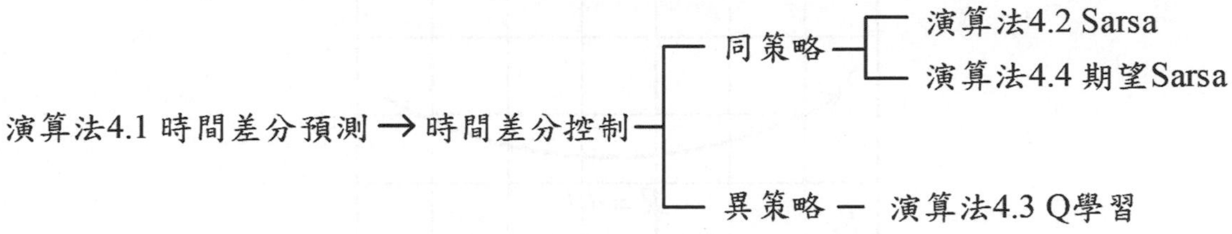

演算法4.1 時間差分預測 → 時間差分控制
- 同策略
  - 演算法4.2 Sarsa
  - 演算法4.4 期望Sarsa
- 異策略 — 演算法4.3 Q學習

▲圖 4.8　1 步時間差分法衍生出的學習演算法。

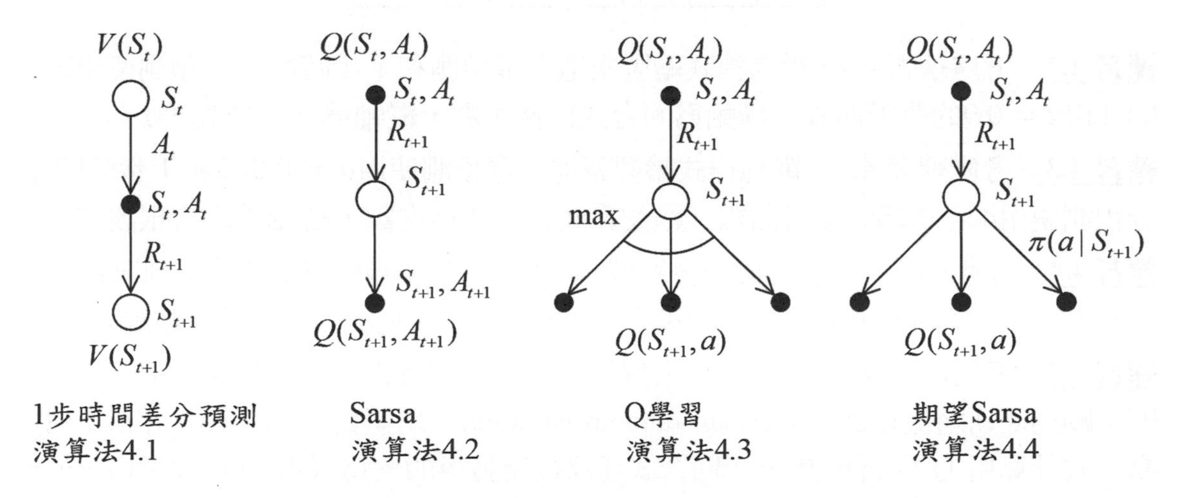

▲圖 4.9　基於 1 步時間差分法的學習演算法之返回圖。

章末練習

練習 4.1 考慮下圖網格世界（見範例 3.1），設定成起點$S_0 = (4,1)$、終點$S_T = (2,1)$、折扣率$\gamma = 1$的回合式任務。處理預測問題，策略π的機率分布爲$\pi(\uparrow|s) = \pi(\downarrow|s) = \pi(\leftarrow|s) = \pi(\rightarrow|s) = 1/4$，比較蒙地卡預測（演算法 3.1）和 1 步時間差分預測（演算法 4.1），以回合式任務次數 (episodes) 爲橫軸，均方根誤差 (root mean square error)爲縱軸繪圖。參數設定爲$\alpha = 0.1$，橫軸包含10^4次回合式任務，縱軸的均方根誤差定義爲

$$RMSE = \sqrt{\frac{\sum_{s\in S}\left(v_\pi(s) - V(s)\right)^2}{|\boldsymbol{S}|}}.$$

上式中，$v_\pi(s)$用演算法 2.1 計算之數值取代，$V(s)$代表演算法 3.1 或演算法 4.1 的狀態價值預測，$|\boldsymbol{S}|$代表不包含終點的狀態個數。

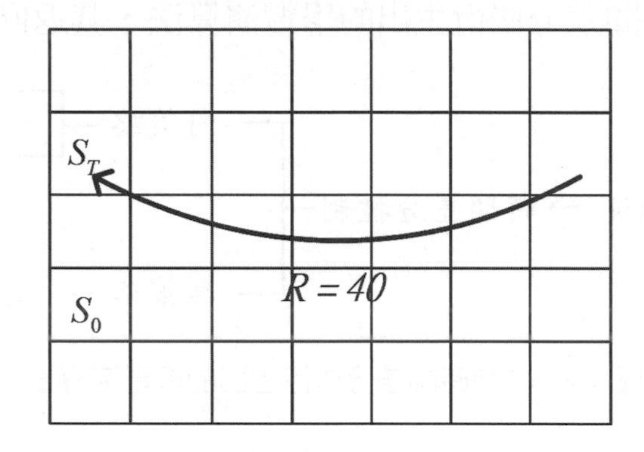

練習 4.2 考慮練習 4.1，撰寫程式繪製蒙地卡羅預測和 1 步時間差分預測使用$\alpha = 0.01$和$\alpha = 0.9$的學習曲線（橫軸爲回合式任務次數，縱軸爲均方根誤差）。

練習 4.3 考慮練習 4.1，撰寫程式繪製蒙地卡羅預測使用$\alpha = 0.005$和 1 步時間差分預測使用$\alpha = 0.15$的學習曲線（橫軸爲回合式任務次數，縱軸爲均方根誤差）。

練習 4.4 考慮範例 4.1，但移除沼澤區域，亦即所有狀態轉移獎勵皆爲-1，此時 Sarsa 和 Q 學習的學習曲線和對應之最佳策略如何變化？修改範例 4.1 程式碼做驗證。

練習 4.5 考慮範例 4.1，設定代理人轉移至沼澤區域時獲得獎勵$R \sim N(-0.5,2)$，亦即獎勵爲高斯隨機變數 (Gaussian random variable)，均值爲-0.5、標準差爲2。撰寫程式計算用 Q 學習經歷 500 回合式任務後所獲得的策略（取 100 次平均、$\alpha = \varepsilon = 0.1$）。該策略是否爲最佳策略?

練習 4.6 考慮範例 4.1 並設定$\alpha = 0.6$，撰寫程式繪製 Sarsa 和同策略期望 Sarsa 的學習曲線（橫軸爲回合式任務次數，縱軸爲平均報酬）。

n 步時間差分法

1步時間差分法於每時刻利用自助法計算報酬，並做價值更新；蒙地卡羅法於任務結束後計算完整報酬，再做所有的狀態價值或動作價值更新。1步時間差分法和蒙地卡羅法可以看成強化學習演算法頻譜的兩端，頻譜的中間是「n步時間差分法」(n-Step TD Methods) [Chapter 7, Sutton 2018]，該方法讓代理人累積n步資訊再做更新。當$n = 1$時，n步時間差分法即是1步時間差分法，當n趨近於無窮大時，其學習行為與效能趨近於蒙地卡羅法。

考慮$n > 1$的n步時間差分法，與1步時間差分法相比，雖須用額外的記憶空間記錄累積資訊，但可提升學習速度；與蒙地卡羅法相比，使用較少的記憶空間記錄累積資訊，同時避免其離線學習的缺點。

上一章用 1 步時間差分法作策略評估，搭配策略改進方法，經由廣義策略疊代的概念衍生出同策略 Sarsa 和異策略的 Q 學習。利用相同的原理，本章將從n步時間差分法延伸出同策略和異策略的n步控制法，如圖 5.1 所示。異策略法因為行為策略和目標策略不同，可使用重要性抽樣，透過行為策略獲得的報酬來估算目標策略獲得的報酬，但重要性抽樣會有較大的變異數，通常會搭配較小的學習率，進而造成較慢的學習速度。本章將介紹一種不使用重要性抽樣的方法，該方法透過自助法的使用來實現異策略控制。

n步時間差分預測 → n步時間差分控制 ─ 同策略n步時間差分控制 / 異策略n步時間差分控制

▲圖 5.1　n步時間差分法討論範圍。

5-1 n步時間差分預測

前一章介紹1步時間差分法，利用自助法將下一時刻獎勵R_{t+1}與下一時刻狀態價值$V(S_{t+1})$乘上折扣率γ相加，來逼近蒙地卡羅法使用的完整報酬G_t。n步時間差分法延後自助法的使用，先累積n步獎勵，再與狀態價值$V(S_{t+n})$相加來估測完整報酬。根據狀態價值定義，我們有

$$v_\pi(s) = \mathbf{E}_\pi[G_t|S_t = s] \qquad [參考(1.8)]$$

$$= \mathbf{E}_\pi[R_{t+1} + \gamma R_{t+2} + \gamma^2 R_{t+3} + \cdots + \gamma^{n-1} R_{t+n} + \gamma^n v_\pi(S_{t+n})|S_t = s]. \qquad (5.1)$$

在1步時間差分法裡，我們用$R_{t+1} + \gamma V(S_{t+1})$當增量實施中的目標 (target) 來估測$\mathbf{E}_\pi[R_{t+1} + \gamma v_\pi(S_{t+1})|S_t = s]$；在 n 步時間差分法裡，我們用$R_{t+1} + \gamma R_{t+2} + \gamma^2 R_{t+3} + \cdots + \gamma^{n-1} R_{t+n} + \gamma^n V(S_{t+n})$當增量實施中的目標來估測(5.1)。

爲了簡化符號使用，定義n步報酬：

$$G_{t:t+n} \triangleq R_{t+1} + \gamma R_{t+2} + \gamma^2 R_{t+3} + \cdots + \gamma^{n-1} R_{t+n} + \gamma^n V(S_{t+n}), \quad t+n < T.$$
$$G_{t:t+n} \triangleq G_t, \quad t+n \geq T \qquad (5.2)$$

此時，1步時間差分法更新規則可表示成

$$V(S_t) \leftarrow V(S_t) + \alpha[G_{t:t+1} - V(S_t)]. \qquad (5.3)$$

n步時間差分法的更新規則可表示成

$$V(S_t) \leftarrow V(S_t) + \alpha[G_{t:t+n} - V(S_t)]. \tag{5.4}$$

使用下標註記狀態價值函數隨時間的改變，(5.4)可改寫成

$$\begin{aligned} V_{t+n}(S_t) &= V_{t+n-1}(S_t) + \alpha[G_{t:t+n} - V_{t+n-1}(S_t)],\ t = 0,1,\dots,T-1. \\ V_{t+n}(s) &= V_{t+n-1}(s) \qquad \forall s \neq S_t \end{aligned} \tag{5.5}$$

在時刻$t = 0$，更新需要資訊$G_{0:n}$，但該資訊到時刻$n-1$才能獲得，因此實際更新從時刻$n-1$開始。在時刻$t = n-1$，更新S_0的狀態價值；在時刻$t = n$，更新S_1的狀態價值；以此類推，在時刻$t = T-1$，更新S_{T-n}的狀態價值。從時刻$t = 0$到時刻$t = T-1$，總共更新$T-n+1$次；時刻$t = 0$到時刻$t = n-2$未執行到的$n-1$次更新，在回合式任務結束後與下一個回合式任務開始前，執行$S_{T-n+1}, S_{T-n+2}, \dots, S_{T-1}$的狀態價值更新。

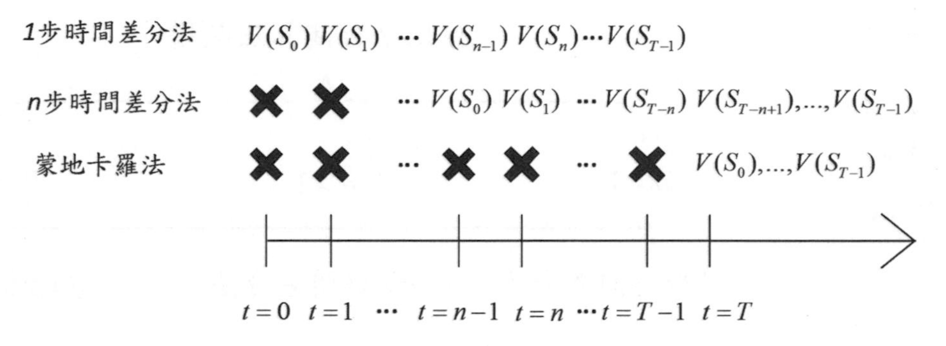

▲圖 5.2　1步時間差分法、n步時間差分法、蒙地卡羅法在時刻t的價值更新比較。

圖 5.2 彙整1步時間差分法、n步時間差分法、蒙地卡羅法在各個時間點的價值更新。上述方法在一次回合式任務裡皆執行T次更新，差別在於價值更新的時間點不同。1步時間差分法在$t \geq 0$做更新，n步時間差分法在$t \geq n-1$做更新，蒙地卡羅法在$t = T$（回合式任務結束後）才做更新。

演算法 5.1 用 n 步時間差分法做策略評估，其返回圖如圖 5.3 所示。當$n = 1$，圖 5.3 是1步時間差分法的返回圖；當n趨近無窮大，圖 5.3 變成蒙地卡羅預測的返

回圖。因此，我們可以利用n步時間差分法展開強化學習演算法的頻譜，如圖 5.4所示。頻譜的左側爲$n = 1$的1步時間差分法，中間爲$n > 1$的時間差分法，右側爲n趨近於無窮大的蒙地卡羅法。

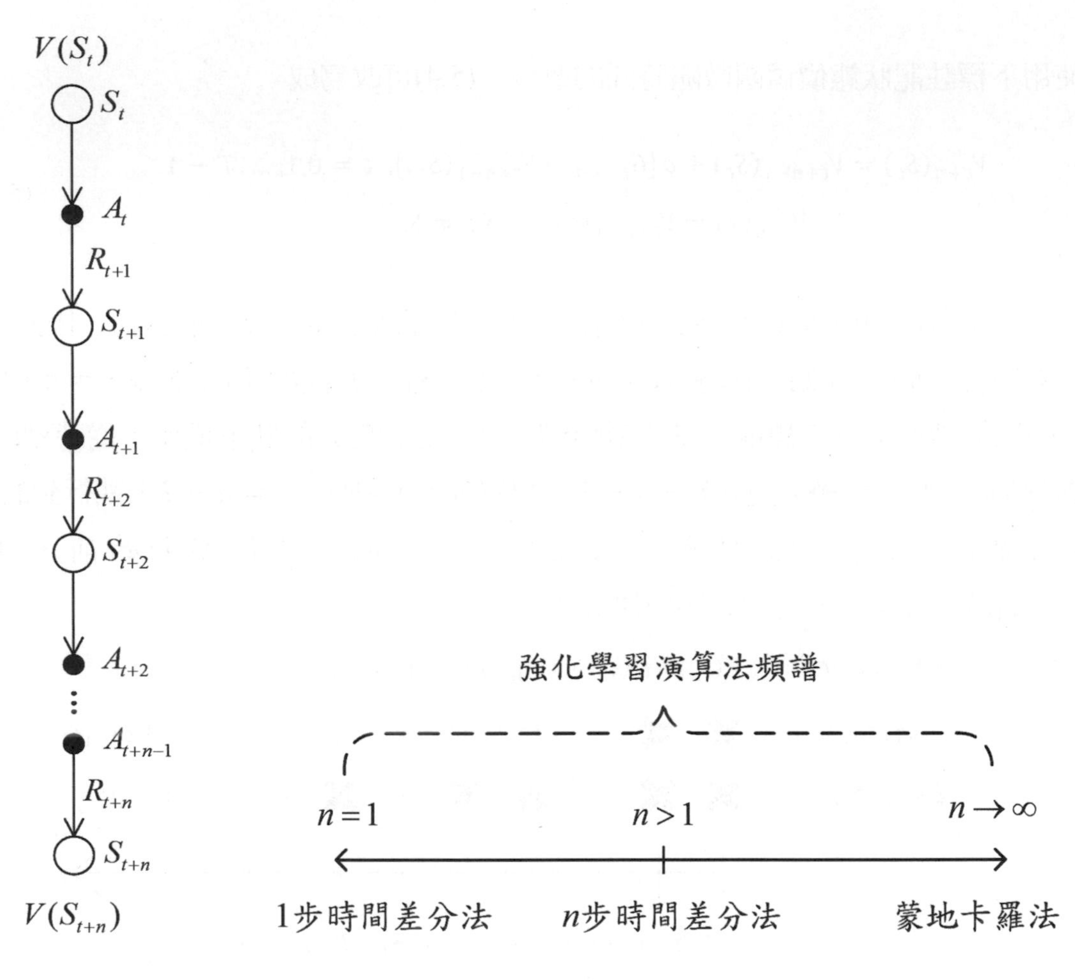

▲ 圖 5.3 n步時間差分法的返回圖。

▲ 圖 5.4 n步時間差分法展開的強化學習演算法頻譜。

▣ 演算法 5.1 n步時間差分預測

1: 輸入：策略π
2: 演算法參數：學習率$\alpha \in (0,1]$；正整數$n > 1$
3: 初始化：在終點狀態S_T，$V(S_T) = 0$，在其他狀態s，$V(s)$爲任意值
4: 輸出：價值函數$V(s)$
5: **For** 每一回合
6: 　　初始化狀態S_0；
7: 　　**For** $t = 0,1,\ldots,T-1$
8: 　　　　$A_t \leftarrow$根據狀態S_t，用π產生動作；
9: 　　　　$R_{t+1}, S_{t+1} \leftarrow$執行動作$A_t$，從環境觀察獎勵和狀態；
10: 　　　　$\tau \leftarrow t - n + 1$
11: 　　　　**If** $\tau \geq 0$
12: 　　　　　　$G \leftarrow \sum_{j=\tau+1}^{\tau+n} \gamma^{j-\tau-1} R_j + \gamma^n V(S_{\tau+n})$;
13: 　　　　　　$V(S_\tau) \leftarrow V(S_\tau) + \alpha[G - V(S_\tau)]$;
14: 　　　　**End**
15: 　　**End**
16: 　　**For** $k = \max(T-n+1,0), \max(T-n+1,0)+1,\ldots,T-1$
17: 　　　　$G \leftarrow \sum_{j=k+1}^{T} \gamma^{j-k-1} R_j$;
18: 　　　　$V(S_k) \leftarrow V(S_k) + \alpha[G - V(S_k)]$;
19: 　　**End**
20: **End**

演算法 5.1 步驟 10，τ用來控制更新的時間。步驟 11，當$\tau \geq 0$，代表已累積n步資訊，該資訊包含狀態$S_\tau, S_{\tau+1}, \ldots, S_{\tau+n-1}$和獎勵$R_\tau, R_{\tau+1}, \ldots, R_{\tau+n-1}$，此時計算步驟 12 的$n$步報酬$G = G_{\tau:\tau+n}$，並執行步驟 13 的更新。根據步驟 7 中$t$的範圍和步驟 10 中$\tau$的定義，步驟 13 的$n$步更新只在$T \geq n$時才會被執行。實作上執行步驟 12 和 13，我們必須使用兩個n長度的記憶區間記錄已累積的n步狀態和獎勵資訊。步驟 16~19 發生在回合式任務結束後與下一個回合式任務開始前，若$T \geq n-1$，則執行

一開始缺少的$n-1$次更新；若$T<n-1$，代表該次任務太短無法累積足夠資訊做n步更新，此時不執行步驟 11~14 的n步更新，僅執行步驟 16~20 中所有小於n步的狀態價值更新。值得注意的是，步驟 16~19 的更新方式即是蒙地卡羅更新。若n值不大（更新順序之差異可忽略），則可由後往前計算報酬：

16: $G \leftarrow 0$;
17: **For** $k = T-1, T-2, \ldots, \max(T-n+1, 0)$
18: $G \leftarrow R_{k+1} + \gamma G$;
19: $V(S_k) \leftarrow V(S_k) + \alpha[G - V(S_k)]$;
20: **End**

演算法 5.1 雖是針對回合式任務，但整體演算法架構適用於連續性任務，此時設定$T=\infty$並移除步驟 16~20。

5-2 n步 Sarsa 與n步期望 Sarsa

為了從n步預測方法延伸到n步控制方法，我們使用動作價值定義n步報酬$G_{t:t+n}$：

$$\begin{aligned} &G_{t:t+n} \triangleq R_{t+1} + \gamma R_{t+2} + \cdots + \gamma^{n-1} R_{t+n} + \gamma^n Q_{t+n-1}(S_{t+n}, A_{t+n}),\ t+n<T. \\ &G_{t:t+n} \triangleq G_t, \quad t+n \geq T. \end{aligned} \tag{5.6}$$

其對應的更新規則可表示成：

$$\begin{aligned} &Q_{t+n}(S_t, A_t) = Q_{t+n-1}(S_t, A_t) + \alpha[G_{t:t+n} - Q_{t+n-1}(S_t, A_t)],\ t = 0,1,\ldots,T-1. \\ &Q_{t+n}(s,a) = Q_{t+n-1}(s,a) \qquad \forall (s,a) \neq (S_t, A_t) \end{aligned} \tag{5.7}$$

利用(5.7)做策略評估，搭配ε貪婪動作選擇，即可獲得演算法 5.2 同策略n步 Sarsa，其返回圖如圖 5.5 所示。

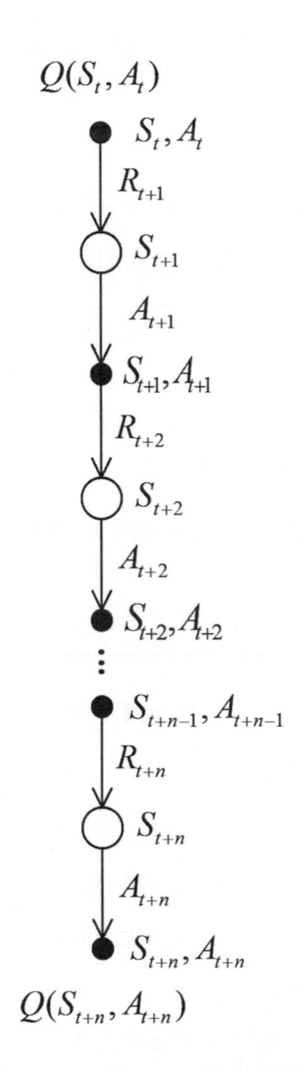

▲圖 5.5　n步 Sarsa 的返回圖。

▣ 演算法 5.2 n步 Sarsa

1: 演算法參數：學習率$\alpha \in (0,1]$，$\varepsilon > 0$，正整數$n > 1$

2: 初始化：在終點狀態S_T，$Q(S_T, a) = 0$，在其他狀態s，$Q(s, a)$為任意值

3: 輸出：基於$Q(s, a)$的ε貪婪策略

4: **For** 每一回合

5: 　　初始化狀態S_0；

6: 　　**For** $t = 0,1, \ldots, T-1$

7: 　　　　$A_t \leftarrow$基於$Q(S_t,\cdot)$的ε貪婪動作選擇；

```
8:            R_{t+1}, S_{t+1} ←執行動作A_t，從環境觀察獎勵和狀態；
9:            τ ← t − n + 1
10:           If  τ ≥ 0
11:               G ← Σ_{j=τ+1}^{τ+n} γ^{j−τ−1} R_j + γ^n Q(S_{τ+n}, A_{τ+n});
12:               Q(S_τ, A_τ) ← Q(S_τ, A_τ) + α[G − Q(S_τ, A_τ)];
13:           End
14:       End
15:       For  k = max(T − n + 1,0), max(T − n + 1,0) + 1, …, T − 1
16:           G ← Σ_{j=k+1}^{T} γ^{j−k−1} R_j;
17:           Q(S_k, A_k) ← Q(S_k, A_k) + α[G − Q(S_k, A_k)];
18:       End
19:   End
```

演算法 5.2 使用同策略法確保探索與開發的平衡，步驟 7 與步驟 8 產生軌跡的行為策略是基於$Q(s,a)$的ε貪婪策略，步驟 12 和 17 中被評估的目標策略也是基於$Q(s,a)$的ε貪婪策略，因此行為策略與目標策略相同。在累積n步資訊後，執行步驟 11 和步驟 12，實作上須使用三個n長度的記憶區間記錄狀態、動作、獎勵資訊。

另一方面，演算法 5.2 也可用來做策略評估，亦即給定一個策略π，計算其動作價值函數，此時步驟 7 將改寫成：

```
7:            A_t ←根據狀態S_t，用π產生動作；
```

演算法輸入為策略π，步驟 3 的輸出為策略π的動作價值函數$Q(s,a)$。若n值不大（更新順序之差異可忽略），則步驟 15~18 可改寫成由後往前計算報酬的方式：

```
15:     G ← 0;
16:     For  k = T − 1, T − 2, …, max(T − n + 1,0)
17:         G ← R_{k+1} + γG;
18:         Q(S_k, A_k) ← Q(S_k, A_k) + α[G − Q(S_k, A_k)];
19:     End
```

期望 Sarsa 是將 Sarsa 的抽樣更新改成期望更新，利用同樣的原理，我們可以獲得n步期望 Sarsa (n-step Expected Sarsa)。此時，n步報酬定義為：

$$G_{t:t+n} \triangleq R_{t+1} + \gamma R_{t+2} + \cdots + \gamma^{n-1} R_{t+n}. \\ +\gamma^n \sum_a \pi(a|S_{t+n})\, Q_{t+n-1}(S_{t+n}, a), t + n < T \quad (5.8) \\ G_{t:t+n} \triangleq G_t, \quad t + n \geq T$$

上式中，π爲基於$Q(s,a)$的ε貪婪策略。n步期望 Sarsa 的返回圖和演算法請見圖 5.6 和演算法 5.3，與n步 Sarsa 的差別僅在於n步報酬的定義。演算法 5.3 與n步 Sarsa 相同，若n值不大，則更新順序之差異可忽略，此時步驟 16~19 可改爲由後往前的計算報酬方式。

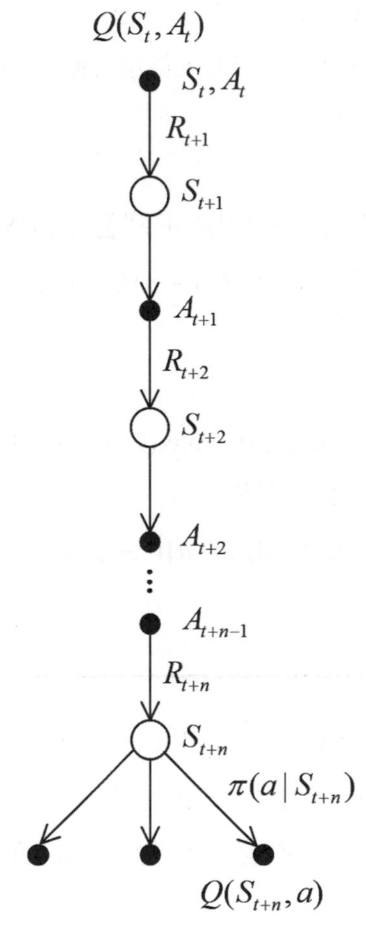

▲圖 5.6　n步期望 Sarsa 的返回圖。

■ 演算法 5.3 n步期望 Sarsa

1: 演算法參數：學習率$\alpha \in (0,1]$，$\varepsilon > 0$，正整數$n > 1$

2: 初始化：在終點狀態S_T，$Q(S_T, a) = 0$，在其他狀態s，$Q(s, a)$爲任意值；

$\pi \leftarrow$基於$Q(s, a)$的ε貪婪策略

3: 輸出：基於$Q(s, a)$的ε貪婪策略π

4: **For** 每一回合

5: 初始化狀態S_0；

6: **For** $t = 0,1, \ldots, T-1$

7: $A_t \leftarrow$基於$Q(S_t, \cdot)$的ε貪婪動作選擇；

8: $R_{t+1}, S_{t+1} \leftarrow$執行動作$A_t$，從環境觀察獎勵和狀態；

9: $\tau \leftarrow t - n + 1$

10: If $\tau \geq 0$

11: $G \leftarrow \sum_{j=\tau+1}^{\tau+n} \gamma^{j-\tau-1} R_j + \gamma^n \sum_a \pi(a|S_{\tau+n})\, Q(S_{\tau+n}, a)$;

12: $Q(S_\tau, A_\tau) \leftarrow Q(S_\tau, A_\tau) + \alpha[G - Q(S_\tau, A_\tau)]$;

13: **End**

14: **End**

15: **For** $k = \max(T-n+1, 0), \max(T-n+1, 0)+1, \ldots, T-1$

16: $G \leftarrow \sum_{j=k+1}^{T} \gamma^{j-k-1} R_j$;

17: $Q(S_k, A_k) \leftarrow Q(S_k, A_k) + \alpha[G - Q(S_k, A_k)]$;

18: **End**

19: **End**

一般而言，n步 Sarsa 比 Sarsa 學習速度快，因爲n步 Sarsa 累積n步資訊才更新價値，只要這n步裡包含有用的資訊（此狀況機率較高），代理人於每一步就能進行學習。相較之下，Sarsa 的每一步都必須包含有用的資訊（此狀況機率較低），代理人才能於每一步進行學習。

圖 5.7 呈現三種強化學習演算法在沼澤漫遊問題裡的學習情況。假設一開始所有$Q(s, a)$設定爲零，若移動到達終點狀態S_T，則給予正的獎勵，其他移動的獎勵爲零。圖 5.7(a)中的箭頭爲代理人第一次執行任務的移動軌跡。於該移動軌跡中使用

蒙地卡羅控制，圖 5.7(b)中的箭頭爲代理人執行完第一次任務後，動作價值被更新的狀態動作配對，共 15 個配對產生動作價值改變。圖 5.5(c)使用 5 步 Sarsa，共 5 個配對產生動作價值改變。圖 5.5(d)使用 Sarsa，共 1 個配對產生動作價值改變。

比較 5 步 Sarsa 和 Sarsa，因爲只有到達終點狀態才有獎勵（有用的資訊），所以 Sarsa 在最後一個狀態動作配對才有動作價值改變，而 5 步 Sarsa 在最後 5 個狀態動作配對皆有動作價值改變，所以學習速度較快。蒙地卡羅控制雖然在執行完第一次任務後，有最多的狀態動作配對產生動作價值的改變，但必須等任務結束後動作價值改變才會發生。相較之下，5 步 Sarsa 和 Sarsa 在學習過程中即可產生動作價值改變。因此，當執行任務的次數增加時，若已有若干配對之動作價值被改變，則n步 Sarsa 學習速度會比蒙地卡羅控制快。

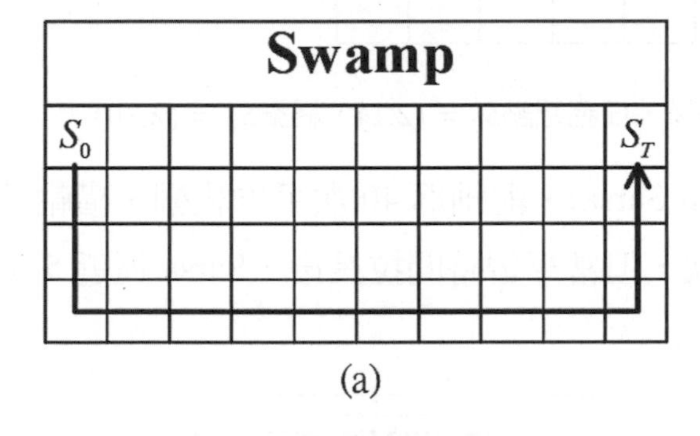

(a)

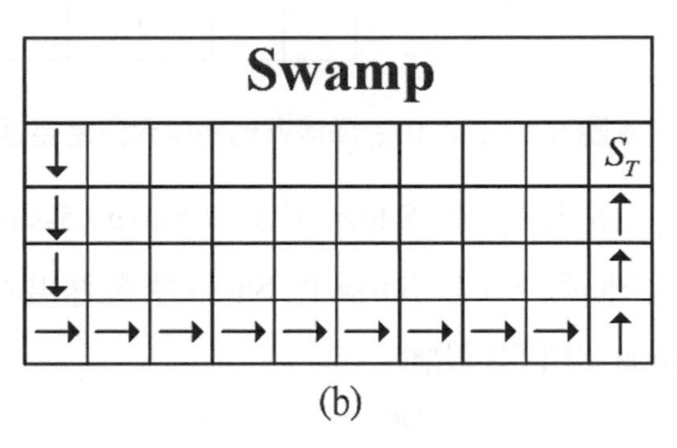

(b)

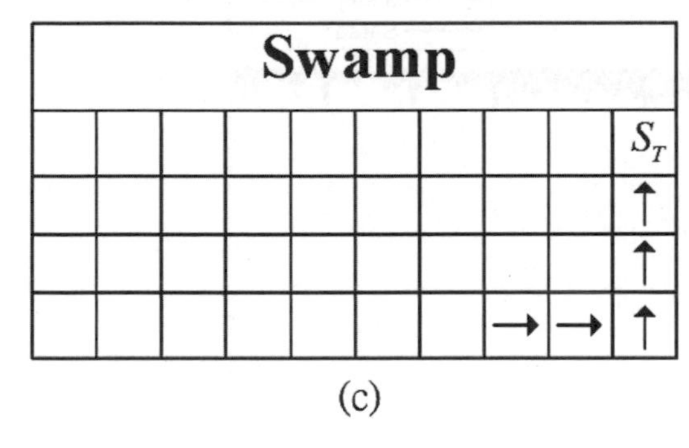

(c)

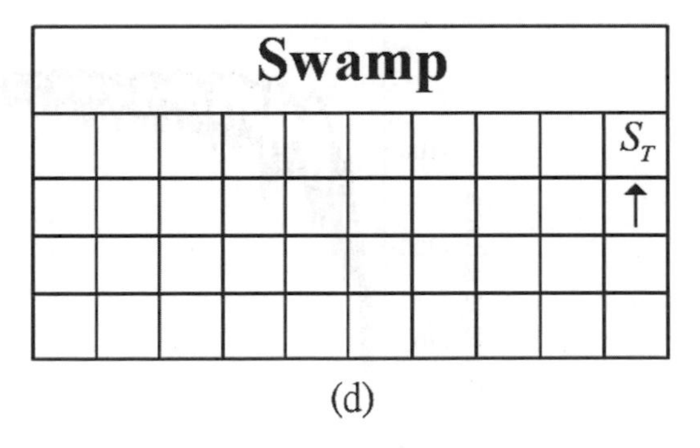

(d)

▲圖 5.7 (a)箭頭為沼澤漫遊裡的移動軌跡。
(b)~(d)中的箭頭為代理人執行完第一次任務後，動作價值被更新的狀態動作配對。
使用的學習演算法：(b)蒙地卡羅控制；(c) 5 步 Sarsa；(d) Sarsa。

5-3 範例 5.1 與程式碼

考慮5×10的沼澤漫遊網格世界，場景配置如圖 5.8，每一格子視為一個狀態（位置狀態），沼澤佔據第一列的 10 個狀態。處理問題為回合式任務，任務起點$S_0 = (2,1)$、終點$S_T = (2,10)$、折扣率為$\gamma = 1$。代理人的動作選擇與環境的獎勵回饋與範例 4.1 之設定相同。

Swamp									
S_0									S_T

▲圖 5.8　5×10沼澤漫遊網格世界與路徑選擇，任務起點$S_0 = (2,1)$，終點$S_T = (2,10)$。

圖 5.9 比較 Sarsa 和 5 步 Sarsa (5-step Sarsa)，縱軸為 40 次平均報酬，橫軸為任務個數。5 步 Sarsa 比 Sarsa 學習速度快，但當學習時間拉長後，Sarsa 逼近 5 步 Sarsa 的平均報酬。

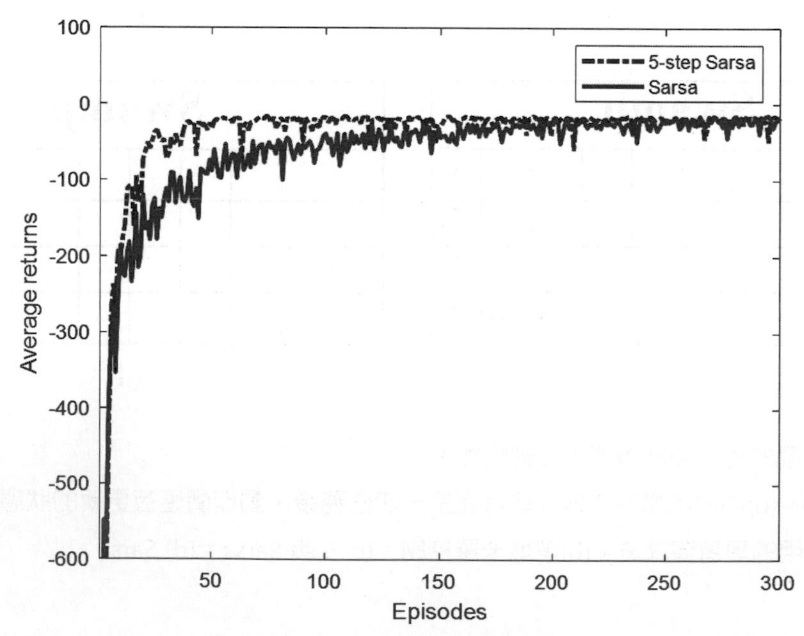

▲圖 5.9　Sarsa 和 5 步 Sarsa 在沼澤漫遊網格世界中的線上效能比較。

範例 5.1 程式碼

```
% Script
%% environment setting
L=10; % length
D=5; % width
Sg=[2 L];    % goal state
So=[2 1];    % start state
mygamma=1;

%% parameter
myalpha=0.1;
eps=0.1;
n_step=5;
gamma_list=zeros(n_step,1);
for k=1:n_step
gamma_list(k)=mygamma^(k-1);
end

tempQ=rand(D,L,4);   %   Q=[row col A]
tempQ(Sg(1),Sg(2),:)=zeros(4,1);

%% n-step Sarsa
Q=tempQ;
S=So;
S_queue=[];
R_queue=[];
A_queue=[];
A=eps_greedy(Q,S,eps);
while   norm(S-Sg)>0
        S_queue=[S_queue;S];    % S(t)
        A_queue=[A_queue;A] ; % A(t)
        [S,R] = env_SW(S,A,L,D);    % R(t+1), S(t+1)
```

```
        A=eps_greedy(Q,S,eps);                      % A(t+1)
        R_queue=[R_queue;R];
        if numel(R_queue)==n_step % step 10
            % n-step return (step 11)
            G_n=sum(gamma_list.*R_queue)+mygamma^n_step*Q(S(1),S(2),A);
            OldEst= Q(S_queue(1,1),S_queue(1,2),A_queue(1));
            Q(S_queue(1,1),S_queue(1,2),A_queue(1))=OldEst+myalpha*…
( G_n - OldEst );   % step 12
            S_queue(1,:)=[];
            A_queue(1)=[];
            R_queue(1)=[];
        end
end
% MC updates the remaining state-action pairs (at most n-1 updates)
tempStep=numel(R_queue);
G_n=0;
for j=1:tempStep
    G_n=R_queue(j)+G_n*mygamma;   % step 16
    OldEst= Q(S_queue(j,1),S_queue(j,2),A_queue(j));
    Q(S_queue(j,1),S_queue(j,2),A_queue(j))=OldEst+myalpha*…
G_n - OldEst); % step 17
end

% Function
%% gridworld environment
function [S,R] = env_SW(S,A,L,D)
    % state transition
    if (A==1)&&(S(1)-1>=1)     % up
        S(1)=S(1)-1;
    end
    if (A==2)&&(S(2)+1<=L)     % right
        S(2)=S(2)+1;
    end
```

```
        if (A==3)&&(S(1)+1<=D)      % down
            S(1)=S(1)+1;
        end
        if (A==4)&&(S(2)-1>=1)      % left
            S(2)=S(2)-1;
        end
        % reward setting
        if S(1)==1
            R=-100;
        else
            R=-1;
        end
end
```

5-4 異策略n步時間差分控制

本節介紹兩個最常見的異策略n步時間差分控制：異策略n步 Sarsa (off-policy n-step Sarsa) 和「n步樹返回演算法」(n-step Tree Backup Algorithm)。

異策略n步 Sarsa 與異策略蒙地卡羅控制類似，使用重要性抽樣將行爲策略π_b產生的報酬，透過重要性抽樣係數ρ轉換成目標策略π的報酬。兩者最大的不同處在於自助法的使用與否，異策略n步 Sarsa 透過自助法將n步報酬取代蒙地卡羅控制中的完整報酬。異策略n步 Sarsa 與同策略n步 Sarsa 也類似，除了使用相異的兩個策略外，整體演算法架構基本上相同。

第三章介紹了兩種重要性抽樣，分別爲常規重要性抽樣和加權重要性抽樣。常規重要性抽樣爲無偏估計量，但變異數較大，學習速度較慢；加權重要性抽樣爲有偏估計量，但變異數較小，學習速度較快。

若使用常規重要性抽樣，狀態價值更新可表示成：

$$V_{n+1}(s) = V_n(s) + \alpha[\rho_n G_n(s) - V_n(s)] \qquad \text{[參考(3.26)]}$$

用n步報酬取代完整報酬且用動作價值取代狀態價值，異策略n步 Sarsa 更新規則可表示成

$$\begin{aligned} Q_{t+n}(S_t,A_t) &= Q_{t+n-1}(S_t,A_t) + \alpha[\rho_{t+1:t+n-1} G_{t:t+n} - Q_{t+n-1}(S_t,A_t)] \quad . \\ Q_{t+n}(s,a) &= Q_{t+n-1}(s,a) \qquad \forall (s,a) \neq (S_t,A_t), t = 0,1,\dots,T-1. \end{aligned} \tag{5.9}$$

根據重要性抽樣係數之定義：

$$\rho_{t:h} \triangleq \frac{\prod_{k=t}^{\min(h,T-1)} \pi(A_k|S_k) p(S_{k+1}|S_k,A_k)}{\prod_{k=t}^{\min(h,T-1)} \pi_b(A_k|S_k) p(S_{k+1}|S_k,A_k)} = \prod_{k=t}^{\min(h,T-1)} \frac{\pi(A_k|S_k)}{\pi_b(A_k|S_k)}. \qquad \text{[參考(3.18)]}$$

重要性抽樣係數$\rho_{t+1:t+n-1}$可表示為

$$\rho_{t+1:t+n-1} = \prod_{k=t+1}^{\min(T-1,t+n-1)} \frac{\pi(A_k|S_k)}{\pi_b(A_k|S_k)} \tag{5.10}$$

(5.9)是動作價值更新式，t時刻的動作A_t已被選擇，因此重要性抽樣係數從$t+1$時刻開始計算。若考慮狀態價值更新，則重要性抽樣係數從t時刻開始計算：

$$\begin{aligned} V_{t+n}(S_t) &= V_{t+n-1}(S_t) + \alpha[\rho_{t:t+n-1} G_{t:t+n} - V_{t+n-1}(S_t)] \\ V_{t+n}(s) &= V_{t+n-1}(s) \qquad \forall s \neq S_t, t = 0,1,\dots,T-1. \end{aligned} \tag{5.11}$$

請注意(5.11)中的係數$\rho_{t:t+n-1}$和(5.9)中的係數$\rho_{t+1:t+n-1}$之差異，兩者開始計算的時刻不同。

若使用加權重要性抽樣，狀態價值更新可表示成：

$$V_{n+1}(s) = V_n(s) + \alpha\rho_n[G_n(s) - V_n(s)]. \qquad \text{[參考(3.27)]}$$

用n步報酬取代完整報酬且用動作價值取代狀態價值，異策略n步 Sarsa 更新規可表示成

$$\begin{aligned} Q_{t+n}(S_t,A_t) &= Q_{t+n-1}(S_t,A_t) + \alpha\rho_{t+1:t+n}[G_{t:t+n} - Q_{t+n-1}(S_t,A_t)] \\ Q_{t+n}(s,a) &= Q_{t+n-1}(s,a) \qquad \forall (s,a) \neq (S_t,A_t), t = 0,1,\dots,T-1. \end{aligned} \tag{5.12}$$

異策略 n 步時間差分控制的返回圖如圖 5.10 所示，爲了有較快的學習速度，異策略 n 步 Sarsa 採用(5.12)的更新方式，虛擬碼如演算法 5.4 所示。

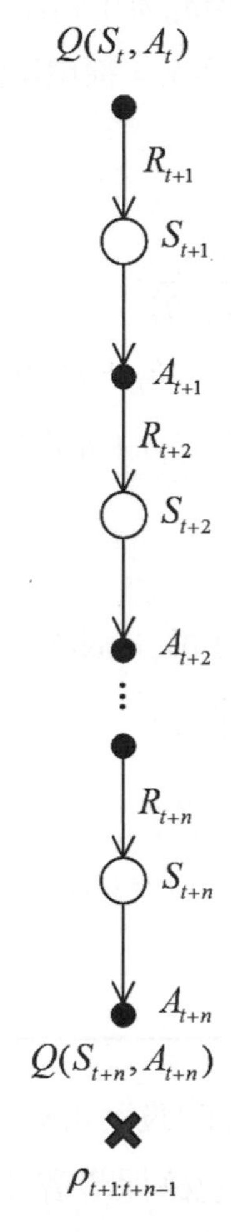

▲圖 5.10 異策略 n 步 Sarsa 的返回圖。

演算法 5.4 異策略n步 Sarsa

1: 演算法參數：學習率$\alpha \in (0,1]$；$\varepsilon > 0$；正整數$n > 1$

2: 初始化：在終點狀態S_T，$Q(S_T, a) = 0$，在其他狀態s，$Q(s, a)$爲任意值；
$\pi \leftarrow$基於$Q(s, a)$的貪婪策略

3: 輸出：基於$Q(s, a)$的貪婪策略π

4: **For** 每一回合

5: 初始化狀態S_0；

6: π_b ←任意軟策略；

7: **For** $t = 0,1, \dots, T-1$

8: A_t ←根據狀態S_t，用π_b產生動作；

9: R_{t+1}, S_{t+1} ←執行動作A_t，從環境觀察獎勵和狀態；

10: $\tau \leftarrow t - n + 1$

11: **If** $\tau \geq 0$

12: $\rho \leftarrow \prod_{j=\tau+1}^{\tau+n-1} \frac{\pi(A_j|S_j)}{\pi_b(A_j|S_j)}$;

13: $G \leftarrow \sum_{j=\tau+1}^{\tau+n} \gamma^{j-\tau-1} R_j + \gamma^n Q(S_{\tau+n}, A_{\tau+n})$;

14: $Q(S_\tau, A_\tau) \leftarrow Q(S_\tau, A_\tau) + \alpha\rho[G - Q(S_\tau, A_\tau)]$;

15: **End**

16: **End**

17: **For** $k = \max(T-n+1,0), \max(T-n+1,0)+1, \dots, T-1$

18: $\rho \leftarrow \prod_{j=k+1}^{T-1} \frac{\pi(A_j|S_j)}{\pi_b(A_j|S_j)}$;

19: $G \leftarrow \sum_{j=k+1}^{T} \gamma^{j-k-1} R_j$;

20: $Q(S_k, A_k) \leftarrow Q(S_k, A_k) + \alpha\rho[G - Q(S_k, A_k)]$;

21: **End**

22: **End**

演算法 5.4 步驟 6 中，軟策略π_b的設定可以確保行爲策略覆蓋目標策略所有可能的動作選擇，另一方面，該設定也確保步驟 12 和 18 的重要性抽樣係數的分母不爲零。若考量演算法的線上效能，則目標策略和行爲策略差異不應太大，可採用 Q 學習的設定方式，將軟策略π_b設定爲基於$Q(s,a)$的ε貪婪策略。若n值不大（更新順序之差異可忽略），則步驟 17~21 可改寫成由後往前的計算報酬方式：

17: $G \leftarrow 0$;

18: **For** $k = T-1, T-2, \dots, \max(T-n+1,0)$

19: $\rho \leftarrow \prod_{j=k+1}^{T-1} \frac{\pi(A_j|S_j)}{\pi_b(A_j|S_j)}$;

20: $G \leftarrow R_{k+1} + \gamma G$;

21: $Q(S_k, A_k) \leftarrow Q(S_k, A_k) + \alpha\rho[G - Q(S_k, A_k)]$;

22: **End**

另一方面，演算法 5.4 也可用來做策略評估，亦即給定一個策略π，計算其動作價值函數。若將演算法 5.4 用作策略評估，則移除步驟 2 的初始化，此時演算法輸入為策略π，步驟 3 的輸出為策略π的動作價值函數$Q(s,a)$。

演算法 5.4 使用重要性抽樣來實現異策略法，即便使用加權重要性抽樣，其變異數仍比使用同策略法的變異數大。因此，演算法通常會搭配較小的學習率，讓具有較大變異數的價值估測給予過往的估測值較大的加權，但較小的學習率會讓學習速度變慢。

n步樹返回演算法可避免使用重要性抽樣造成較大的變異數與較慢的學習速度，其名稱來自於圖 5.11 的樹狀返回圖。該演算法主要概念為針對行為策略產生的軌跡，考慮所有目標策略選擇動作的可能性，將對應的報酬乘上機率，返回計算真實報酬。

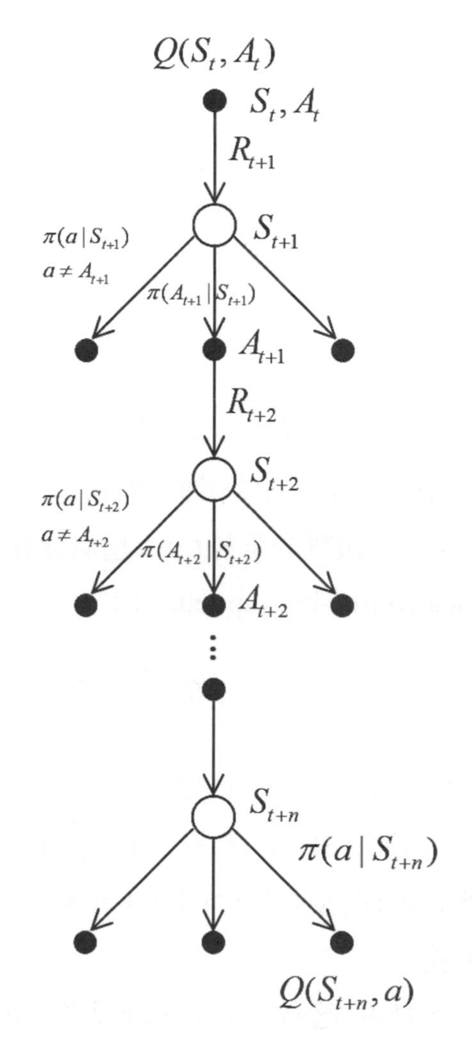

▲ 圖 5.11　n步樹返回演算法的返回圖。

考慮1步樹返回報酬 (one-step tree-backup return)：

$$G_{t:t+1} \triangleq R_{t+1} + \gamma \sum_a \pi(a|S_{t+1})\, Q(S_{t+1}, a) \tag{5.13}$$

上式中的獎勵R_{t+1}來自行為策略的使用，視為在狀態動作配對(S_t, A_t)下產生的獎勵。樹返回1步報酬利用自助法，將目標策略選擇動作的機率$\pi(a|S_{t+1})$乘上對應的報酬$Q(S_{t+1}, a)$，並將獎勵與一步後的所有可能報酬相加。實際上，樹返回1步報酬即是期望 Sarsa 使用的報酬。在$t+1=T$時，因為$Q(S_T, a) = 0$，我們有

$$G_{T-1:T} = R_T. \tag{5.14}$$

考慮n步樹返回報酬 (n-step tree-backup return)：

$$\begin{aligned} G_{t:t+n} \triangleq R_{t+1} + \gamma \sum_{a \neq A_{t+1}} \pi(a|S_{t+1})\, Q(S_{t+1}, a) \\ +\gamma\pi(A_{t+1}|S_{t+1})G_{t+1:t+n}, n > 1, t+n \leq T \end{aligned} \tag{5.15}$$

上式累積獎勵到R_{t+n}來計算n步報酬，其中$\sum_{a \neq A_{t+1}} \pi(a|S_{t+1})\, Q(S_{t+1}, a)$爲動作選擇非$A_{t+1}$所獲得的期望報酬，$\pi(A_{t+1}|S_{t+1})G_{t+1:t+n}$爲動作選擇爲$A_{t+1}$所獲得的期望報酬。若$n$步報酬的下標$t+n$超過任務執行長度$T$，則$G_{t:t+n}$定義爲截尾樹返回報酬 (truncated tree-backup return)：

$$G_{t:t+n} \triangleq G_{t:T}, n > 1, t+n > T. \tag{5.16}$$

上式中，$G_{t:T}$由(5.15)定義。

利用(5.13)、(5.15)、(5.16)式，n步樹返回報酬$G_{t:t+n}$可完整定義如下：當$n = 1$，用(5.13)的定義；當$n > 1, t+n \leq T$，用(5.15)的定義；當$n > 1, t+n > T$，用(5.16)的定義。

(5.15)的遞迴式可用來計算任一n步樹返回報酬，例如：要算$G_{t:t+4}$，必須先算$G_{t+1:t+4}$；要算$G_{t+1:t+4}$，必須先算$G_{t+2:t+4}$；要算$G_{t+2:t+4}$，必須先算$G_{t+3:t+4}$，而$G_{t+3:t+4}$可由(5.13)計算。所以計算$G_{t:t+4}$，須依序計算$G_{t+3:t+4} \to G_{t+2:t+4} \to G_{t+1:t+4} \to G_{t:t+4}$。以上例子可歸納計算$G_{t:t+n}$的順序爲：

$$G_{t+n-1:t+n} \to G_{t+n-2:t+n} \to \cdots \to G_{t:t+n}. \tag{5.17}$$

上式中，$G_{t+n-1:t+n}$用(5.13)計算，其他報酬用(5.15)遞迴式計算。若$t+n > T$，則$G_{t:t+n} = G_{t:T}$，再利用上述方法計算。

演算法 5.5 呈現異策略n步樹返回演算法，其動作價值更新形式與n步 Sarsa 相同：

$$Q_{t+n}(S_t,A_t) = Q_{t+n-1}(S_t,A_t) + \alpha[G_{t:t+n} - Q_{t+n-1}(S_t,A_t)],\quad t = 0,1,\dots,T-1$$

[參考(5.7)]

$$Q_{t+n}(s,a) = Q_{t+n-1}(s,a) \qquad \forall(s,a) \neq (S_t,A_t).$$

與n步 Sarsa 不同之處在於$G_{t:t+n}$的定義，n步樹返回演算法的$G_{t:t+n}$為n步樹返回報酬。

▣ 演算法 5.5 n步樹返回演算法

1: 演算法參數：學習率$\alpha \in (0,1]$，$\varepsilon > 0$，正整數$n > 1$

2: 初始化：在終點狀態S_T，$Q(S_T,a) = 0$，在其他狀態s，$Q(s,a)$為任意值；
    $\pi \leftarrow$基於$Q(s,a)$的貪婪策略

3: 輸出：基於$Q(s,a)$的貪婪策略π

4: **For** 每一回合

5:     初始化狀態S_0；

6:     $\pi_b \leftarrow$任意軟策略；

7:     **For** $t = 0,1,\dots,T-1$

8:         $A_t \leftarrow$根據狀態S_t，用π_b產生動作；

9:         $R_{t+1}, S_{t+1} \leftarrow$執行動作$A_t$，從環境觀察獎勵和狀態；

10:         $\tau \leftarrow t - n + 1$

11:         **If** $\tau \geq 0$

12:             $G \leftarrow R_{t+1} + \gamma \sum_a \pi(a|S_{t+1})\, Q(S_{t+1},a)$

13:             **For** $j = t, t-1, \dots, \tau+1$

14:                 $G \leftarrow R_j + \gamma \sum_{a \neq A_j} \pi(a|S_j)\, Q(S_j,a) + \gamma\pi(A_j|S_j)G$

15:             **End**

16:             $Q(S_\tau,A_\tau) \leftarrow Q(S_\tau,A_\tau) + \alpha[G - Q(S_\tau,A_\tau)]$

17:         **End**

18:     **End**

19:     **For** $k = \max(T-n+1,0), \max(T-n+1,0)+1, \dots, T-1$

20: $Q(S_k, A_k) \leftarrow Q(S_k, A_k) + \alpha\rho[G_{k:T} - Q(S_k, A_k)]$;

21: **End**

22: **End**

演算法 5.5 步驟 11~17 處理$t + n \leq T$的情況。根據(5.17)順序計算n步樹返回報酬，步驟 12 用(5.13)計算$G_{t+n-1:t+n}$，步驟 13~15 用(5.15)依序計算$G_{t+n-2:t+n} \rightarrow G_{t+n-3:t+n} \rightarrow \cdots \rightarrow G_{t:t+n}$。步驟 16 為(5.7)的更新規則，將計算完成的n步樹返回報酬$G_{t:t+n}$做動作價值更新。步驟 19~21 處理$t + n > T$的情況，須在回合式任務結束後與下一個回合式任務開始前執行完畢。步驟 20 因爲累積資訊長度不足n步，使用截尾樹返回報酬$G_{k:T}$（實作上須利用額外的遞迴式計算）。

若n值不大，則更新順序之差異可忽略，此時步驟 19~21 中的報酬可從後往前計算：

19: $G \leftarrow 0$;

20: **For** $k = T-1, T-2, \ldots, \max(T-n+1, 0)$

21: $G \leftarrow R_{k+1} + \gamma \sum_{a \neq A_j} \pi(a|S_{k+1})\, Q(S_{k+1}, a) + \gamma\pi(A_{k+1}|S_{k+1})G$

22: $Q(S_k, A_k) \leftarrow Q(S_k, A_k) + \alpha\rho[G - Q(S_k, A_k)]$;

23: **End**

上述程序之步驟 20~23 用(5.15)依序計算：1步樹返回報酬$G_{T-1:T} = R_T$和執行對應的動作價值更新、2 步樹返回報酬$G_{T-2:T}$和執行對應的動作價值更新、3 步樹返回報酬$G_{T-3:T}$和執行對應的動作價值更新……與剩餘不足n步的樹返回報酬和執行對應動作價值更新。值得注意的是，完成演算法 5.5 步驟 13~15 的迴圈，只獲得一個n步樹返回報酬，並做一次對應的動作價值更新。相較之下，完成上述程序中步驟 20~23 的迴圈，可獲得所有不足n步的樹返回報酬，並完成所有對應的動作價值更新。

n步樹返回演算法也可用作策略評估，亦即給定一個策略π，計算其動作價值函數。若將演算法 5.5 用作策略評估，則移除步驟 2 中π的初始化，此時演算法輸入爲策略π，步驟 3 的輸出爲策略π的動作價值函數$Q(s, a)$。

重點回顧

1. 1步時間差分法、n步時間差分法、蒙地卡羅法在處理回合式任務時，若產生相同的軌跡，則此三種方法在該次任務中的更新次數相同，但價值更新的時間點不同。
2. 1步時間差分法、n步時間差分法、蒙地卡羅法的價值更新時間點如下：1步時間差分法，每經過一時刻，利用自助法計算1步報酬並做價值更新。n步時間差分法，在一開始還未累積到n步資訊時不做任何更新；在累積n步資訊之後的每個時刻，利用自助法計算n步報酬並做價值更新；於回合式任務結束後與下一回合式任務開始前，將一次執行開頭缺少的$n-1$次更新。蒙地卡羅法未使用自助法，在任務結束後直接使用完整報酬做所有的價值更新。
3. n步時間差分法具一般性，可展開強化學習演算法的頻譜，頻譜的最左側爲$n=1$的1步時間差分法，中間爲$n>1$的時間差分法，右側爲n趨近於無窮大的蒙地卡羅法。
4. 選擇適當n值（$n>1$），n步時間差分控制通常比1步時間差分控制的學習速度快，但需要額外的記憶空間記錄累積的n步資訊。換句話說，n步時間差分控制是利用較多的記憶空間換取較快的學習速度。
5. 異策略n步 Sarsa 和異策略蒙地卡羅控制，皆使用重要性抽樣將行爲策略產生的報酬，透過重要性抽樣係數轉換成目標策略的報酬。重要性抽樣的使用會造成較大的變異數，通常會搭配較小的學習率，但會造成較慢的學習速度。
6. 實現異策略法除了使用重要性抽樣外，也可使用n步樹返回演算法。該演算法在行爲策略產生的軌跡上，考慮所有目標策略選擇動作的可能性，將對應的報酬乘上機率，返回計算眞實報酬，可避免使用重要性抽樣的缺點。
7. 圖 5.12 彙整基於n步時間差分法衍生出的學習演算法，圖 5.13 呈現這些演算法的返回圖。

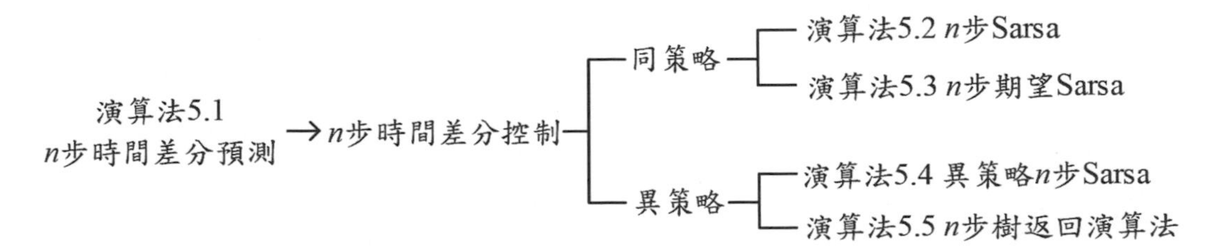

▲圖 5.12　基於n步時間差分法衍生的學習演算法。

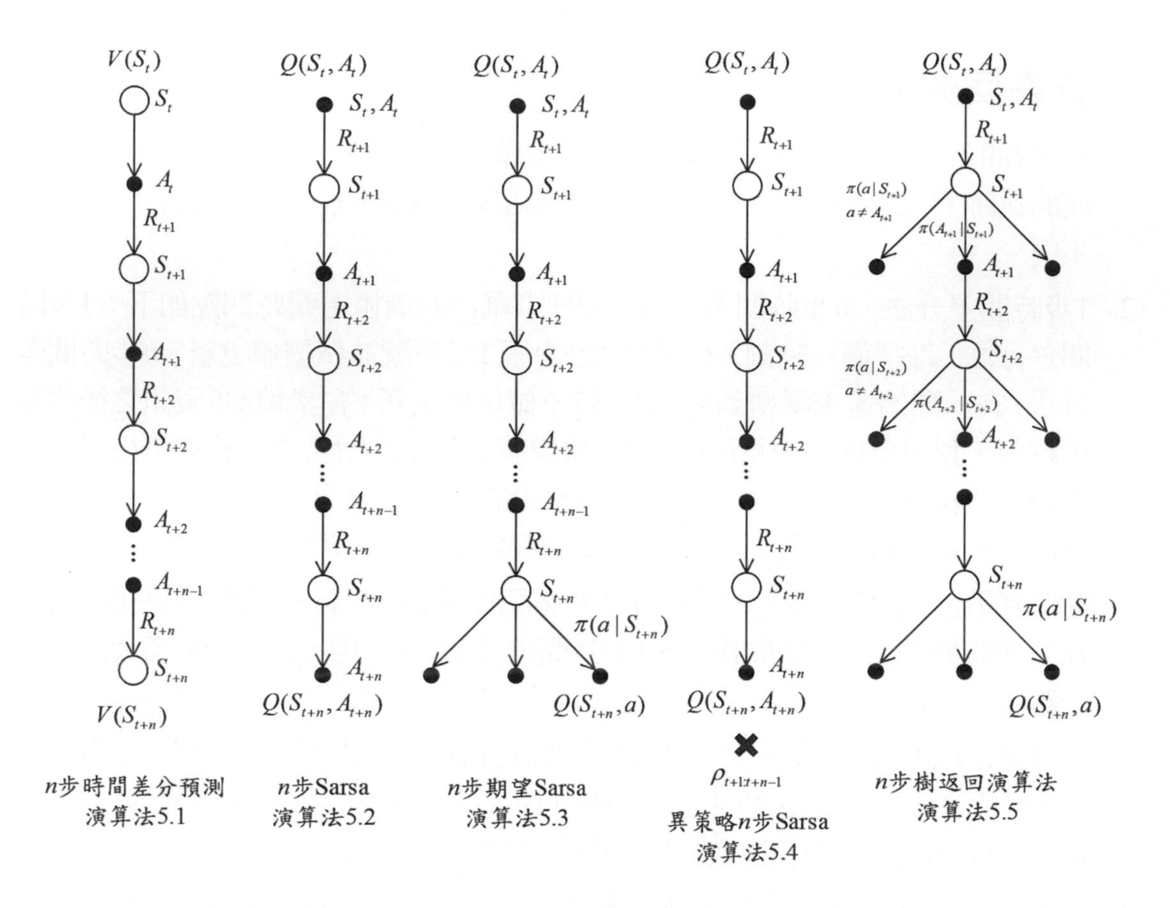

▲圖 5.13　基於n步時間差分法衍生的學習演算法之返回圖。

章末練習

練習 5.1　繪製n步時間差分預測的返回圖。

練習 5.2　考慮下圖網格世界（見範例 4.1 和 3.1），設定成起點$S_0 = (4,1)$、終點$S_T = (2,1)$、折扣率$\gamma = 1$的回合式任務。處理預測問題，策略π的機率分布爲$\pi(\uparrow|s) = \pi(\downarrow|s) = \pi(\leftarrow|s) = \pi(\rightarrow|s) = 1/4$，比較 1 步時間差分預測（演算法 4.1）和2步時間差分預測（演算法 5.1），學習率皆設定爲$\alpha = 0.1$，繪製學習曲線圖（10 次平均）。學習曲線圖橫軸爲回合式任務次數 (episodes)，包含 1200 次回合式任務，縱軸爲均方根誤差 (root mean square error)，定義爲

$$RMSE = \sqrt{\frac{\sum_{s\in\boldsymbol{S}}\left(v_\pi(s) - V(s)\right)^2}{|\boldsymbol{S}|}}.$$

上式中，用疊代策略評估（演算法 2.1）計算之數值代替$v_\pi(s)$，$V(s)$代表 1 步或n步時間差分法的狀態價值預測，$|\boldsymbol{S}|$代表不包含終點的狀態個數。

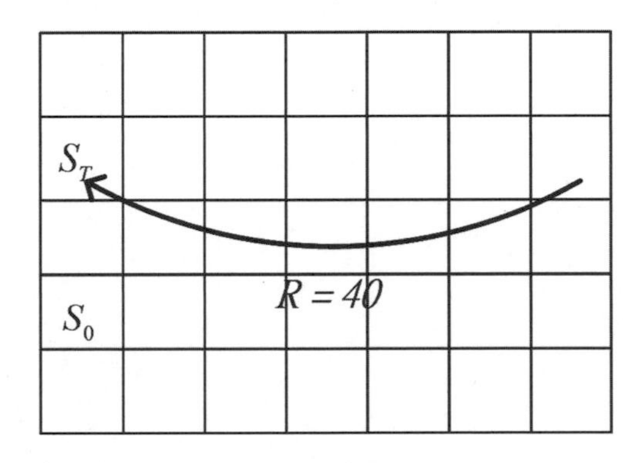

練習 5.3　撰寫異策略n步時間差分預測之虛擬碼。

練習 5.4　撰寫處理預測問題的n步樹返回演算法。

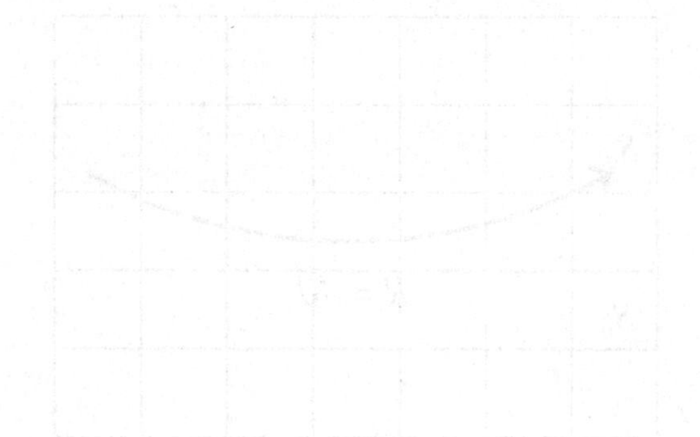

近似解法

前面章節利用強化學習演算法求解價值函數的最大化問題，主要是針對所有的狀態或狀態動作配對做V表或Q表 (Q table) 更新，此類解法統稱爲「表格解法」(Tabular Solution Methods)。使用表格解法更新狀態或狀態動作配對的價值函數時，不影響周遭的價值函數值。表格解法適用於狀態數量不多的情況，若代理人拜訪所有狀態的次數夠多，則狀態價值函數或動作價值函數估測通常會收斂。

當狀態空間過於龐大（包含狀態數量有限和無限兩種情況），代理人很難甚至無法透過有限次的狀態拜訪保證演算法的收斂性，此時必須考慮「近似解法」(Approximate Solution Methods) [Chapters 9 and 10, Sutton 2018]，儘可能地近似眞實的狀態價值函數或動作價值函數，並容許一定程度的近似誤差。使用近似解法時，須將狀態價值函數或動作價值函數做參數化 (parameterization)，該參數的維度通常遠小於狀態空間的維度。此時，給定一參數即是給定一價值函數，而更新該參數等同於更新狀態或狀態動作配對的價值函數，因爲是參數的更新而不是表格解法中點的價值更新，所以鄰近狀態或狀態動作配對的價值函數值也會有一定程度的更新。

即便更新價值的效應相異，近似解法與表格解法有若干相同或類似之處。近似解法可區分成同策略和異策略。近似解法的演算法可將表格的更新方式改爲參數的更新方式，則可推導出蒙地卡羅法、n 步時間差分法在近似解法中的演算法形式。近似解法也使用廣義策略疊代的概念，先談預測問題，再談控制問題。

然而，因爲異策略的近似解法較易發散，本章介紹的強化學習演算法大部分採用同策略。此外，近似解法在處理連續性任務的控制問題時，龐大的狀態空間與最佳化問題的描述將造成先前介紹的折扣設定 (discounted setting) 不敷使用，因此本章將介紹平均獎勵的設定，用以同時探討以下三項的組合：近似解法、連續性任務、控制問題。圖 6.1 彙整本章討論內容。

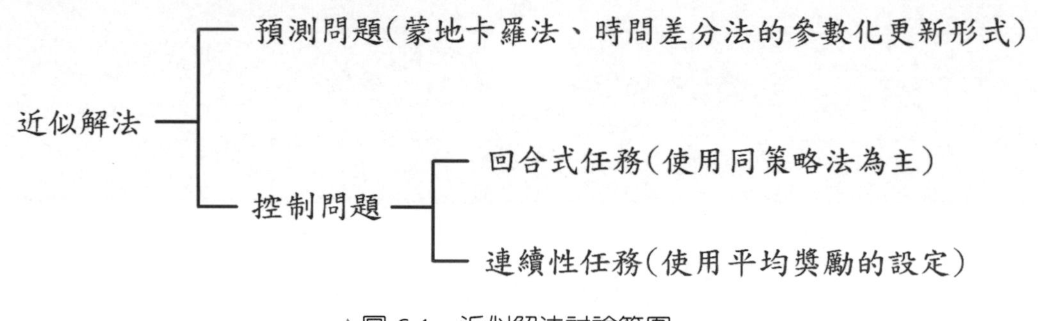

▲圖 6.1　近似解法討論範圍。

6-1 函數近似與隨機梯度下降

在龐大的狀態空間中，代理人透過策略的使用較難拜訪過所有的狀態，因此須考慮「函數近似」(Function Approximation) 的方式逼近眞實的狀態或動作價值函數。函數近似可視為監督式學習的特例。監督式學習是透過由輸入和輸出組成的訓練實例 (training example)，學習出最適合描述該輸入與輸出關係的函數；當輸出爲純量時，監督式學習即爲函數近似。

函數近似的效果主要由近似誤差來評量，近似誤差定義爲

$$\mathbf{E}_\pi\left[\left(v_\pi(S_t)-V(S_t,\boldsymbol{w})\right)^2\right] \triangleq \sum_{s\in\boldsymbol{S}}\mu_\pi(s)[v_\pi(s)-V(s,\boldsymbol{w})]^2. \quad (6.1)$$

上式中的$V(s,\boldsymbol{w})$爲實際狀態價值函數$v_\pi(s)$的估測，$\boldsymbol{w}$爲「加權向量」(Weight Vector)，亦是函數近似使用的參數；$\mu_\pi(s)$爲使用策略π的「狀態分布函數」(State Distribution Function)，用來表示所有狀態發生的機率，因必須滿足

$$\mu_\pi(s)\geq 0 \text{ 且 } \sum_s\mu_\pi(s)=1. \quad (6.2)$$

近似誤差(6.1)爲「均方差」(Mean Squared Error, MSE) 的形式，可透過加權向量$\boldsymbol{w}$的選擇來最小化其數值，亦即求解：

$$\min_{\boldsymbol{w}}\ \mathbf{E}_\pi\left[\left(v_\pi(S_t)-V(S_t,\boldsymbol{w})\right)^2\right]=\min_{\boldsymbol{w}}\sum_{s\in\boldsymbol{S}}\mu_\pi(s)[v_\pi(s)-V(s,\boldsymbol{w})]^2. \quad (6.3)$$

若狀態s在學習過程中較常出現，則$\mu_\pi(s)$數值較大，$\boldsymbol{w}$的選擇將傾向讓對應之方差$\left(v_\pi(s)-V(s,\boldsymbol{w})\right)^2$較小。因此，在較常出現的狀態$s$，$V(s,\boldsymbol{w})$的估測較準；在較少出現的狀態$s$，$V(s,\boldsymbol{w})$的估測較差。

給定一最佳化問題

$$\min_{\boldsymbol{w}}\ f(\boldsymbol{w}) \text{ 或 } \max_{\boldsymbol{w}}\ f(\boldsymbol{w}). \quad (6.4)$$

若$f(\boldsymbol{w})$可微分 (differentiable)，定義梯度$\nabla_{\boldsymbol{w}} f$爲

$$\nabla_{\boldsymbol{w}} f(\boldsymbol{w}) \triangleq \left[\frac{\partial f(w)}{\partial w_1} \quad \frac{\partial f(w)}{\partial w_2} \quad \cdots \quad \frac{\partial f(w)}{\partial w_d}\right]^T. \tag{6.5}$$

數學上，梯度$\nabla_{\boldsymbol{w}} f$的方向爲$f$值上升最快的方向，$-\nabla_{\boldsymbol{w}} f$的方向爲$f$值下降最快的方向。我們利用「梯度法」(Gradient Methods) 的疊代規則求解[Chong 2013]：

$$\boldsymbol{w}_{t+1} = \boldsymbol{w}_t - \frac{1}{2}\alpha\nabla_{\boldsymbol{w}_t} f(\boldsymbol{w}_t) \text{ 或 } \boldsymbol{w}_{t+1} = \boldsymbol{w}_t + \frac{1}{2}\alpha\nabla_{\boldsymbol{w}_t} f(\boldsymbol{w}_t). \tag{6.6}$$

上式中的α爲學習率，前面的疊代規則用來解最小化問題，後面的疊代規則用來解最大化問題。

定義$f(\boldsymbol{w}) \triangleq \mathbf{E}_\pi\left[\left(v_\pi(S_t) - V(S_t, \boldsymbol{w})\right)^2\right]$，利用梯度法求解最小均方差可透過以下疊代規則：

$$\begin{aligned} \boldsymbol{w}_{t+1} &= \boldsymbol{w}_t - \frac{1}{2}\alpha\nabla_{\boldsymbol{w}_t}\mathbf{E}_\pi\left[\left(v_\pi(S_t) - V(S_t, \boldsymbol{w})\right)^2\right]. \\ &= \boldsymbol{w}_t + \alpha\mathbf{E}_\pi\{[v_\pi(S_t) - V(S_t, \boldsymbol{w}_t)]\nabla_{\boldsymbol{w}_t} V(S_t, \boldsymbol{w}_t)\} \end{aligned} \tag{6.7}$$

實作上，梯度向量$\mathbf{E}_\pi\{[v_\pi(S_t) - V(S_t, \boldsymbol{w}_t)]\nabla_{\boldsymbol{w}_t} V(S_t, \boldsymbol{w}_t)\}$不易取得，因此用梯度抽樣$[v_\pi(S_t) - V(S_t, \boldsymbol{w}_t)]\nabla_{\boldsymbol{w}_t} V(S_t, \boldsymbol{w}_t)$取代，變成「隨機梯度下降」(Stochastic Gradient Descent, SGD) 的更新式：

$$\begin{aligned} \boldsymbol{w}_{t+1} &= \boldsymbol{w}_t - \frac{1}{2}\alpha\nabla_{\boldsymbol{w}_t}[v_\pi(S_t) - V(S_t, \boldsymbol{w}_t)]^2 \\ &= \boldsymbol{w}_t + \alpha[v_\pi(S_t) - V(S_t, \boldsymbol{w}_t)]\nabla_{\boldsymbol{w}_t} V(S_t, \boldsymbol{w}_t). \end{aligned} \tag{6.8}$$

上式中，若相同狀態在學習過程中越常出現，則在該狀態的更新就越頻繁，對應之方差就越小。

在最小化均方差 (MSE) 的過程，隨機梯度下降用梯度抽樣逼近梯度向量。另一方面，若考慮學習過程中隨機出現的狀態S_t，定義$f(\boldsymbol{w}) \triangleq \left(v_\pi(S_t) - V(S_t, \boldsymbol{w})\right)^2$，則隨機梯度下降也可看成是直接最小化方差 (squared error) 的方法。

隨機梯度下降必須假設$f(\boldsymbol{w})$可微分，亦即$V(s, \boldsymbol{w})$對$\boldsymbol{w}$可微分。一般而言，近似函數$V(s, \boldsymbol{w})$對$\boldsymbol{w}$可爲線性或非線性，使用線性的近似函數必定可微分，但非線性的近似函數則不一定。若使用線性函數，則$V(s, \boldsymbol{w})$可表示成：

$$V(s, \boldsymbol{w}) \triangleq \boldsymbol{w}^\top \boldsymbol{x}(s) = \textstyle\sum_{i=1}^{d} w_i x_i(s) \tag{6.9}$$

上式中，$\boldsymbol{x}$稱爲「特徵向量」(Feature Vector)，函數值通常設定爲$x_i(s) = 0$或$x_i(s) = 1$；d爲特徵向量 (feature vector)，與加權向量的維度 (dimension)相同。此時，$V(s, \boldsymbol{w})$對$\boldsymbol{w}$爲線性函數，其微分存在且表示爲

$$\nabla_{\boldsymbol{w}} V(s, \boldsymbol{w}) = \boldsymbol{x}(s) \tag{6.10}$$

「瓦片編碼」(Tile Coding) 是使用線性近似函數建構特徵向量的最常見的方法，該方法將狀態空間用若干「瓦片層」(Tilings) 重疊覆蓋，瓦片層與瓦片層之間通常使用固定偏置量 (offset)，而每一瓦片層 (tiling) 被相同數量的「瓦片」(Tiles) 分割 (partition)，每一瓦片即是一個特徵。若狀態S在第i個瓦片裡，則$x_i(S) = 1$；反之，$x_i(S) = 0$。在此設定下，特徵向量維度等於瓦片層數量乘上每一瓦片層瓦片的數量，且瓦片$x_i(S) = 1$的數量等於瓦片層的數量。此外，若僅使用一層瓦片層，則瓦片編碼稱爲「狀態聚集」(State Aggregation)。

圖 6.2 用二維的狀態空間解釋瓦片編碼 [Sections 9.5 , Sutton 2018]，假設瓦片層數爲 3，標示爲 tiling 1、tiling 2、tiling 3。每一瓦片層包含 4 片瓦片，tiling 1 中的瓦片對應的特徵標示爲x_1、x_2、x_3、x_4，tiling 2 中的瓦片對應的特徵標示爲x_5、x_6、x_7、x_8，tiling 3 中的瓦片對應的特徵標示爲x_9、x_{10}、x_{11}、x_{12}。因此，特徵向量維度$d = 3 \times 4 = 12$。依據狀態S所在位置，僅有$x_3(S) = x_7(S) = x_{11}(S) = 1$，其他特徵$x_i(S) = 0$。若只使用 tiling 1，如圖 6.2 中的左圖，則瓦片編碼退化成狀態聚集。

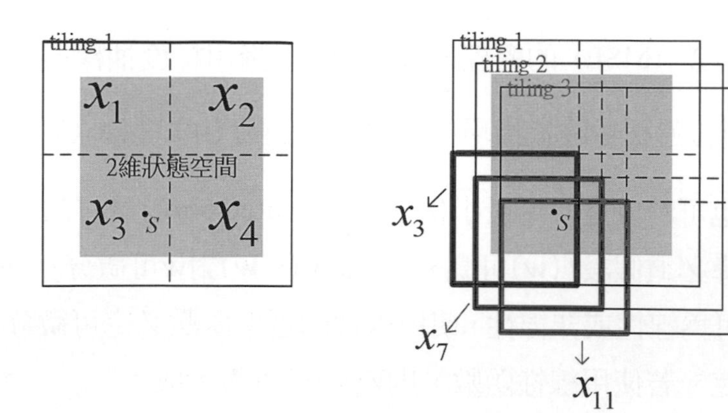

▲圖 6.2 二維狀態空間的瓦片編碼範例，使用 3 層瓦片層，每層含 4 片瓦片，共 12 個特徵。狀態s所在位置$x_3(S) = x_7(S) = x_{11}(S) = 1$，其他特徵值為零。若只使用 tiling 1（左圖），則為狀態聚集。

爲了方便程式化瓦片編碼，我們假設狀態向量中每個維度的數值範圍已被正規化 (normalization) 到[0,1]區間，且第一個和最後一個瓦片層切齊整個狀態空間。考慮狀態空間第i個維度，L_i代表第i維度的瓦片層長度，ξ_i代表第i維度偏置量，p_i代表第i維度瓦片層長度的分割數，N爲瓦片層個數（特徵向量維度$d = N \times \Pi_{\mathrm{i}} p_i$）。我們設定$L_i$和$\xi_i$的限制條件：

$$1 + (N-1)\xi_i = L_{\mathrm{i}} \tag{6.11}$$

$$N\xi_i = \frac{L_{\mathrm{i}}}{p_i} \tag{6.12}$$

上述條件設定原因可參考圖 6.3。考慮 2 維的狀態空間，分割數$p_i = 2$，瓦片層個數$N = 3$。圖中右邊的長度關係說明了(6.11)式，而圖中左邊的長度關係說明了(6.12)式。(6.11)和(6.12)可進一步推得

$$L_{\mathrm{i}} = \frac{p_i}{p_i - 1 + \frac{1}{N}} \tag{6.13}$$

$$\xi_i = \frac{L_{\mathrm{i}}}{Np_i} \text{ 或 } \xi_i = \frac{L_{\mathrm{i}} - 1}{N-1} \tag{6.14}$$

瓦片在第i維度的長度L_i/p_i即可由上式獲得。若爲圖 6.3 之設定，則$L_\mathrm{i} = 1.5$、$\xi_i = 0.25$。

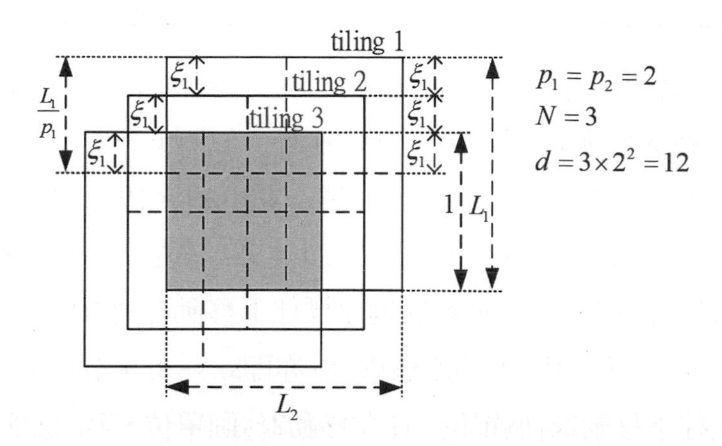

▲圖 6.3　(6.11)和(6.12)的限制條件說明。使用 3 層瓦片層，狀態空間為$[0,1] \times [0,1]$，兩個維度的瓦片層長度皆分割成 2 等分，亦即每層含 4 片瓦片。

演算法 6.1 利用L_i和ξ_i的數學關係，程式化特徵向量$\boldsymbol{x}(s)$的計算。

▣ 演算法 6.1 線性狀態特徵向量生成

1: 輸入：狀態$s = [s_1\ \ s_2 \dots s_i \dots s_I]$；瓦片層數目$N$；
　　瓦片層長度的分割數$p = [p_1\ \ p_2 \dots p_i \dots p_I]$
2: 輸出：特徵向量$\boldsymbol{x}$
3: $s \leftarrow$正規化s;
4: $\boldsymbol{x} \leftarrow (N\Pi_{i=1}^{I} p_i) \times 1$的零向量;
5: **For** $n = 1,2,\dots,N$
6: 　　**For** $i = 1,2,\dots,I$
7: 　　　　$L_i \leftarrow \frac{p_i}{p_i - 1 + \frac{1}{N}}$;
8: 　　　　$\xi_i \leftarrow \frac{L_i}{Np_i}$;
9: 　　　　$\ell_i \leftarrow \frac{L_i}{p_i}$;
10: 　　　　$s'_i \leftarrow s_i + (n-1)\xi_i$;
11: 　　　　$\mathrm{sub}_{n,i} \leftarrow s'_i$在瓦片層$n$的下標;
12: 　　**End**

13: $J \leftarrow$ 位置下標$(n, \mathrm{sub}_{n,1}, \mathrm{sub}_{n,2}, \dots, \mathrm{sub}_{n,I})$的線性索引 (linear index);

14: $x_J \leftarrow 1$;

15: **End**

演算法 6.1 步驟 7 和 8，對應(6.13)和(6.14)，步驟 9 計算瓦片在第i維度的長度ℓ_i。步驟 10 計算輸入狀態s在不同瓦片層的座標。以圖 6.3 來說，假設瓦片層的左下角爲座標原點，第一層瓦片$n = 1$切齊狀態空間$[0,1] \times [0,1]$的左下角，因此新座標s_i'等於舊座標s_i，亦即$s_i' \leftarrow s_i$；第二層瓦片$n = 2$，其左下角之原點往下移動ξ_1個單位、往左移動ξ_2個單位，等同於將狀態座標往上移動ξ_1個單位、往右移動ξ_2個單位，因此新座標s_i'等於舊座標s_i移動ξ_i個單位，亦即$s_i' \leftarrow s_i + \xi_i$；第三層瓦片$n = 3$，其左下角之原點往下移動$2\xi_1$個單位、往左移動$2\xi_2$個單位，等同於將狀態座標往上移動$2\xi_1$個單位、往右移動$2\xi_2$個單位，因此新座標$s_i'$等於舊座標$s_i$移動$2\xi_i$個單位，亦即$s_i' \leftarrow s_i + 2\xi_i$。步驟 11 將$s_i'$的座標轉換成位置下標 (subscripts)。若使用 MATLAB 撰寫程式，則步驟 11 可表示成：

11: $\mathrm{sub}_{n,i} = \mathrm{ceil}(s_i'/\ell_\mathrm{i})$;

If $\mathrm{sub}_{n,i} == 0$

$\mathrm{sub}_{n,i} = 1$;

End

上述虛擬碼中，ceil(·)代表天花板函數 (ceil function)，當輸入爲s_i'/ℓ_i，輸出是比s_i'/ℓ_i大或相等的最小整數。因爲 MATLAB 將矩陣的位置下標從 1 開始計算，所以上述程式碼將計算出位置下標爲 0 的修正成 1。步驟 13 將輸入狀態的位置下標$(n, \mathrm{sub}_{n,1}, \mathrm{sub}_{n,2}, \dots, \mathrm{sub}_{n,I})$轉換成線性索引 (linear index)，此轉換並不唯一，只要是一對一對應 (one-to-one correspondence) 即可。步驟 14 將輸入狀態對應的線性索引特徵設定爲 1。以圖 6.2 爲例，輸入狀態S對應的位置下標有$(1, \mathrm{sub}_{1,1}, \mathrm{sub}_{1,2}) = (1,1,1)$、$(2, \mathrm{sub}_{2,1}, \mathrm{sub}_{2,2}) = (2,1,1)$、$(3, \mathrm{sub}_{3,1}, \mathrm{sub}_{3,2}) = (3,1,1)$，分別對應到線性索引3、7、11，因此僅有$x_3(S) = x_7(S) = x_{11}(S) = 1$，其他特徵$x_i(S) = 0$。

若價值函數複雜，上述線性函數近似會產生較大誤差，則可考慮使用非線性「類神經網路」(Artificial Neural Network, ANN) 做函數近似：

$$V(s, \boldsymbol{w}) = f_{\mathrm{ANN}}(\boldsymbol{x}(s), \boldsymbol{w}). \tag{6.15}$$

上式$f_{\text{ANN}}(\cdot)$代表類神經網路 (ANN)，輸出爲狀態價值$V(s,\boldsymbol{w})$，輸入爲狀態s，加權向量$\boldsymbol{w}$爲描述類神經網路中連結單元 (unit) 的權重。以圖 6.4 (a)爲例，該網路最左邊爲輸入層 (input layer)，最右邊爲輸出層 (output layer)，中間有兩層隱藏層 (hidden layers)。每層包含的圓圈稱爲單元，在輸入層的單元統稱爲輸入單元 (input unit)，在輸出層的單元統稱爲輸出單元 (output unit)。圖 6.4 (a)中，共有 d 個輸入單元和 1 個輸出單元。每個單元將所有輸入訊號做加權和（加權值由$\boldsymbol{w}$定義），再將結果輸入至「激活函數」(Activation Function)，激活函數的輸出值即爲單元的輸出值。

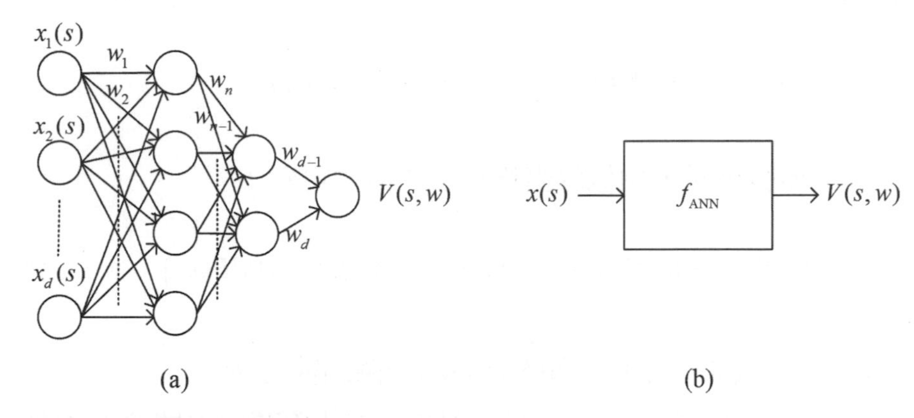

▲圖 6.4　利用類神經網路做函數近似。
(a) 類神經網的單元、輸入層、隱藏層、輸出層；(b) 類神經網方塊圖。

常見的激活函數包括邏輯函數 (logistic function) $f(x) = 1/(1+e^{-x})$和整流函數 (rectifier) $f(x) = \max(0,x)$。因激活函數的使用，輸出單元的輸出數值可能會限制於某一區間，舉例來說，邏輯函數的輸出在 0 和 1 之間。爲了近似價值函數之數值，可將輸出單元的輸出數值乘上適當的常數來調整輸出數值區間。

圖 6.4(a)詳細描述類神經網路的基本架構，若只爲了強調輸入與輸出的關係，則圖 6.4(a)可簡化爲圖 6.4(b)的方塊圖。使用類神經網路做價值函數近似的好處在於其微分存在，當隱藏層只有一層或兩層，梯度向量$\nabla_{\boldsymbol{w}}V(s,\boldsymbol{w})$可透過「倒傳遞演算法」(Backpropagation Algorithm) 計算。

6-2 同策略梯度與半梯度預測

近似解法處理預測問題時，不同於表格解法直接更新V表，而是更新估測函數V的參數$\boldsymbol{w}$來影響V值。依據隨機梯度下降來更新參數：

$$\begin{aligned}\boldsymbol{w}_{t+1} &= \boldsymbol{w}_t - \frac{1}{2}\alpha\nabla_{\boldsymbol{w}_t}[v_\pi(S_t) - V(S_t,\boldsymbol{w}_t)]^2 \\ &= \boldsymbol{w}_t + \alpha[v_\pi(S_t) - V(S_t,\boldsymbol{w}_t)]\nabla_{\boldsymbol{w}_t}V(S_t,\boldsymbol{w}_t)\end{aligned} \quad \text{[參考(6.8)]}$$

然而，狀態價值函數值$v_\pi(S_t)$未知，因此利用估測值U_t來取代$v_\pi(S_t)$：

$$\boldsymbol{w}_{t+1} = \boldsymbol{w}_t + \alpha[U_t - V(S_t,\boldsymbol{w}_t)]\nabla V(S_t,\boldsymbol{w}_t). \quad (6.16)$$

上式的近似解法參數更新，類似於表格解法的價值更新：

$$NewEst \leftarrow OldEst + StepSize\ [\ Target - OldEst\ ] \quad \text{[參考(3.3)]}$$

此時，U_t類似於Target的角色，而(S_t,U_t)爲一個訓練實例。

使用U_t爲Target的參數更新方式具一般性。若使用蒙地卡羅法做預測，則$U_t = G_t$，稱爲梯度蒙地卡羅預測 (gradient Monte Carlo prediction)。若使用時間差分法做預測，則$U_t = R_{t+1} + \gamma V(S_{t+1},\boldsymbol{w}_t)$，稱爲半梯度時間差分預測 (semi-gradient TD(0) prediction)，「半梯度」代表更新並非完全符合梯度法，因爲梯度法的推導過程中假設U_t不爲參數$\boldsymbol{w}$的函數，但時間差分法使用自助法讓U_t變成參數$\boldsymbol{w}$的函數。因此，半梯度法雖具有梯度法的更新形式，但不符合梯度法裡U_t不可爲參數$\boldsymbol{w}$函數的條件。若使用 n 步時間差分法做預測，則

$$U_t = G_{t:t+n} = R_{t+1} + \gamma R_{t+2} + \cdots + \gamma^{n-1}R_{t+n} + \gamma^n V(S_{t+n},\boldsymbol{w}_{t+n-1}) \quad (6.17)$$

$$\boldsymbol{w}_{t+n} = \boldsymbol{w}_{t+n-1} + \alpha[G_{t:t+n} - V(S_t,\boldsymbol{w}_{t+n-1})]\nabla V(S_t,\boldsymbol{w}_{t+n-1}) \quad (6.18)$$

上述方法稱 n 步半梯度時間差預測 (n-step semi-gradient TD prediction)，若爲回合式任務，(6.18)的疊代符號t範圍設定爲$t = 0,1,\ldots,T-1$。

爲了保持近似解法演算法的收斂性，本章以同策略法的探討爲主，若使用到下述方法的組合須額外小心：函數近似、自助法、異策略學習。使用任兩個組合的演算法通常不會發散，但若三個一起使用，則有發散的風險 [Martin 2018]。關於演算法發散問題的討論，有興趣的讀者可參考 [Chapter 11, Sutton 2018]。

第一次拜訪蒙地卡羅預測法較不易處理狀態數量龐大的情況，因爲當狀態越多產生的軌跡就越長，每次疊代必須一直比對是否有出現重複被拜訪的狀態。因此，我們直接考慮每次拜訪蒙地卡羅預測，圖 6.5 的返回圖即是將表格解法的返回圖搭配加權向量之使用，虛擬碼於演算法 6.2 所示。

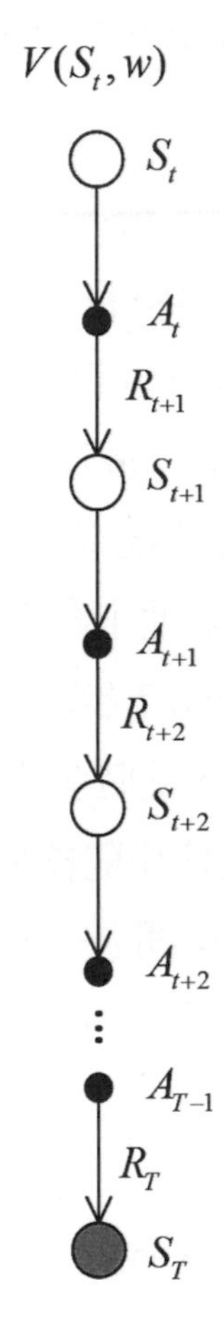

▲圖 6.5　梯度蒙地卡羅預測的返回圖。

▣ **演算法 6.2** 梯度蒙地卡羅預測

1: 輸入：策略π；可微分函數$V(s,\boldsymbol{w})$

2: 演算法參數：學習率$\alpha \in (0,1]$

3: 初始化：加權向量$\boldsymbol{w}$爲任意向量

4: 輸出：價值函數$V(s,\boldsymbol{w})$

5: **For** 每一回合

6: 用π產生軌跡$S_0, A_0, R_1, S_1, A_1, R_2, \ldots, S_{T-1}, A_{T-1}, R_T$;

7: **For** $t = 0,1,\ldots,T-1$

8: $\boldsymbol{w} \leftarrow \boldsymbol{w} + \alpha[G_t - V(S_t,\boldsymbol{w})]\nabla_{\boldsymbol{w}} V(S_t,\boldsymbol{w})$;

9: **End**

10: **End**

在使用表格解法的蒙地卡羅預測時，每次拜訪的蒙地卡羅預測可從$t = T-1$開始往前計算，計算效率較高；也可從$t = 0$開始往後計算，較符合舊的報酬資訊給予較低權重的概念。若軌跡不長（狀態重複的機率低），則從$t = T-1$和$t = 0$開始計算對每次拜訪蒙地卡羅預測差別不大。然而，當狀態數量龐大，演算法 6.2 步驟 6 產生的軌跡通常較長（狀態重複的機率較高），此時步驟 7 從$t = 0$開始往後計算較爲合適。步驟 8 即是使用隨機梯度下降的參數更新規則，其中的梯度$\nabla_{\boldsymbol{w}} V(S_t,\boldsymbol{w})$取決於線性或非線近似函數的使用。若$V(s,\boldsymbol{w})$爲線性函數，則$\nabla_{\boldsymbol{w}} V(s,\boldsymbol{w}) = \boldsymbol{x}(s)$；若$V(s,\boldsymbol{w})$爲非線性的類神經網路，則$\nabla_{\boldsymbol{w}} V(s,\boldsymbol{w})$可透過倒傳遞演算法計算。

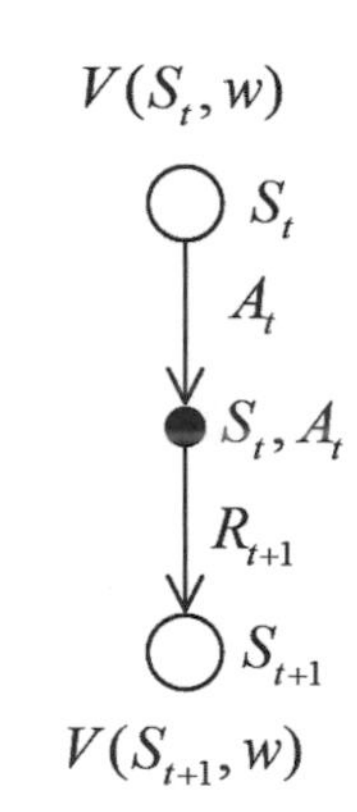

▲ 圖 6.6 半梯度時間差分預測的返回圖。

相較於「梯度」蒙地卡羅預測，目標$U_t = G_t$與加權向量$\boldsymbol{w}$無關，時間差分預測使用自助法，目標$U_t = R_{t+1} + \gamma V(S_{t+1},\boldsymbol{w}_t)$是加權向量$\boldsymbol{w}_t$的函數，不完全符合梯度法推導的條件，所以稱爲「半梯度」時間差分預測，見圖 6.6 和演算法 6.3。

▣ 演算法 6.3 半梯度時間差分預測

1: 輸入：策略π；可微分函數$V(s,\boldsymbol{w})$
2: 演算法參數：學習率$\alpha \in (0,1]$
3: 初始化：加權向量$\boldsymbol{w}$爲任意向量，$V(S_T,\boldsymbol{w}) = 0$
4: 輸出：價值函數$V(\mathrm{s},\boldsymbol{w})$
5: **For** 每一回合
6: 　　初始化狀態S；
7: 　　**For** 回合中每一時刻且S非終點狀態
8: 　　　　$A \leftarrow$根據狀態S，用π產生動作；
9: 　　　　$R,S' \leftarrow$執行動作A，從環境觀察獎勵和狀態；
10: 　　　　$\boldsymbol{w} \leftarrow \boldsymbol{w} + \alpha[R + \gamma V(S',\boldsymbol{w}) - V(S,\boldsymbol{w})]\nabla V(S,\boldsymbol{w})$;
11: 　　　　$S \leftarrow S'$;
12: 　　**End**
13: **End**

演算法 6.3 雖是針對回合式任務，但因爲使用自助法，也可處理連續性任務。處理回合式任務時，因自助法涉及終點狀態的函數值存取，步驟 3 須設定終點狀態S_T之價值函數估測爲$V(S_T,\boldsymbol{w}) = 0$。演算法 6.3 的架構與表格解法的 1 步時間差分預測大致相同，差別僅在於更新式，前者爲加權向量$\boldsymbol{w}$更新，後者爲V表的狀態價值更新。若等待 n 步長再做更新，則可獲得 n 步半梯度時間差預測，見圖 6.7 和演算法 6.4。

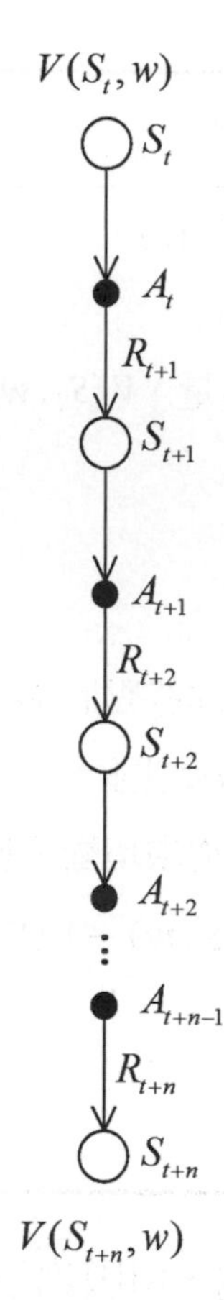

▲圖 6.7　n步半梯度時間差分預測的返回圖。

▣ 演算法 6.4 n步半梯度時間差分預測

1:　輸入：策略π；可微分函數$V(s, \boldsymbol{w})$

2:　演算法參數：學習率$\alpha \in (0,1]$；正整數$n > 1$

3:　初始化：加權向量$\boldsymbol{w}$爲任意向量；$V(S_T, \boldsymbol{w}) = 0$

4:　輸出：價值函數$V(s, \boldsymbol{w})$

5:　**For** 每一回合

6:　　初始化狀態S_0；

7:　　**For** $t = 0,1,\dots,T-1$

8:　　　$A_t \leftarrow$根據狀態S_t，用π產生動作；

9:　　　$R_{t+1}, S_{t+1} \leftarrow$執行動作$A_t$，從環境觀察獎勵和狀態；

10:　　　$\tau \leftarrow t - n + 1$

11: If $\tau \geq 0$

12: $G \leftarrow \sum_{j=\tau+1}^{\tau+n} \gamma^{j-\tau-1} R_j + \gamma^n V(S_{\tau+n}, \boldsymbol{w})$;

13: $\boldsymbol{w} \leftarrow \boldsymbol{w} + \alpha[G - V(S_\tau, \boldsymbol{w})]\nabla V(S_\tau, \boldsymbol{w})$;

14: **End**

15: **End**

16: **For** $k = \max(T-n+1,0), \max(T-n+1,0)+1, \ldots, T-1$

17: $G \leftarrow \sum_{j=k+1}^{T} \gamma^{j-k-1} R_j$;

18: $\boldsymbol{w} \leftarrow \boldsymbol{w} + \alpha[G - V(S_k, \boldsymbol{w})]\nabla V(S_k, \boldsymbol{w})$;

19: **End**

20: **End**

演算法 6.4 步驟 16 由前往後計算，若n值不大，則更新順序之差異可忽略，為了提高計算效率，可由後往前計算報酬：

16: $G \leftarrow 0$;

17: **For** $k = T-1, T-2, \ldots, \max(T-n+1,0)$

18: $G \leftarrow R_{k+1} + \gamma G$;

19: $\boldsymbol{w} \leftarrow \boldsymbol{w} + \alpha[G - V(S_k, \boldsymbol{w})]\nabla V(S_k, \boldsymbol{w})$;

20: **End**

近似解法的同策略預測方法與表格解法的同策略預測方法之架構基本上是相同的，而表格解法可視為近似解法的特例，因此所有應用到近似解法的強化學習設計皆可應用到表格解法。考慮狀態聚集且每一特徵僅包含一個狀態（若$i = j$，則$x_i(\mathrm{s_j}) = 1$；若$i \neq j$，則$x_i(\mathrm{s_j}) = 0$），此時

$$V(s_i, \boldsymbol{w}) = \boldsymbol{w}^\top \boldsymbol{x}(s_i) = w_i \tag{6.19}$$

且梯度向量$\nabla_{\boldsymbol{w}_t} V(s_i, \boldsymbol{w}_t)$除了第 i 個分量為 1，其他分量為 0。在此設定下，基於隨機梯度下降的加權向量更新變成純量更新

$$w_i \leftarrow w_i + \alpha[U_t - w_i] \tag{6.20}$$

上式中，將w_i視為$V(s_i)$，即為表格解法的狀態價值更新。

6-3 同策略回合式半梯度控制

表格解法在處理回合式任務和連續性任務時基本上沒有太大差別，因此可一併討論，但當狀態數量過大而使用近似解法時，則須將兩者分開探討。本節針對回合式任務，介紹「回合式半梯度控制」(Episodic Semi-gradient Control)，下一節討論連續性任務的處理。

針對回合式任務，理論上來說梯度蒙地卡羅預測可衍生出梯度蒙地卡羅控制，但離線學習較不利於動作價值更新，當狀態空間龐大時，離線學習獲得的策略很容易讓代理人在某一次任務中無法讓狀態轉移到終點狀態。有鑑於此，本節不考慮實作上較難應用的梯度蒙地卡羅控制，直接考慮具備線上學習能力的回合式半梯度 Sarsa (episodic semi-gradient Sarsa) 和回合式半梯度 n 步 Sarsa (episodic semi-gradient n-step Sarsa)。

處理預測問題，我們用$V(s,\boldsymbol{w})$代表狀態價值函數的估測；處理控制問題裡，用$Q(s,a,\boldsymbol{w})$代表動作價值函數的估測。若使用線性函數，則

$$Q(s,a,\boldsymbol{w}) \triangleq \boldsymbol{w}^\top \boldsymbol{x}(s,a) = \sum_{i=1}^{d} w_i x_i(s,a) \tag{6.21}$$

此時，$Q(s,a,\boldsymbol{w})$對參數$\boldsymbol{w}$是線性的，其微分$\nabla_{\boldsymbol{w}} Q(s,a,\boldsymbol{w})$存在且表示為

$$\nabla_{\boldsymbol{w}} Q(s,a,\boldsymbol{w}) = \boldsymbol{x}(s,a) \tag{6.22}$$

在動作空間元素不多的情況下，若使用瓦片編碼，則上式的特徵向量$\boldsymbol{x}(s,a)$可用演算法 6.5 生成。

▣ **演算法 6.5** 線性狀態動作特徵向量生成

1: 輸入：狀態$s = [s_1 \ s_2 \dots s_i \dots s_I]$；動作$a$，動作空間中的元素數目$K$；
　　瓦片層數目N；瓦片層長度的分割數$p = [p_1 \ p_2 \dots p_i \dots p_I]$

2: 輸出：特徵向量$\boldsymbol{x}$

3: $s \leftarrow$正規化s;

4: $\boldsymbol{x} \leftarrow (N\Pi_{i=1}^{I} p_i K) \times 1$的零向量;

5: **For** $n = 1,2,\dots,N$

6: **For** $i = 1,2,\dots,I$
7: $L_i \leftarrow \frac{p_i}{p_i - 1 + \frac{1}{N}}$;
8: $\xi_i \leftarrow \frac{L_i}{N p_i}$;
9: $\ell_i \leftarrow \frac{L_i}{p_i}$;
10: $s_i' \leftarrow s_i + (n-1)\xi_i$;
11: $\text{sub}_{n,i} \leftarrow s_i'$在瓦片層$n$的下標;
12: **End**
13: $J \leftarrow$ 對應$(n, \text{sub}_{n,1}, \text{sub}_{n,2}, \dots, \text{sub}_{n,I}, A)$的線性索引 (linear index);
14: $x_J \leftarrow 1$;
15: **End**

演算法 6.5 與線性狀態特徵向量生成演算法之架構相同，主要差別在於演算法 6.5 必須額外考慮代理人動作之選擇，因此在步驟 4 增加了K倍的特徵向量維度，並在步驟 13 增加了對應於動作A的索引。若將動作A編碼成正整數，舉例來說：$A = 1$代表代理人上移、$A = 2$代表代理人右移、$A = 3$代表代理人下移、$A = 4$代表代理人左移，則步驟 13 的$(n, \text{sub}_{n,1}, \text{sub}_{n,2}, \dots, \text{sub}_{n,I}, A)$即是位置下標。

為了不失一般性，控制法保留梯度向量$\nabla_{\boldsymbol{w}} Q(s, a, \boldsymbol{w})$符號的使用，見圖 6.8 和演算法 6.6。

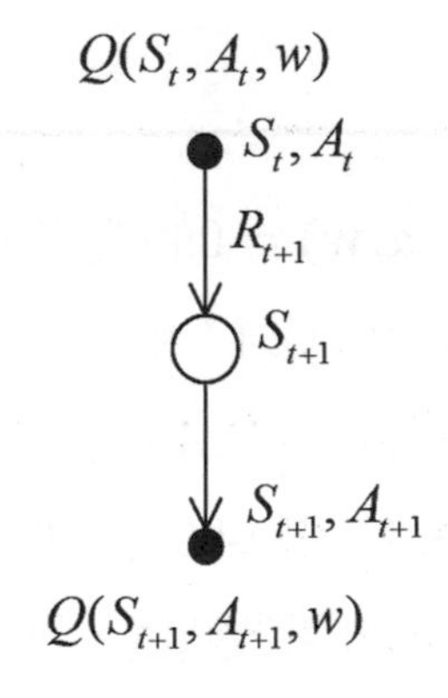

▲圖 6.8 回合式半梯度 Sarsa 的返回圖。

▣ 演算法 6.6 回合式半梯度 Sarsa

1: 輸入：可微分函數$Q(s,a,\boldsymbol{w})$
2: 演算法參數：學習率$\alpha \in (0,1]$；$\varepsilon > 0$
3: 初始化：加權向量$\boldsymbol{w}$為任意向量
4: 輸出：基於$Q(s,a,\boldsymbol{w})$的ε貪婪策略
5: **For** 每一回合
6: 　　初始化狀態S；
7: 　　$A \leftarrow$基於$Q(S,\cdot,\boldsymbol{w})$的$\varepsilon$貪婪動作選擇；
8: 　　**For** 回合中每一時刻且S非終點狀態
9: 　　　　$R, S' \leftarrow$執行動作A，從環境觀察獎勵和狀態；
10: 　　　　**If** $S' = S_T$
11: 　　　　　$\boldsymbol{w} \leftarrow \boldsymbol{w} + \alpha[R - Q(S,A,\boldsymbol{w})]\nabla_{\boldsymbol{w}} Q(S,A,\boldsymbol{w})$;
12: 　　　　**Else**
13: 　　　　　$A' \leftarrow$基於$Q(S',\cdot,\boldsymbol{w})$的$\varepsilon$貪婪動作選擇；
14: 　　　　　$\boldsymbol{w} \leftarrow \boldsymbol{w} + \alpha[R + \gamma Q(S',A',\boldsymbol{w}) - Q(S,A,\boldsymbol{w})]\nabla_{\boldsymbol{w}} Q(S,A,\boldsymbol{w})$;
15: 　　　　**End**
16: 　　　　$S \leftarrow S'; A \leftarrow A'$;
17: 　　**End**
18: **End**

演算法 6.6 步驟 3 沒有$Q(S_T,a,\boldsymbol{w}) = 0$的設定，而是利用步驟 10 辨別是否到達終點狀態$S_T$。常態更新流程主要為步驟 13 和 14，但若$S' = S_T$，則不論$A'$為何，我們有$Q(S',A',\boldsymbol{w}) = 0$，因此不需步驟 13 的$A'$動作選取，此時用步驟 11 取代步驟 13 和 14。若使用瓦片編碼，則步驟 11 和 14 的梯度向量$\nabla_{\boldsymbol{w}} Q(S,A,\boldsymbol{w}) = \boldsymbol{x}(s,a)$.

若要加速回合式半梯度 Sarsa 的學習速度，則可用記憶空間換取學習速度，見圖 6.9 和演算法 6.7。

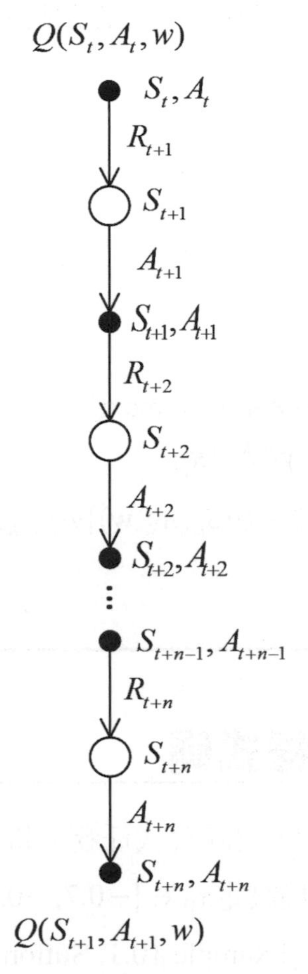

▲圖 6.9　回合式半梯度 n 步 Sarsa 的返回圖。

▣ 演算法 6.7 回合式半梯度 n 步 Sarsa

1: 輸入：可微分函數$Q(s, a, \boldsymbol{w})$

2: 演算法參數：學習率$\alpha \in (0,1]$；正整數$n > 1$；$\varepsilon > 0$

3: 初始化：加權向量$\boldsymbol{w}$為任意向量

4: 輸出：基於$Q(s, a, \boldsymbol{w})$的ε貪婪策略

5: **For** 每一回合

6: 　　初始化狀態S_0；

7: 　　**For** $t = 0,1, \dots, T-1$

8: 　　　　$A_t \leftarrow$基於$Q(S_t, \cdot, \boldsymbol{w})$的$\varepsilon$貪婪動作選擇；

9: $R_{t+1}, S_{t+1} \leftarrow$執行動作$A_t$，從環境觀察獎勵和狀態；

10: $\tau \leftarrow t - n + 1;$

11: If $\tau \geq 0$

12: $G \leftarrow \sum_{j=\tau+1}^{\tau+n} \gamma^{j-\tau-1} R_j + \gamma^n Q(S_{\tau+n}, A_{\tau+n}, \boldsymbol{w});$

13: $\boldsymbol{w} \leftarrow \boldsymbol{w} + \alpha[G - Q(S_\tau, A_\tau, \boldsymbol{w})] \nabla Q(S_\tau, A_\tau, \boldsymbol{w});$

14: **End**

15: **End**

16: **For** $k = \max(T - n + 1, 0), \max(T - n + 1, 0) + 1, \dots, T - 1$

17: $G \leftarrow \sum_{j=k+1}^{T} \gamma^{j-k-1} R_j;$

18: $\boldsymbol{w} \leftarrow \boldsymbol{w} + \alpha[G - Q(S_k, A_k, \boldsymbol{w})] \nabla Q(S_k, A_k, \boldsymbol{w});$

19: **End**

20: **End**

6-4 範例 6.1 與程式碼

考慮圖 6.10 的山地車問題，爲回合式任務。將車子移動軌跡投影到x軸，車子初始位置爲x_0，每回合開始隨機設定$x_0 \in [-0.7, -0.5)$；初始速度爲$\dot{x}_0 = 0$。山地車於x軸的移動軌跡由下式決定 [Example 10.1, Sutton 2018]：

$$x_{t+1} = \max\{\min\{x_t + \dot{x}_{t+1}, 0.5\}, -1.2 \tag{6.23}$$

$$\dot{x}_{t+1} = \max\{\min\{\dot{x}_t + 0.001A_t - 0.0025\cos(3x_t), 0.07\}, -0.07\} \tag{6.24}$$

(6.23)的 min 和 max 代表取兩個數值的最小和最大值，舉例來說，若$x_t + \dot{x}_{t+1} > 0.5$，則$\min\{x_t + \dot{x}_{t+1}, 0.5\} = 0.5$，反之，$\min\{x_t + \dot{x}_{t+1}, 0.5\} = x_t + \dot{x}_{t+1}$。因此，$x_{t+1}$有上下界並可表示爲 $-1.2 \leq x_{t+1} \leq 0.5$。當位置移動到下界$x_{t+1} = -1.2$，設定速度$\dot{x}_{t+1} = 0$；當位置移動到上界$x_{t+1} = 0.5$，車子到達終點，任務結束。(6.24)中的速度$\dot{x}_{t+1}$也有上下界，可表示爲$-0.07 \leq \dot{x}_{t+1} \leq 0.07$。

A_t爲代理人的動作，於(6.24)中出現，有 3 個數值可以選擇：$A_t = 1$，代表往終點方向做加速度；$A_t = 0$，代表加速度爲零；$A_t = -1$，代表往終點的反向做加速度。

此山地車問題困難處在於，地心引力比加速度大，一直選擇$A_t = 1$無法到達終點，必須先往反向加速度，x在往正向加速，以便提升車子在y軸的高度來到達終點。

(6.23)和(6.24)描述車子位置投影到x軸的移動軌跡，位置與速度數值計算的順序爲

$$x_0,\dot{x}_0 \to \mathrm{A}_0, R_1 \xrightarrow{(6.24)} \dot{x}_1 \xrightarrow{(6.23)} x_1 \to \mathrm{A}_1, R_2 \xrightarrow{(6.24)} \dot{x}_2 \xrightarrow{(6.23)} x_2 \to \cdots \tag{6.25}$$

上式中的獎勵設定爲

$$R_t = \begin{cases} -1, 若 \;\; t < T \\ \;\;\,0, 若 \;\; t = T. \end{cases} \tag{6.26}$$

因爲狀態$s_t = [x_t \;\; \dot{x}_t] \in [-1.2, 0.5] \times [-0.07, 0.07]$爲連續狀態且考慮動作選擇，本範例使用演算法 6.5 生成特徵向量，設定分割數$p = [p_1 \;\; p_2] = [10 \;\; 10]$、瓦片層數目$N = 8$、動作個數$K = 3$，產生維度$d = 8 \cdot 10^2 \cdot 3$的特徵向量。使用演算法 6.6 回合式半梯度 Sarsa，設定學習率$\alpha = 0.06$和$\varepsilon = 0.1$，圖 6.11 呈現該演算法之效能。圖 6.11(a)呈現的平均報酬，於 40 次任務前有較顯著的提升，於 40 次任務後增長緩慢。平均報酬的增加代表完成每一回合任務所需的步數減少，圖 6.11(b)呈現平均步數隨執行任務次數的增加而減少。

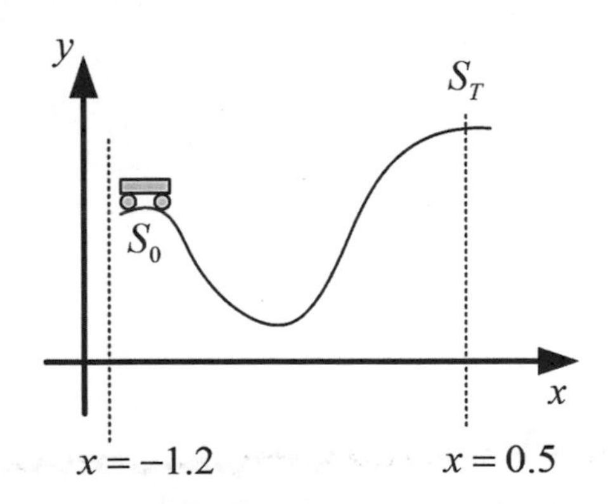

▲圖 6.10 山地車問題，為回合式任務。
初始位置$x_0 \in [-0.7, -0.5)$、初始速度$\dot{x}_0 = 0$（初始狀態$S_0 = [x_0 \;\; 0]$為隨機變量），終點位置$x_T = 0.5$（終點狀態$S_T = [0.5 \;\; \dot{x}_T]$），動作為加速度$A_t \in \{-1,0,1\}$。

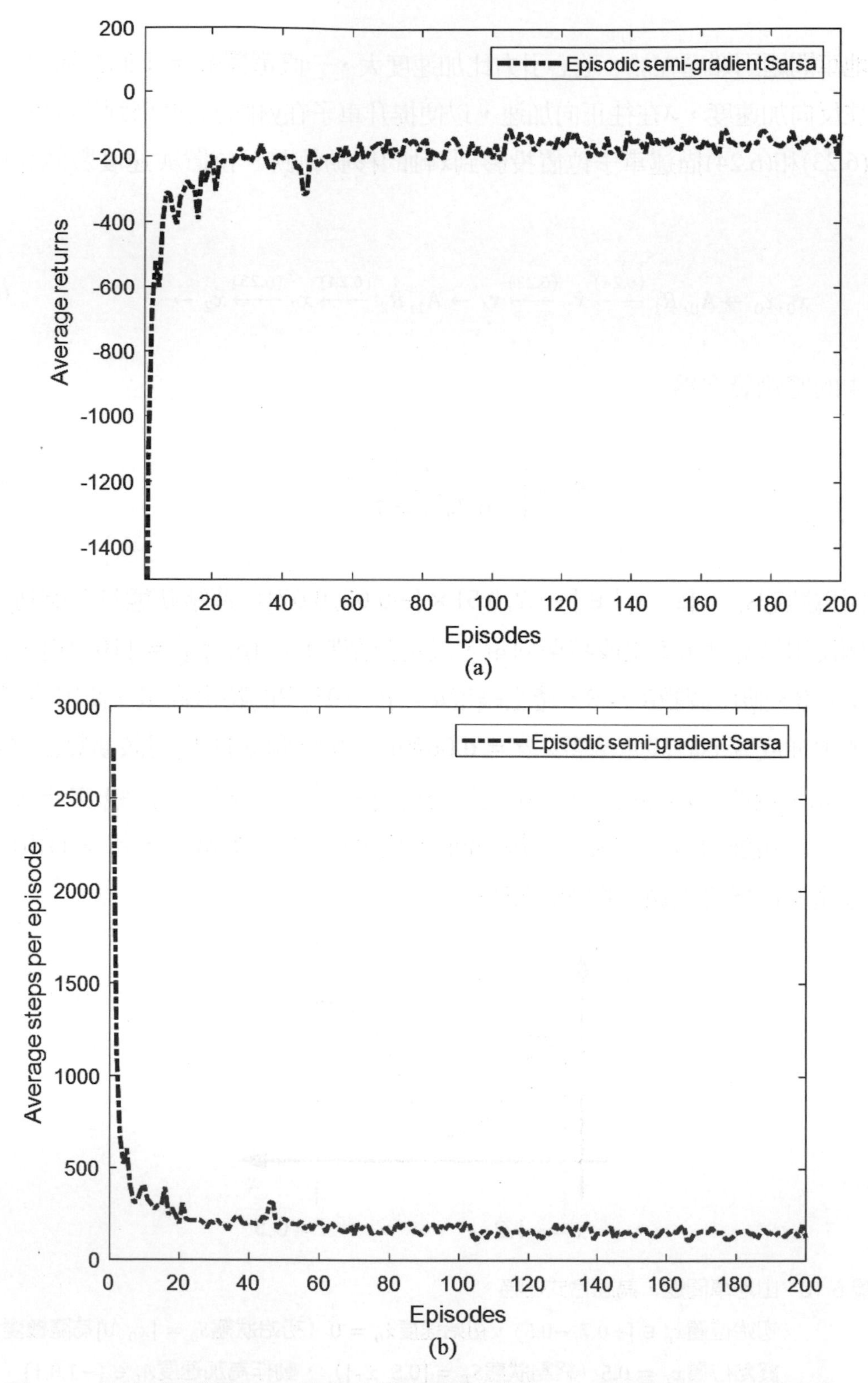

▲圖 6.11　回合式半梯度 Sarsa 處理山地車問題之效能。(a)平均報酬；(b) 平均步數。

範例 6.1 程式碼

```
% Script
%% environment setting
Sg=[0.5 0]; % goal state
num_epi=200;

%% parameter setting
myalpha=0.06;
eps=0.1;

%% initialization
N=8; % num of tilings
p=[10 10]; % partition
K=3; % num of actions
w=rand(N* prod(p)*K,1);
%% Episodic Semi-gradient Sarsa
  S=[rand*0.2-0.7    0];    % start state (step 6)
  A= Ex6_1_eps_greedy(w,S,eps,N,p,K); % step 7
  while norm(S-Sg)>0
        [S_prime,R] = env_Ex6_1(S,A); % step 9
        feaVec_S=featureVEC(S,A,N,p,K);
        OldEst=w'*feaVec_S;        % w' is the transpose of w
        if norm(S-Sg)==0    % step 10
            w=w+myalpha*(R-OldEst)*feaVec_S; % step 11
        else
            A_prime= Ex6_1_eps_greedy(w,S_prime,eps,N,p,K); % step 13
            feaVec_S_prime=featureVEC(S_prime,A_prime,N,p,K);
            % step 14
            w=w+myalpha*(R+w'*feaVec_S_prime-OldEst)*feaVec_S;
        end
        S=S_prime; A=A_prime; % step 16
End
```

% Function

```
function A = Ex6_1_eps_greedy(w,S,eps, numTilings, numPartition,num_action)
    if rand<eps
        A=unidrnd(3);
    else
        feaVec1=featureVEC(S,-1, numTilings, numPartition,num_action);
        feaVec2=featureVEC(S,0, numTilings, numPartition,num_action);
        feaVec3=featureVEC(S,1, numTilings, numPartition,num_action);
        [~,A]=max([w'*feaVec1    w'*feaVec2 w'*feaVec3]);
    end
    A=A-2;
end

function [S,R] = env_Ex6_1(S,A)
    % S=[x x_dot]
    x_dot=S(2)+0.001*A-0.0025*cos(3*S(1));
    x_dot=max([min([x_dot 0.07])    -0.07]);
    x=S(1)+x_dot;
    x=max([min([x 0.5])    -1.2]);
    if x==-1.2 || x==0.5
        x_dot=0;
    end
    S=[x x_dot];
    % reward setting
    if x==0.5
        R=0;
    else
        R=-1;
    end
end

function tiles = featureVEC(S,A,N,p,num_action)
```

```
% N is the number of tilings
% p is a vector consisting of p_i; p_i is the number of partitions in the i-th dim
S = Ex6_1_state_normal(S);
numTilesInTiling=prod(p);
tiles=zeros(N*numTilesInTiling*num_action,1);
L= p./(p-1+1/N);
xi=(L-1)/(N-1);
blocklength=L./p;
   for n=1:N
         tempS=S+ (n-1)*xi;
         mysub=ceil(tempS./blocklength);
         if   mysub(1)==0
               mysub(1)=1;
         end
         if   mysub(2)==0
               mysub(2)=1;
         end
         sz=[N p num_action];
         myind = sub2ind(sz ,n,mysub(1),mysub(2),A+2);
         tiles(myind)=1;
   end
end

function S = Ex6_1_state_normal(S)
S(1) = (S(1)+1.2)/1.7;
S(2) = (S(2)+0.07)/0.14;
end
```

6-5 異策略深度 Q 網路

函數近似、自助法、異策略學習，上述三者同時使用容易造成強化學習演算法發散 [section 11.3, Sutton 2018]。即便如此，仍有演算法使用此組合於某些應用上獲得不錯效能，其中最有名的例子爲異策略「深度 Q 網路」(Deep Q-Network, DQN) [Hasselt 2018]。本節介紹深度 Q 網路的基本概念，實作上需依使用情況做些許調整。

深度 Q 網路與 Q 學習一樣使用相同的更新目標，與回合式半梯度 Sarsa 一樣使用半梯度法做更新：

$$\boldsymbol{w} \leftarrow \boldsymbol{w} + \alpha[R + \gamma \max_a Q(S', a, \boldsymbol{w}) - Q(S, A, \boldsymbol{w})]\nabla_{\boldsymbol{w}} Q(S, A, \boldsymbol{w}) \tag{6.27}$$

上式的$\boldsymbol{w}$代表深度網路的加權向量，直覺上可將動作價值函數表示成

$$Q(s, a, \boldsymbol{w}) = f_{\text{ANN}}(\boldsymbol{x}(s, a), \boldsymbol{w}) \tag{6.28}$$

其網路架構如圖 6.12(a)所示，輸入爲$\boldsymbol{x}(s, a)$。然而，該架構不適合用來計算更新目標項$\max_a Q(S', a, \boldsymbol{w})$。實作上，我們將動作價值函數表示成

$$Q(s, a_k, \boldsymbol{w}) = [f_{\text{ANN}}(\boldsymbol{x}(s), \boldsymbol{w})]_k, \qquad k = 1,2, \dots, K \tag{6.29}$$

上式中，K 代表可選擇的動作個數，$f_{\text{ANN}}(\boldsymbol{x}(s), \boldsymbol{w})$是維度 K 的向量函數，符號$[\cdot]_k$代表將括號中的向量第 k 個元素 (entry) 取出。此網路架構如圖 6.12(b)所示，輸入爲$\boldsymbol{x}(s)$，網路輸出層的單元數目設定爲可選擇動作的數目。

除了最大 Q 值的計算外，深度 Q 網路的更新還需要計算梯度向量。如果隱藏層爲一層或兩層，倒傳遞演算法仍可用來計算梯度向量$\nabla_{\boldsymbol{w}} Q(S, A, \boldsymbol{w})$。但深度網路 (deep network) 的隱藏層通常超過兩層，必須使用其他更有效率的方式來計算$\nabla_{\boldsymbol{w}} Q(S, A, \boldsymbol{w})$，有興趣的讀者可參考 [Hinton 2006; Ioffe 2015; He 2016]。深度 Q 網路的返回圖於圖 6.13，虛擬碼於演算法 6.8。

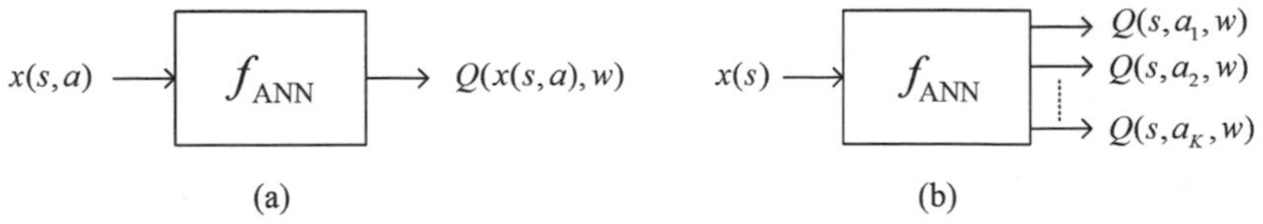

$x(s,a) \rightarrow f_{\text{ANN}} \rightarrow Q(x(s,a),w)$

(a)

$x(s) \rightarrow f_{\text{ANN}} \rightarrow Q(s,a_1,w),\ Q(s,a_2,w),\ \ldots,\ Q(s,a_K,w)$

(b)

▲圖 6.12　(a)類似於圖 6.4 的深度 Q 網路架構圖，實作上不方便用來計算更新目標。
(b)實際使用的深度 Q 網路的架構圖。

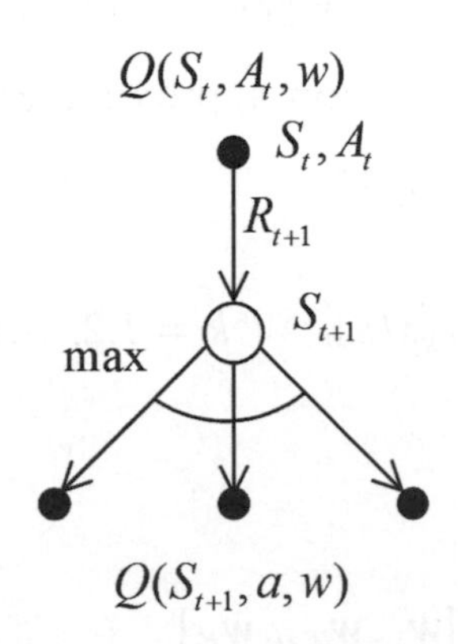

▲圖 6.13　深度 Q 網路的返回圖。

▣ 演算法 6.8 深度 Q 網路

1: 輸入：圖6.4(b)的網路架構
2: 演算法參數：學習率$\alpha \in (0,1]$；$\varepsilon > 0$
3: 初始化：任意的網路加權向量$\boldsymbol{w}$
4: 輸出：基於$Q(s,a,\boldsymbol{w})$的貪婪策略
5: **For** 每一回合
6: 　　初始化狀態S；
7: 　　**For** 回合中每一時刻且S非終點狀態
8: 　　　$A \leftarrow$基於$Q(S,\cdot,\boldsymbol{w})$的$\varepsilon$貪婪動作選擇；
9: 　　　$R, S' \leftarrow$執行動作A，從環境觀察獎勵和狀態；
10: 　　　**If** $S' = S_T$
11: 　　　　$\boldsymbol{w} \leftarrow \boldsymbol{w} + \alpha[R - Q(S,A,\boldsymbol{w})]\nabla Q(S,A,\boldsymbol{w})$;
12: 　　　**Else**
13: 　　　　$\boldsymbol{w} \leftarrow \boldsymbol{w} + \alpha[R + \gamma \max_a Q(S',a,\boldsymbol{w}) - Q(S,A,\boldsymbol{w})]\nabla Q(S,A,\boldsymbol{w})$;

14:            **End**

15:            $S \leftarrow S'$;

16:        **End**

17:    **End**

演算法 6.8 雖是深度 Q 網路的虛擬碼，其架構已包含了使用線性函數近似的 Q 學習 (Q-learning with linear function approximation)。若爲線性函數近似的 Q 學習演算法，則動作價值函數可表示成

$$Q(s, a_k, \boldsymbol{w}) = \boldsymbol{w}_k^T \boldsymbol{x}(s), \qquad k = 1,2, \dots, K \tag{6.30}$$

此時加權向量$\boldsymbol{w}$可表示成

$$\boldsymbol{w} = [\boldsymbol{w}_1 \;\; \boldsymbol{w}_2 \dots \boldsymbol{w}_K]. \tag{6.31}$$

梯度向量$\nabla Q(S, a_n, \boldsymbol{w})$可表示成

$$\nabla Q(S, a_k, \boldsymbol{w}) = \boldsymbol{x}(s), \qquad k = 1,2, \dots, K \tag{6.32}$$

根據(6.30)、(6.31)、(6.32)，考慮使用線性函數近似的 Q 學習，其虛擬碼使用演算法 6.8 須將步驟 11 改寫成(假設$A = a_k$)：

$$\boldsymbol{w}_k \leftarrow \boldsymbol{w}_k + \alpha\left[R - \boldsymbol{w}_k^T \boldsymbol{x}(s)\right]\boldsymbol{x}(s) \tag{6.33}$$

步驟 13 改寫成(假設$A = a_k$)：

$$\boldsymbol{w}_k \leftarrow \boldsymbol{w}_k + \alpha\left[R + \gamma \max\nolimits_\ell \boldsymbol{w}_\ell^T \boldsymbol{x}(S') - \boldsymbol{w}_k^T \boldsymbol{x}(S)\right]\boldsymbol{x}(S) \tag{6.34}$$

6-6 同策略差分半梯度控制

使用近似解法處理回合式任務，因爲能清楚區分起始狀態和終點狀態，所以用廣義策略疊代的概念求解

$$\max_\pi\ v_\pi(s) \qquad \forall s \in \boldsymbol{S}. \qquad \text{[參考(1.15)]}$$

若使用近似解法處理連續性任務，則沒有明確的起點和終點，同時因爲狀態空間過大，區別鄰近的不同狀態將變得困難也不具意義。在此情況下，考慮求解

$$\max_\pi\ \textstyle\sum_{s\in\boldsymbol{S}} \mu_\pi(s) v_\pi(s)\ \text{或}\ \max_\pi\ \mathbf{E}_\pi[v_\pi(S_t)] \tag{6.35}$$

$\mu_\pi(s)$代表使用策略π的狀態分布（先前在處理預測問題，爲了定義近似誤差，$\mu_\pi(s)$也被使用過）。上式是根據機率分布讓較常出現的狀態群體（不須區分類似的狀態）有較高的狀態價值，而非針對所有狀態（須區分所有不同的狀態）找尋最大狀態價值。

定義平均獎勵 (average reward)

$$\begin{aligned} r(\pi) &\triangleq \lim_{h\to\infty} \frac{1}{h} \sum_{t=1}^{h} \mathbf{E}[R_t | A_0, A_1, \dots, A_{t-1} \sim \pi] = \lim_{t\to\infty} \mathbf{E}[R_t | A_0, A_1, \dots, A_{t-1} \sim \pi] \\ &= \textstyle\sum_s \mu_\pi(s) \sum_a \pi(a|s) \sum_{s',r} p(s',r|s,a) r. \end{aligned} \tag{6.36}$$

上式中，計算產生獎勵r的機率爲$p(s',r|s,a)$，而在狀態s的機率爲$\mu_\pi(s)$，在狀態s選擇動作a的機率爲$\pi(a|s)$，將所有機率相乘獎勵做累加，即獲得平均獎勵$r(\pi)$。根據平均獎勵的定義可進一步證明[Section 10.4, Sutton 2018]

$$r(\pi) = (1-\gamma) \textstyle\sum_{s\in\boldsymbol{S}} \mu_\pi(s) v_\pi(s) = (1-\gamma) \mathbf{E}_\pi[v_\pi(S_t)] \tag{6.37}$$

因此，用近似解法考慮連續性任務的控制問題，等同於求解

$$\max_\pi \ r(\pi) \tag{6.38}$$

此時，折扣率γ不再需要，策略的排序不再依據狀態價值函數，而是依據平均獎勵。換句話說，在連續性任務的控制問題裡，π'比π更好或一樣好，數學上定義成

$$r(\pi') \geq r(\pi) \tag{6.39}$$

此設定稱爲「平均獎勵設定」(Average-reward Setting)，在此設定下報酬須改成差分報酬 (differential return)：

$$G_t \triangleq R_{t+1} - r(\pi) + R_{t+2} - r(\pi) + R_{t+3} - r(\pi) + \cdots. \tag{6.40}$$

價值函數改成差分價值函數 (differential value function)，亦即$v_\pi(s) \triangleq \mathbf{E}_\pi[G_t | S_t = s]$和$q_\pi(s,a) \triangleq \mathbf{E}_\pi[G_t | S_t = s, A_t = a]$中的報酬$G_t$爲(6.40)定義的差分報酬。在平均獎勵設定下，價值函數不使用折扣率γ。

利用廣義策略疊代的概念求解連續性任務的控制問題，可得下述差分半梯度 Sarsa (differential semi-gradient Sarsa) 和差分半梯度 n 步 Sarsa (differential semi-gradient n-step Sarsa) 演算法。

▣ **演算法 6.9** 差分半梯度 Sarsa

1: 輸入：可微分函數$Q(s,a,\boldsymbol{w})$

2: 演算法參數：學習率$\alpha \in (0,1]$、$\beta \in (0,1]$；$\varepsilon > 0$

3: 初始化：加權向量$\boldsymbol{w}$爲任意向量；平均獎勵估策$\bar{R}$爲任意值

4: 輸出：基於$Q(s,a,\boldsymbol{w})$的ε貪婪策略

5: 初始化狀態S；$A \leftarrow$基於$Q(S,\cdot,\boldsymbol{w})$的$\varepsilon$貪婪動作選擇；

6: **For** 每一時刻

7: $\quad R, S' \leftarrow$執行動作A，從環境觀察獎勵和狀態；

8: $\quad A' \leftarrow$基於$Q(S',\cdot,\boldsymbol{w})$的$\varepsilon$貪婪動作選擇；

9: $\quad \delta \leftarrow R - \bar{R} + Q(S',A',\boldsymbol{w}) - Q(S,A,\boldsymbol{w})$;

10: $\quad \bar{R} \leftarrow \bar{R} + \beta\delta$;

11: $\boldsymbol{w} \leftarrow \boldsymbol{w} + \alpha\delta\nabla Q(S, A, \boldsymbol{w})$;

12: $S \leftarrow S'; A \leftarrow A'$;

13: **End**

演算法 6.9 步驟 9，δ稱爲差分 TD 誤差 (differential TD error)，可視爲新的價值估測$R - \bar{R} + Q(S', A', \boldsymbol{w})$減去舊的價值估測$Q(S, A, \boldsymbol{w})$，實作上因爲$r(\pi)$未知，所以使用估測值$\bar{R}$取代，而該估測會隨著學習過程做更新。若用疊代符號$t$加註下標，則步驟 9 表示成

$$\delta_t = R_{t+1} - \bar{R}_{t+1} + Q(S_{t+1}, A_{t+1}, \boldsymbol{w}_t) - Q(S_t, A_t, \boldsymbol{w}_t). \tag{6.41}$$

等式右邊最後兩項可近似成

$$Q(S_{t+1}, A_{t+1}, \boldsymbol{w}_t) \approx R_{t+2} - r(\pi) + R_{t+3} - r(\pi) + \cdots \tag{6.42}$$

$$Q(S_t, A_t, \boldsymbol{w}_t) \approx G_t \tag{6.43}$$

將(6.42)減去(6.43)，根據(6.40)可得

$$Q(S_{t+1}, A_{t+1}, \boldsymbol{w}_t) - Q(S_t, A_t, \boldsymbol{w}_t) \approx r(\pi) - R_{t+1}. \tag{6.44}$$

將(6.44)代入(6.41)，可得$\delta_t \approx r(\pi) - \bar{R}_{t+1}$，亦即（移除下標）

$$\delta \approx r(\pi) - \bar{R}. \tag{6.45}$$

(6.45)說明步驟 10 爲平均獎勵率$r(\pi)$估測的增量實施，而步驟 10 中的β爲學習率。

差分半梯度 Sarsa 使用一步差分報酬，若要加速學習速度，可使用 n 步差分報酬 (n-step differential return)：

$$G_{t:t+n} \triangleq R_{t+1} - r(\pi) + R_{t+2} - r(\pi) + \cdots + R_{t+n} - r(\pi) + Q(S_{t+n}, A_{t+n}, \boldsymbol{w}). \tag{6.46}$$

實作上，(6.46)的平均獎勵$r(\pi)$爲未知，故用估測值$\bar{R}$取代。n 步差分 TD 誤差 (n-step differential TD error) 可表示成

$$\delta_t = G_{t:t+n} - Q(S_t, A_t, \boldsymbol{w}). \tag{6.47}$$

演算法 6.10 呈現差分半梯度 n 步 Sarsa，値得注意的是，回合式半梯度 n 步 Sarsa 須有額外步驟補償一開始缺少的$n-1$次更新，差分半梯度 n 步 Sarsa 則無。

▣ **演算法 6.10** 差分半梯度 n 步 Sarsa

1: 輸入：可微分函數$Q(s, a, \boldsymbol{w})$
2: 演算法參數：學習率$\alpha \in (0,1]$、$\beta \in (0,1]$；$\varepsilon > 0$
3: 初始化：加權向量$\boldsymbol{w}$爲任意向量；平均獎勵估策$\bar{R}$爲任意值
4: 輸出：基於$Q(s, a, \boldsymbol{w})$的ε貪婪策略
5: 初始化狀態S_0；
6: **For** $t = 0,1,2, \ldots$
7: $\quad A_t \leftarrow$基於$Q(S_t, \cdot, \boldsymbol{w})$的$\varepsilon$貪婪動作選擇；
8: $\quad R_{t+1}, S_{t+1} \leftarrow$執行動作$A_t$，從環境觀察獎勵和狀態；
9: $\quad \tau \leftarrow t - n + 1$
10: $\quad$ **If** $\tau \geq 0$
11: $\quad\quad \delta \leftarrow \sum_{j=\tau+1}^{\tau+n} \left(R_j - \bar{R}\right) + Q(S_{\tau+n}, A_{\tau+n}, \boldsymbol{w}) - Q(S_\tau, A_\tau, \boldsymbol{w});$
12: $\quad\quad \bar{R} \leftarrow \bar{R} + \beta\delta;$
13: $\quad\quad \boldsymbol{w} \leftarrow \boldsymbol{w} + \alpha\delta\nabla Q(S_\tau, A_\tau, \boldsymbol{w});$
14: $\quad$ **End**
15: **End**

重點回顧

1. 表格解法適用於較小且有限的狀態空間，利用有限次拜訪狀態或狀態動作配對，讓狀態或動作價值函數估測收斂至眞實價值函數。表格解法的特性是當更新狀態或狀態動作配對的價值函數時，不影響周遭的價值函數值。
2. 近似解法適用於龐大的狀態空間，利用有限次拜訪狀態或狀態動作配對，讓狀態或動作價值函數估測近似眞實價值函數。近似解法的特性是當更新狀態或狀態動作配對的價值函數時，周遭的價值函數值也會做一定程度的更新。當狀態空間較大，近似解法通常比表格解法學習速度較快。
3. 近似解法強調解的近似，適用於龐大的狀態空間；表格解法強調解的收斂，適用於較少的狀態數量。
4. 隨機梯度下降利用對狀態或狀態動作配對的隨機抽樣，來逼近使用梯度法所需的期望梯度向量。
5. 函數近似、自助法、異策略學習，這三種方法同時使用時，強化學習演算法容易有發散的情形，必須額外小心。
6. 函數近似可視爲監督式學習的特例，此時訓練實例中的輸出爲純量而非向量。
7. 函數近似可分爲線性和非線性法，瓦片編碼和類神經網路分別爲目前最常使用的線性和非線性函數近似。
8. 回合式設定 (episodic setting)、折扣設定 (discounted setting)、平均獎勵設定 (average reward setting)，這三種設定涵蓋本書表格解法和近似解法所處理的所有預測和控制問題。平均獎勵設定僅在近似解法處理控制問題時使用。
9. 圖 6.14 彙整使用近似解法衍生出的學習演算法，其返回圖見圖 6.15。

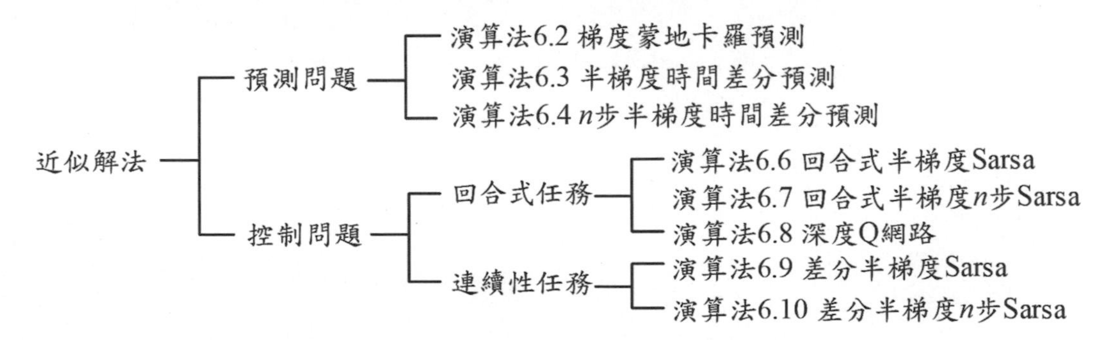

▲圖 6.14　近似解法衍生的學習演算法。

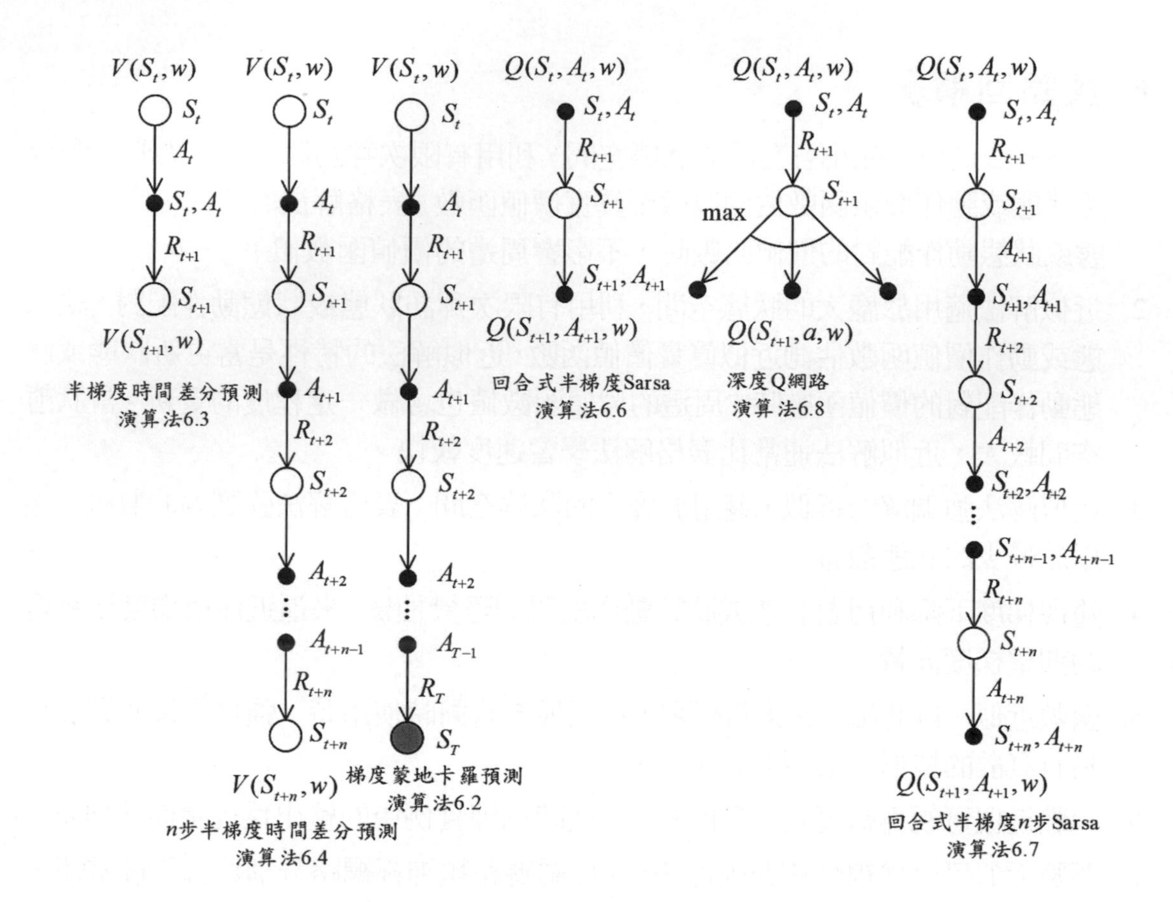

▲圖 6.15　使用近似解法的學習演算法之返回圖。

章末練習

練習 6.1 考慮(6.16)加權向量$\boldsymbol{w}$的更新方式，使用瓦片編碼，設定學習率$\alpha = 1/N$，N為瓦片層個數。證明若訓練實例(S_t, U_t)已被用來更新加權向量並獲得估測函數$V(s, \boldsymbol{w}_{t+1})$，則$V(S_t, \boldsymbol{w}_{t+1}) = U_t$。上述結果稱為一次學習 (one-trial learning)，亦即經過一次訓練實例的學習後，估測函數吻合訓練實例的輸入輸出關係。

練習 6.2 考慮(6.16)加權向量$\boldsymbol{w}$的更新方式，使用狀態聚集。證明若一個特徵只包含一個狀態，則近似解法即為表格解法。換句話說，近似解法可視為表格解法更具一般性的形式。

練習 6.3 考慮範例 6.1 山地車問題的環境設定，使用均勻隨機策略，亦即選擇動作$A_t = -1$、$A_t = 0$或$A_t = 1$的機率為$1/3$。使用演算法 6.3 的半梯度時間差分預測，撰寫程式估測均勻隨機策略的狀態價值函數。

練習 6.4 隨機產生$10^3 \times 10^3$的三色地圖，每一格為紅色R、綠色G、藍色B的機率為$1/3$，處理問題為回合式任務，折扣率為$\gamma = 1$。每一格子視為一個狀態（位置狀態），任務起點$S_0 = (1,1)$，終點$S_T = (10^3, 10^3)$。代理人動作為上、下、左、右，每選擇一次動作，代理人狀態做對應移動，若該動作導致代理人超出網格世界，則代理人位置不動。獎勵設定如下：若$S_{t+1} = \mathrm{R}$，則獎勵$R_{t+1} = -1$；若$S_{t+1} = \mathrm{G}$，則獎勵$R_{t+1} = -2$；若$S_{t+1} = \mathrm{B}$，獎勵$R_{t+1} = -3$，但若前兩次狀態滿足$S_t = \mathrm{G}$、$S_{t-1} = \mathrm{R}$，則獎勵$R_{t+1} = 3$；若$S_{t+1} = S_T$，則獎勵$R_{t+1} = 0$。使用演算法 6.6 回合式半梯度 Sarsa，撰寫程式繪製學習曲線。

練習 6.5 考慮範例 6.1 山地車問題的環境設定，使用演算法 6.8 深度 Q 網路，撰寫程式尋找最佳策略。

練習 6.6 承練習 6.4，使用演算法 6.8 深度 Q 網路，撰寫程式繪製學習曲線。

規劃與學習

若注重強化學習的線上效能，則學習速度是一項重要的考量因素。蒙地卡羅控制學習速度慢，只有在任務結束後才進行學習。為了加速學習，可用 1 步時間差分法，像是 Sarsa 和 Q 學習，可以在執行任務中學習。然而，1 步時間差分法只有「1 步長的學習距離」，以沼澤漫遊問題為例，若剛開始所有狀態動作配對的動作價值為零，則當代理人到達終點狀態，僅有終點狀態的前一步有學習經驗之累積。n 步時間差分法可進一步延長學習距離，以沼澤漫遊為例，終點狀態前 n 步皆有學習經驗之累積。

上述討論的方法屬於表格解法，只有當狀態或狀態動作配對被拜訪到，才會更新對應的狀態或動作價值。當狀態空間龐大，表格解法學習速度慢，可使用近似解法提升學習速度。圖 7.1 依據學習速度羅列前面章節介紹的強化學習方法。

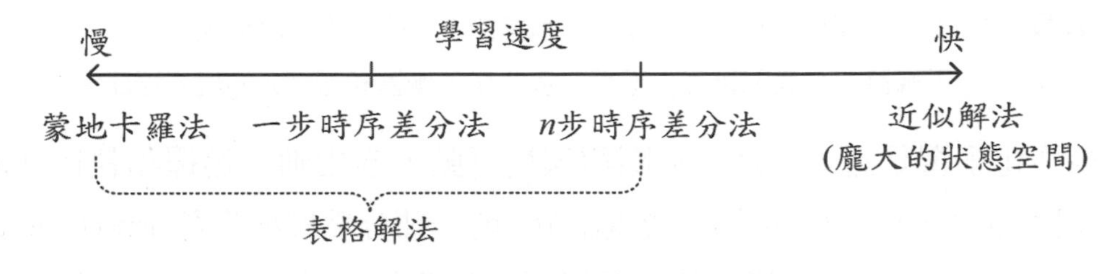

▲圖 7.1　依學習速度排序的強化學習方法。

本章於先前介紹的強化學習演算法架構下，進一步介紹加速學習的方法──「規劃」(Planning) [Chapter 8, Sutton 2018]，規劃方法本身並不是演算法，而是利用已存在的演算法加以修改，透過使用額外記憶空間或計算量來加快學習速度。

7-1 規劃

規劃是透過模型 (model) 產生策略 (policy) 的過程，此過程包含：透過模型產生模擬經驗 (simulated experience)、透過模擬經驗更新價值 (values)、透過價值產生策略，如圖 7.2 所示 [Section 8.1, Sutton 2018]。當規劃附加在強化學習演算法上，其關係可由圖 7.3 描述 [Section 8.2, Sutton 2018]，其中策略的產生有兩條路徑：上條路徑為「直接強化學習」(Direct Reinforcement Learning)，包含圖 7.1 裡的強化學習演算法；下條路徑為「間接強化學習」(Indirect Reinforcement Learning)，透經驗 (experience) 產生模型，再透過模型產生價值或策略。

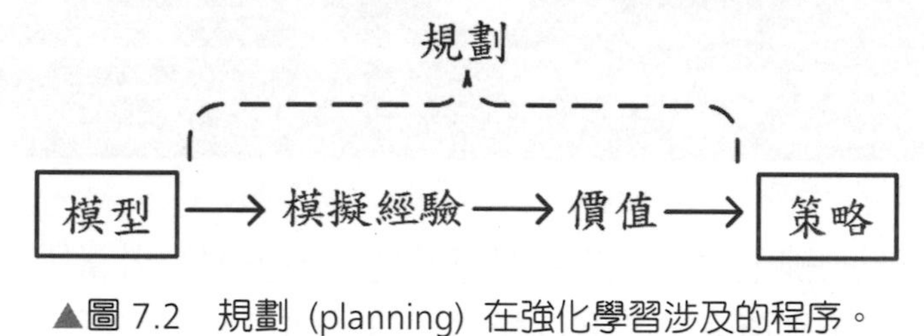

▲圖 7.2　規劃 (planning) 在強化學習涉及的程序。

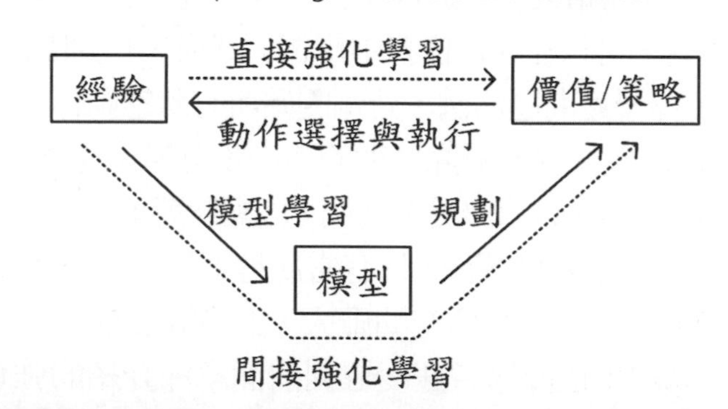

▲圖 7.3　上條路徑代表直接強化學習，包含圖 7.1 所有強化學習演算法：
下條路徑代表間接強化學習，包含模型學習和圖 7.2 的規劃程序。

直接強化學習是透過代理人實際與環境互動，經由動作選擇和執行 (acting) 來產生經驗。間接強化學習可細分成兩部分，前一部分為模型學習 (model learning)，亦即透過經驗累積來建模，後一部分為規劃，亦即圖 7.2 包含的所有程序。經驗在直接強化學習和間接強化學習都被使用，可用來直接產生價值或策略，也可用來學習模型。

圖 7.3 將價值和策略放在同一區塊裡，主要因為動作價值法是基於動作價值來建構策略，有了價值函數就等同有了策略，兩者為互通。之後會介紹另一種強化學習的方法，不需要估測價值也能學習到策略，此時不論是直接或間接強化學習都以學習策略函數為主。因此，將價值和策略放在同一個區塊較具一般性，包含了動作價值法（先學價值再衍生策略）和直接學習策略的強化學習法。

為了充分了解動作選擇和執行、直接強化學習、模型學習、規劃的具體內容，下面介紹基於表格解法的 Dyna-Q 演算法，該演算法在學習和規劃過程皆沿用 Q 學習的架構。值得一提的是，規劃不限於表格解法，也可用於近似解法 [Sutton 2012]，本章以表格解法為主是因為概念上較容易理解。

▣ 演算法 7.1 Dyna-Q

1: 演算法參數：學習率$\alpha \in (0,1]$；$\varepsilon > 0$；規劃步伐次數n

2: 初始化：在終點狀態S_T，$Q(S_T, a) = 0$，在其他狀態s，$Q(s,a)$為任意值；

$Model(s,a) = \emptyset$

3: 輸出：基於$Q(s,a)$的貪婪策略

4: **For** 每一回合

5: 　初始化狀態S'；

6: 　**For** 回合中每一時刻且S'非終點狀態

7: 　　$S \leftarrow S'$;

8: 　　$A \leftarrow$基於$Q(S,\cdot)$的ε貪婪動作選擇；

9: 　　$R, S' \leftarrow$執行動作A，從環境觀察獎勵和狀態；

10: 　　$Q(S,A) \leftarrow Q(S,A) + \alpha[R + \gamma \max_a Q(S',a) - Q(S,A)]$;

11: 　　$Model(S,A) \leftarrow R, S'$;

12: 　　**For** $k = 1{:}n$

13: 　　　$S \leftarrow$隨機選擇拜訪過的狀態；

14: 　　　$A \leftarrow$隨機選擇在狀態S使用過的動作；

15: $R, S'' \leftarrow Model(S, A);$

16: $Q(S,A) \leftarrow Q(S,A) + \alpha[R + \gamma \max_a Q(S'',a) - Q(S,A)];$

17: **End**

18: **End**

19: **End**

演算法 7.1 步驟 1 設定規劃步伐次數n (the number of learning steps)，用來決定在每一時刻要執行多少次的價值更新。步驟 3 初始化模型，該模型輸出爲在狀態動作配對(s,a)所對應的獎勵R和下個狀態S''，因此需額外使用$(\dim(\boldsymbol{S})+1)|\boldsymbol{S}||\boldsymbol{A}|$記憶空間（$\dim(\boldsymbol{S})$代表集合$\boldsymbol{S}$的維度，$|\boldsymbol{S}|$和$|\boldsymbol{A}|$分別代表集合$\boldsymbol{S}$和$\boldsymbol{A}$中元素的個數）。步驟 7~9 爲動作選擇和執行 (acting)。步驟 10 爲直接強化學習，使用 Q 學習架構。步驟 11~17 爲間接強化學習。步驟 11 爲模型學習，可考慮確定性的環境 (deterministic environment) 和隨機的環境 (stochastic environment)。若爲確定性環境，亦即在配對(s,a)，獎勵和下個狀態爲固定的R和S''，則當配對(s,a)被拜訪過，$Model(s,a)$輸出即爲固定的R和S''。若爲隨機環境，則獎勵部分可用增量實施的方式做加權平均，再由$Model(S,A)$記錄；狀態部分需統計每個狀態的發生次數，轉換成機率分布，再由$Model(S,A)$記錄。步驟 12~17 爲規劃，透過步驟 11 學到的模型產生步驟 13~15 的模擬經驗，該模擬經驗於步驟 16 更新動作價值函數。因爲模擬經驗來自模型，而模型學習來自實際拜訪過的狀態和動作，因此步驟 13 和步驟 14 必須限制在被訪過的狀態和在被訪狀態下選擇過的動作做隨機選取，否則模型沒有數值可輸出。步驟 15 用S''代表從模型輸出的下一時刻狀態，此狀態是在規劃過程產生，與代理人實際與環境互動產生的下一時刻狀態S'不同，實際產生的下一時刻狀態S'於步驟 7 轉變成當時刻狀態S。

在 Dyna-Q 的架構下，代理人每進行一次與環境的眞實互動，須接續n次透過模型的使用來做學習，此處假設代理人與環境眞實互動的時刻間隔（從t到$t+1$時刻）夠長，足夠執行規劃過程中的n次疊代。若時刻間隔長度不足，則必須設定較小的n值。另一方面，不論是直接強化學習或間接強化學習，動作價值更新皆發生在同一個 Q 表上，亦即與環境實際互動時，步驟 10 之更新會影響規劃步驟 16 之

Q 表更新，反之亦然。因此，若模型能正確地反映出環境與代理人的互動，則規劃過程所執行的n次價值更新有助於加快學習速度。

Dyna-Q 因為使用模型來更新價值函數估測，屬於基於模型的學習 (model-based learning)，同時包含直接強化學習和間接強化學習。動態規劃雖然不是學習演算法，但也使用模型──轉移機率。兩者使用的模型可進一步細分成抽樣模型 (sample model) 和分布模型 (distribution model)，Dyna-Q 使用抽樣模型，建構成本較低且較容易，動態規劃使用分佈模型，建構成本較高且較困難。

無模型的學習 (model-free learning) 僅使用直接強化學習，諸如蒙地卡羅控制、Q 學習、Sarsa、n 步時間差分控制，主要仰賴學習 (learning) 的進行。相較之下，基於模型的學習主要仰賴規劃 (planning) 的進行。一般而言，若模型正確，亦即能準確地反映出環境與代理人的互動，則基於模型的學習速度比無模型的學習速度快，但需額外的記憶空間儲存模型。

7-2 範例 7.1 與程式碼

本範例比較基於模型和無模型的 Q 學習之學習速度。當環境較簡單，模型學習較容易獲得正確的模型，以便提升學習速度。考慮圖 7.4 的沼澤漫遊網格世界，處理問題為回合式任務，折扣率為$\gamma = 1$。每一格子視為一個狀態（位置狀態），沼澤佔據第一列 10 個狀態，任務起點$S_0 = (2,1)$，終點$S_T = (2,10)$，障礙物為塗滿顏色的格子：$(2,4)$、$(3,4)$、$(4,4)$、$(3,7)$、$(4,7)$、$(5,7)$。代理人動作為上、下、左、右，每次動作選擇，代理人狀態做對應移動，但若該動作導致代理人超出網格世界或撞到障礙物，則代理人位置不動，亦即下一刻狀態等於此刻狀態。若下一刻狀態為沼澤，則獎勵為-100；若下一刻狀態為其他狀態（包含終點S_T），則獎勵為-1。

圖 7.5 比較 Dyna-Q ($n = 4$) 和 Q 學習的學習速度，橫軸為回合式任務數目，縱軸為平均報酬（40 次平均），演算法參數皆設定為學習率$\alpha = 0.1$和$\varepsilon = 0.3$。兩者經過 120 次回合式任務後，動作價值函數皆已收斂且效能幾乎相同，但在完成 120 次任務前，Dyna-Q 比 Q 學習有較好的平均報酬，亦即有較快的學習速度。

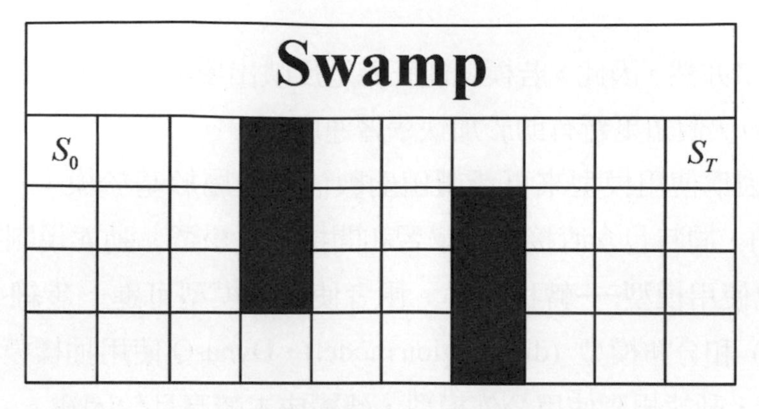

▲圖 7.4　5×10沼澤漫遊網格世界，任務起點$S_0 = (2,1)$，
終點$S_T = (2,10)$，障礙物為塗滿顏色的格子。

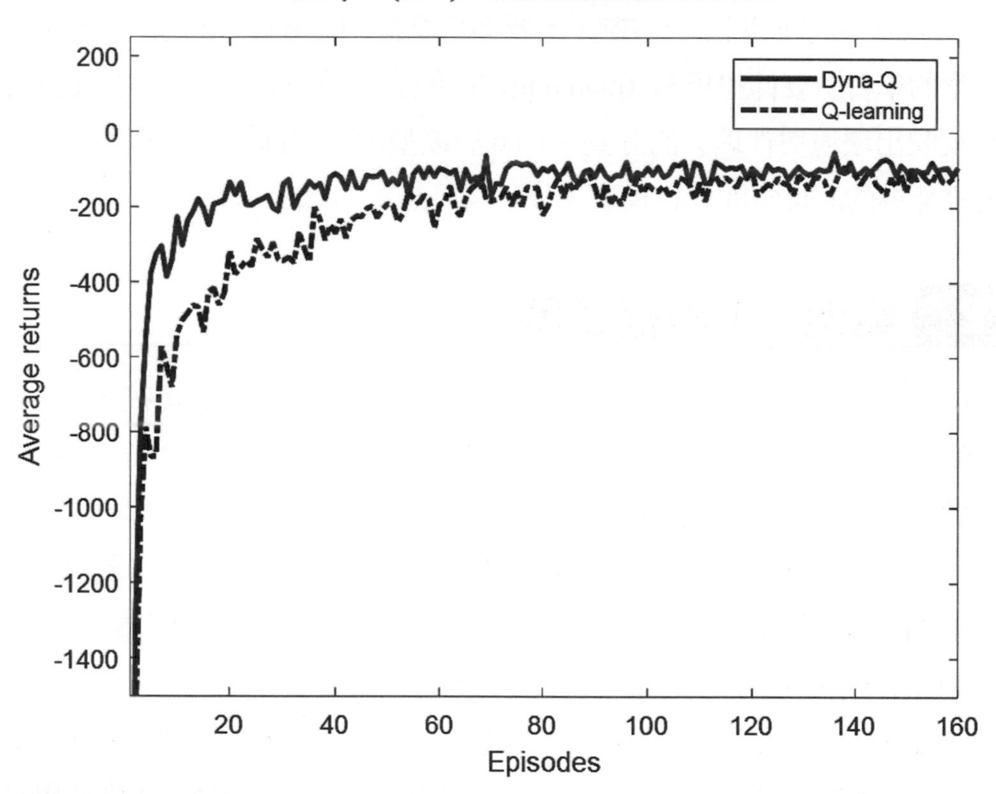

▲圖 7.5　Dyna-Q ($n = 4$) 和 Q 學習在圖 7.4 的沼澤漫遊網格世界之學習速度比較。

範例 7.1 程式碼

```
% Script
%% environment setting
L=10; % length of swamp
D=5; % width of swamp
```

```
So=[2 1]; % start state
Sg=[2 L]; % goal state

%% parameter setting
myalpha=0.1;
eps=0.3;
n=4;

%% initialization
tempQ=rand(D,L,4);    % initial Q values at each state-action pair
tempQ(Sg(1),Sg(2),:)=zeros(4,1);    % Q value of goal state equals zero

%% Q-learning
Q=tempQ;
S=So;    % start state
while norm(S-Sg)>0
        A=eps_greedy(Q,S,eps);
        [S_prime,R] = Ex7_1_env(S,A,L,D);
        Q(S(1),S(2),A)=Q(S(1),S(2),A)+myalpha*(R+...
        max(Q(S_prime(1),S_prime(2),:)) -    Q(S(1),S(2),A) );
        S=S_prime;
end

%% Dyna-Q
Q=tempQ;
Model=cell(D,L,4);
Model_visit=zeros(D,L,4); % record visited state-action pairs
S_prime=So;    % start state
while norm(S_prime-Sg)>0
        S=S_prime;
        A=eps_greedy(Q,S,eps);
        [S_prime,R] =    Ex7_1_env(S,A,L,D);
```

```
        Q(S(1),S(2),A)=Q(S(1),S(2),A)+myalpha*(R+...
        max(Q(S_prime(1),S_prime(2),:)) -   Q(S(1),S(2),A) );
        Model_visit(S(1),S(2),A)=1;   % record visited pairs
        Model{S(1),S(2),A}= [R S_prime];   % step 11
        for k=1:n
            %find visted state-action pairs (steps 13 and 14)
            Ind_visit=find(Model_visit==1);
            % randomly select a pair (steps 13 and 14)
            Ind_select=unidrnd(numel(Ind_visit));
            % extract the subsripts for cell Model (steps 13 and 14)
            [S(1),S(2),A]=ind2sub([D L 4],Ind_visit(Ind_select));
            temp=Model{S(1),S(2),A};   %   step 15
            R=temp(1);   %   step 15
            S_double_prime=temp(2:3);   %   step 15
         % step 16
         Q(S(1),S(2),A)=Q(S(1),S(2),A)+myalpha*(R+...
         max(Q(S_double_prime(1),S_double_prime(2),:))-...
         Q(S(1),S(2),A) );
        end
    end

% Function
function [S,R] = Ex7_1_env(S,A,L,D)
    Sc=S;
    % state transition
    if (A==1)&&(S(1)-1>=1)     % up
        S(1)=S(1)-1;
    end
    if (A==2)&&(S(2)+1<=L)     % right
        S(2)=S(2)+1;
    end
    if (A==3)&&(S(1)+1<=D)     % down
        S(1)=S(1)+1;
```

```
    end
    if (A==4)&&(S(2)-1>=1)      % left
        S(2)=S(2)-1;
    end
    % block detection
    if S(1)>=2 && S(1)<=4 && S(2)==4
        S=Sc;
    end
    if S(1)>=3 && S(1)<=5 && S(2)==7
        S=Sc;
    end
    % reward setting
    if S(1)==1
        R=-100;
    else
        R=-1;
    end
end
```

7-3 優先掃掠

Dyna-Q 利用模型均勻地隨機產生模擬經驗的方式，當問題規模較大時，較無效率。一般來說，由模型隨機產生的狀態動作配對，與終點狀態距離過遠，價值更新量值通常較小；只有少部分接近終點狀態的狀態動作配對，有機會產生較大的價值更新量。爲了提升規劃效率，可考慮從終點狀態附近產生狀態動作配對，但是此方式不具一般性，因爲連續性任務並無所謂的終點狀態。然而，從後（終點狀態）往前（終點狀態附近的狀態動作配對）的想法有助於發展較具一般性的方式來產生模擬經驗。

上述介紹的更新順序統稱爲「向後聚焦」(Backward Focusing)，在規劃過程中，從後面優先考量已經改變價值函數的狀態動作配對，再考量其附近的狀態動作配對。向後聚焦雖比均勻地隨機產生模擬經驗的方式更有效率，但產生的狀態動作配對並非全部一樣有用。考量到規劃過程的計算量，我們可以進一步做篩選，優先選擇價值更新量值較大的狀態動作配對，再掃過附近有機會轉移到該狀態的狀態動作配對，此方式稱為「優先掃掠」(Prioritized Sweeping) [Moore 1993]，演算法 7.2 呈現其虛擬碼。此外，還有另一個很類似優先掃掠的演算法——Queue-Dyna，有興趣的讀者可參考 [Peng 1993]。

▣ **演算法 7.2** 優先掃掠

1: 演算法參數：學習率$\alpha \in (0,1]$；$\varepsilon > 0$；規劃步伐次數n；閾值$\theta > 0$

2: 初始化：在終點狀態S_T，$Q(S_T, a) = 0$，在其他狀態s，$Q(s, a)$為任意值；

   $Model(s, a) = \emptyset$；$PQueue = \emptyset$

3: 輸出：基於$Q(s, a)$的貪婪策略

4: **For** 每一回合

5: 初始化狀態S'；

6: **For** 回合中每一時刻且S'非終點狀態

7: $S \leftarrow S'$;

8: $A \leftarrow$基於$Q(S,\cdot)$的ε貪婪動作選擇；

9: $R, S' \leftarrow$執行動作A，從環境觀察獎勵和狀態；

10: $Model(S, A) \leftarrow R, S'$；

11: $P \leftarrow |R + \gamma \max_a Q(S', a) - Q(S, A)|$;

12: **If** $P > \theta$或$PQueue = \emptyset$

13: $PQueue \leftarrow$優先順序為P的S, A；

14: **End**

15: **For** $k = 1{:}n$

16: $S, A \leftarrow$選取在$PQueue$中有最大P值(最高優先順序）的狀態動作配對

17: $R, S'' \leftarrow Model(S, A)$;

18: $Q(S, A) \leftarrow Q(S, A) + \alpha[R + \gamma \max_a Q(S'', a) - Q(S, A)]$;

19: **For** 所有會轉移到S的狀態動作配對$(\bar{S}, \bar{A})$

20: $\bar{R} \leftarrow Model(\bar{S}, \bar{A})$;

21: $P \leftarrow |\bar{R} + \gamma \max_a Q(S, a) - Q(\bar{S}, \bar{A})|$;

22: **If** $P > \theta$
23: $PQueue$ ←優先順序爲P的$\bar{S}, \bar{A}$；
24: **End**
25: **End**
26: **End**
27: **End**
28: **End**

演算法 7.2 步驟 1 的閾值θ，是用來決定是否於佇列 $PQueue$ 中，記錄特定之狀態動作配對。被記錄在 $PQueue$ 的配對，代表其動作價值更新之數值較大，鄰近的配對將會優先被掃過 (sweep)。步驟 10 爲模型學習，是將代理人與環境互動獲得的資訊建構抽樣模型$Model(S, A)$，該模型的輸出爲下一刻獎勵與狀態。步驟 11 的P值是用來量測狀態動作配對所造成的更新數值量，亦即$R + \gamma \max_a Q(S', a)$和$Q(S, A)$差值的絕對值。若$P$值越大，則該配對的動作價值更新越重要，且其附近的狀態動作配對也較有機會具備較大的P值。步驟 12~14 將超過閾值θ的狀態動作配對存進佇列$PQueue$裡。爲確保接下來的規劃佇列$PQueue$有資訊可使用，當$PQueue$爲空集合時，拜訪過的狀態動作配對不論其P值大小，皆存進$PQueue$。步驟 15~26 爲規劃，值得注意的是，Dyna-Q 在學習和規劃過程，皆有動作價值更新，但在優先掃掠演算法中，僅在規劃過程做動作價值更新。步驟 16~18，依據P值優先將順位最高的狀態動作配對做價值更新。步驟 19~21 則針對步驟 16~18 選出的狀態，計算在其附近有機會轉移過去的狀態動作配對之P值，但不做任何價值更新。因爲演算法僅在步驟 18 做動作價值更新，根據步驟 16 和 17，該更新優先掃過有最大P值的狀態動作配對，因此稱爲優先掃掠演算法。

7-4 內在動機

Dyna-Q 和優先掃掠是利用準確的模型提高學習速度，但當環境爲非穩定的 (nonstationary)，原本準確的模型可能變成不準確，此時必須有相關修正機制。「內在動機」(Intrinsic Motivation)，是一種類似人類求知慾的機制，針對很久沒有拜訪過的狀態動作配對，代理人自身提高獎勵以便鼓勵更多的探索，達到模型修正的目的。

代理人自身提高的獎勵稱爲「內在獎勵」(Intrinsic Reward)，考慮內在獎勵 (intrinsic reward) 的使用，代理人實際接收到的獎勵可表示成

$$R \leftarrow R + \kappa\sqrt{\tau}. \tag{7.1}$$

上式中，R爲環境給予的獎勵，τ爲狀態動作配對從上次被拜訪迄今所經過的時間步數 (time steps)，κ爲數值小的正數，$\kappa\sqrt{\tau}$即代表內在獎勵。(7.1)用平方根和加權κ來控制內在獎勵不會隨時間增長太快，避免代理人實際接收到的獎勵無上界，影響演算法收斂性。

內在動機 (intrinsic motivation) 可透過內在獎勵的使用來實現。以 Dyna-Q 的架構來說，內在獎勵的使用通常搭配另外兩個修改。其一，規劃過程中在被拜訪過的狀態下，可選擇於現實環境互動中未使用過的動作，因此有機會於規劃過程中產生於現實環境互動中未出現的狀態動作配對。相較之下，Dyna-Q 在規劃時只允許選擇使用過的動作。其二，若這些於現實環境互動中未出現的狀態動作配對在規劃過程中被選到，則環境給予的獎勵爲零且下一時刻狀態等於此刻狀態($S_t = S_{t+1}$)。

演算法 7.3 Dyna-Q+是基於 Dyna-Q 的架構，利用內在動機的概念讓代理人能在非穩定環境不斷修正模型。

▣ **演算法 7.3** Dyna-Q+

1: 演算法參數：學習率$\alpha \in (0,1]$；$\varepsilon > 0$；規劃步伐次數n；$\kappa > 0$

2: 初始化：在終點狀態S_T，$Q(S_T, a) = 0$，在其他狀態s，$Q(s, a)$爲任意值；

$Model(s, a) = \emptyset$

3: 輸出：基於$Q(s, a)$的貪婪策略

4: **For** 每一回合

```
5:          初始化狀態S′；
6:          For 回合中每一時刻且S′非終點狀態
7:              S ← S′;
8:              A ←基於Q(S,·)的ε貪婪動作選擇；
9:              R,S′ ←執行動作A，從環境觀察獎勵和狀態；
10:             Q(S,A) ← Q(S,A) + α[R + γmax_a Q(S′,a) − Q(S,A)];
11:             Model(S,A) ← R,S′;
12:             For k = 1:n
13:                 S ←隨機選擇拜訪過的狀態；
14:                 A ←隨機選擇在狀態S可用的動作；
15:                 If 配對(S,A)未被拜訪過
16:                     R ← 0; S″ ← S;
17:                 Else
18:                     R,S″ ← Model(S,A);
19:                 End
20:                 τ ←配對(S,A)從上次被拜訪迄今所經過的時間步數；
21:                 R ← R + κ√τ;
22:                 Q(S,A) ← Q(S,A) + α[R + γmax_a Q(S″,a) − Q(S,A)];
23:             End
24:         End
25: End
```

演算法 7.3 步驟 15~19 依據狀態動作配對(S,A)是否有被拜訪過的條件，分別處理獎勵和下一時刻狀態之設定。此處的被「拜訪」是指代理人於環境互動時出現該狀態動作配對，而非於規劃中出現。步驟 14 動作A之選擇機制與 Dyna-Q 不同，不需考慮是否能與步驟 13 產生的狀態S形成被拜訪過的狀態動作配對(S,A)。若狀態動作配對沒有被拜訪過，則模型裡沒有資料可以輸出，步驟 16 設定獎勵爲零且下一時刻狀態等於此刻狀態；若狀態動作配已被拜訪過，則模型裡有資料可以輸出，亦即執行步驟 18。因爲使用內在獎勵來鼓勵探索，企圖發現模型可能的錯誤，步

驟 20 先計算配對(S,A)從上次被拜訪迄今所經過的時間步數τ，於步驟 21 將環境給予的獎勵R加上內在獎勵$\kappa\sqrt{\tau}$，實現代理人的內在動機之機制。此時，久久未被拜訪的配對會累積較大的τ值，進而增大獎勵，提高該配對的動作價值。當動作價值被提高時，代理人有較高的機率於環境互動中拜訪該配對，進而修正模型。

總結上述討論，Dyna-Q+主要是在 Dyna-Q 的架構下，增加三個額外的機制。第一個增加的機制爲演算法 7.3 步驟 14，允許選取任意動作，換句話說，規劃過程中產生的狀態動作配對可以於現實環境互動中未出現。若該配對未出現過，則模型沒有對應的輸出可供使用，因此需要另一個機制做修正。第二個增加的機制爲演算法 7.3 步驟 15 的條件式，讓產生的狀態動作配對，即便於現實環境互動中未出現，仍能有對應輸出。第三個增加的機制爲演算法 7.3 步驟 21 的內在獎勵使用，鼓勵代理人探索過久未拜訪的狀態動作配對。值得一提的是，Dyna-Q+透過內在獎勵提高動作價值，與先前介紹的樂觀初始值 (optimistic initial values) 設定，皆可用來鼓勵代理人探索。不同處在於，樂觀初始值的設定僅在任務開始時有效，不具一般性，而內在獎勵的設定於代理人學習過程中都有效，較具一般性。

7-5 範例 7.2 與程式碼

本範例比較基於模型的學習演算法 Dyna-Q 和 Dyna-Q+。考慮圖 7.6 的網格世界，處理問題爲回合式任務，折扣率爲$\gamma = 1$。每一格子視爲一個狀態（位置狀態），障礙物爲塗滿顏色的格子，任務起點$S_0 = (2,1)$，終點$S_T = (2,10)$。代理人動作爲上、下、左、右，每次動作選擇，代理人狀態做對應移動，但若該動作導致代理人超出網格世界或撞到障礙物，則代理人位置不動，亦即下一刻狀態等於此刻狀態。不論下一刻狀態爲何，代理人獲得獎勵爲-10。環境經過 200 次回合後，障礙物(1,3)將消失，產生新的捷徑。

演算法參數設定爲：$\alpha = 0.1$、$\varepsilon = 0.1$、$n = 4$、$\kappa = 0.1$（Dyna-Q+）。圖 7.7 橫軸爲回合式任務數目，縱軸顯示 Dyna-Q 和 Dyna-Q+的平均報酬（20 次平均）。200 次回合後環境改變，Dyna-Q+的內在獎勵將慢慢增大，在大約 500 次回合後累積足夠的內在動機探索可能的新路徑，並在發現新的捷徑後提高報酬。相較之下，Dyna-Q 在 1000 次回合內沒有發現新的捷徑。

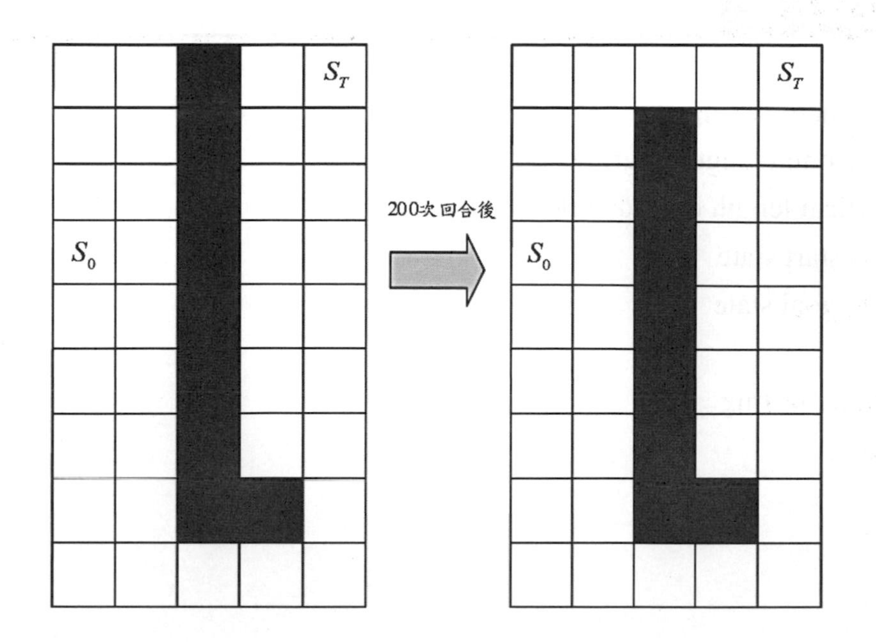

▲圖 7.6　9 × 5網格世界，任務起點$S_0 = (4,1)$，終點$S_T = (1,5)$，
障礙物為塗滿顏色的格子，環境經過 200 次回合後，從左圖變成右圖。

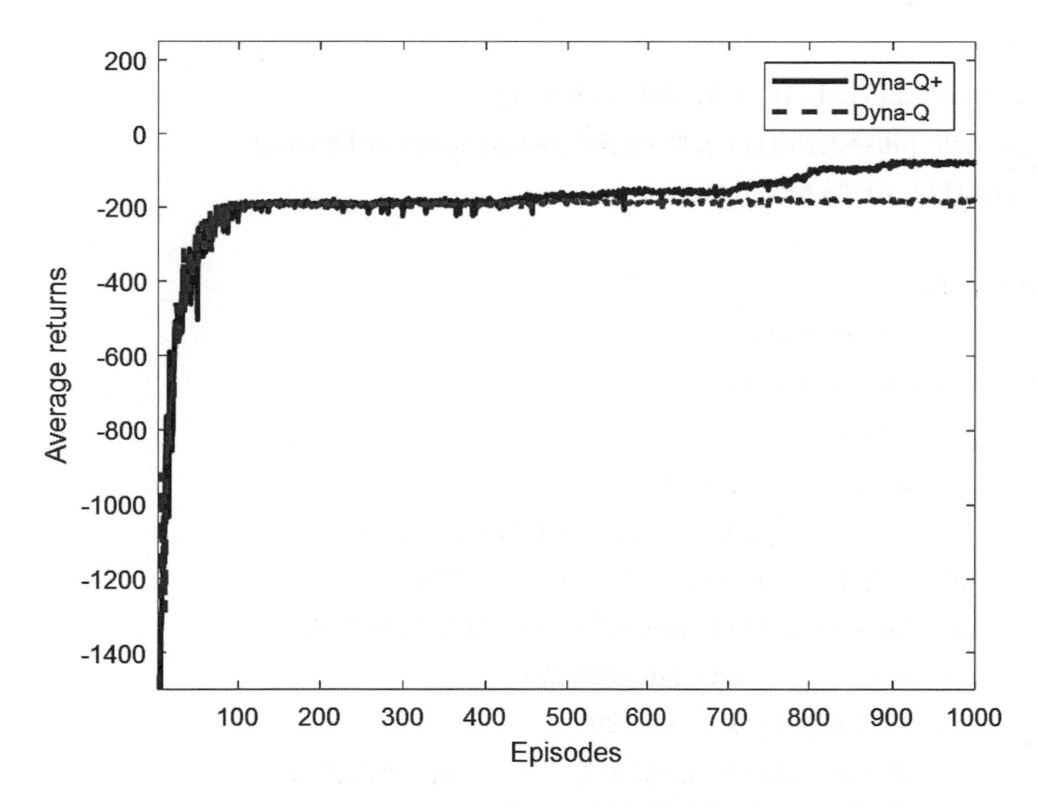

▲圖 7.7　Dyna-Q 和 Dyna-Q+在圖 7.6 的非穩態網格世界之效能比較。

範例 7.2 程式碼

```
% Script
%% environment setting
L=5; % horizontal length of gridworld
D=9; % vertical length of gridworld
So=[4 1]; % start state
Sg=[1 L]; % goal state

%% parameter setting
myalpha=0.1;
eps=0.1;
n=4;
kappa=0.1;

%% initialization
num_epi=1000;
Q=tempQ;
Model_plus=cell(D,L,4); % Model of Dyna-Q+
Model_visit_plus=zeros(D,L); % record visited states of Dyna-Q+
tau=zeros(D,L,4); % record tau

%% Dyna-Q+
S_prime=So;    % start state
while norm(S_prime-Sg)>0
        S=S_prime;
        A=eps_greedy(Q,S,eps);
        [S_prime,R] =    Ex7_2_env(S,A,L,D,epi,num_epi);
        Q(S(1),S(2),A)=Q(S(1),S(2),A)+myalpha*(R+…
        max(Q(S_prime(1),S_prime(2),:)) -    Q(S(1),S(2),A) );
        tau=tau+1;     % track tau (step 20)
        tau(S(1),S(2),A)=0; % step 20
        Model_visit_plus(S(1),S(2))=1;     % record visited pairs
        Model_plus{S(1),S(2),A}= [R S_prime];     % step 11
```

```
        for k=1:n
            Ind_visit=find(Model_visit_plus==1);    % step 13
            Ind_select=unidrnd(numel(Ind_visit));    % step 13
            [S(1),S(2)]=ind2sub([D L],Ind_visit(Ind_select)); % step 13
            A=unidrnd(4); % step 14
            temp=Model_plus{S(1),S(2),A};
            % steps 15-19
            if isempty(temp)
                R=0;
                S_double_prime=S;
            else
                R=temp(1);
                S_double_prime=temp(2:3);
            end
            R=R+kappa*(tau(S(1),S(2),A))^0.5; % step 21
            Q(S(1),S(2),A)=Q(S(1),S(2),A)+myalpha*(R+...
            max(Q(S_double_prime(1),S_double_prime(2),:)) -...
            Q(S(1),S(2),A) ); % step 22
        end
end

% Function
function [S,R] = Ex7_2_env(S,A,L,D,epi,num_epi)
    Sc=S;
    % state transition
    if (A==1)&&(S(1)-1>=1)    % up
        S(1)=S(1)-1;
    end
    if (A==2)&&(S(2)+1<=L)    % right
        S(2)=S(2)+1;
    end
    if (A==3)&&(S(1)+1<=D)    % down
```

```
            S(1)=S(1)+1;
        end
        if (A==4)&&(S(2)-1>=1)      % left
            S(2)=S(2)-1;
        end
        % nonstationary environment
        if epi<= num_epi/5
            b=1;
        else
            b=2;
        end
        % block detection
        if S(1)>=b && S(1)<=D-1 && S(2)==3
           S=Sc;
        end
        if S(1)==D-1 && S(2)>=4 && S(2)<=L-1
           S=Sc;
        end
        R=-10;
end
```

重點回顧

1. 規劃是透過模型產生策略的過程，此過程包含：透過模型產生模擬經驗、透過模擬經驗更新價值、透過價值產生策略。
2. 策略的產生可分爲直接強化學習和間接強化學習，直接強化學習由經驗直接產生策略，間接強化學習透過經驗學習模型，再由模型產生策略。
3. 代理人與環境互動獲得的經驗，可用來直接產生策略，也可用來學習模型。
4. 模型可區分爲分布模型和抽樣模型，舉例來說，動態規劃使用分布模型，Dyna-Q 和 Dyna-Q+使用抽樣模型。
5. 無模型的學習僅使用直接強化學習，基於模型的學習使用直接強化學習和間接強化學習。
6. Dyna-Q、優先掃掠、Dyna-Q+皆是基於模型的學習演算法。優先掃掠和 Dyna-Q+分別補足 Dyna-Q 的缺點——無差別的更新順序和無法偵測因環境改變而產生的更有效率執行方式。
7. 優先掃掠是利用向後聚焦的方式，優先選擇價值更新量值較大的狀態動作配對，再掃過附近有機會轉移到該狀態的狀態動作配對。
8. Dyna-Q+是利用內在動機的概念，模擬類似人類求知慾的機制，針對很久沒有拜訪過的狀態動作配對，提高代理人對其探索的慾望。內在動機可利用內在獎勵的設定來實現。
9. 圖 7.8 彙整本章介紹的基於模型之強化學習演算法。

基於模型的學習
- 演算法7.1 Dyna-Q
- 演算法7.2 優先掃掠
- 演算法7.3 Dyna-Q+

▲圖 7.8　基於模型的強化學習演算法。

章末練習

練習 7.1 考慮範例 7.1，撰寫程式分析不同規劃步伐次數n對 Dyna-Q 學習曲線的影響。

練習 7.2 考慮下圖三色地圖，R 代表紅色、G 代表綠色、B 代表藍色，處理問題為回合式任務，折扣率為$\gamma = 1$。每一格子視為一個狀態(位置狀態)，任務起點$S_0 = (1,1)$，終點$S_T = (1,10)$。代理人動作為上、下、左、右，每選擇一次動作，代理人狀態做對應移動，若該動作導致代理人超出網格世界，則代理人位置不動。獎勵設定如下：若$S_{t+1} = \mathrm{R}$，則獎勵$R_{t+1} = -1$；若$S_{t+1} = \mathrm{G}$，則獎勵$R_{t+1} = -2$；若$S_{t+1} = \mathrm{B}$，獎勵$R_{t+1} = -3$，但若前兩次狀態滿足$S_t = \mathrm{G}$、$S_{t-1} = \mathrm{R}$，則獎勵$R_{t+1} = 3$；若$S_{t+1} = S_T$，則獎勵$R_{t+1} = 0$。使用範例 7.1 的演算法參數，撰寫程式比較 Q 學習和 Dyna-Q 的學習曲線。

S_0	R	G	R	R	G	B	B	R	S_T
R	G	B	R	G	G	R	R	G	B
G	B	R	G	B	R	B	G	B	R
R	G	G	B	R	B	G	R	G	B

練習 7.3 承練習 7.2，假設經過 200 次回合式任務後，彩色地圖變成下圖（顏色標籤的位移顯示其改變處），使用範例 7.2 的演算法參數，撰寫程式比較 Dyna-Q 和 Dyna-Q+的學習曲線。

S_0	R	G	R	R	G	B	B	R	S_T
R	G	B	R	G	G	R	R	G	B
G	B	R	G	B	R	B	G	B	R
R	G	G	B	R	G	B	R	G	B

練習 7.4 撰寫演算法 7.2 的優先掃掠程式，針對圖 7.4 呈現的回合式任務，比較 Q 學習、Dyna-Q、優先掃掠的學習曲線。

練習 7.5 承練習 7.2，撰寫程式比較優先掃掠和 Dyna-Q 的學習曲線。

資格跡與學習

上一章介紹了規劃，可用來提升學習速度。本章介紹另一個可加速學習的方法——「資格跡」(Eligibility Traces) [Chapter 12, Sutton 2018]。資格跡和規劃一樣，本身並不是強化學習演算法，而是加附在現存演算法上面。資格跡可和表格解法和近似解法做搭配，當附加在近似解法上時，梯度向量以資格跡取代。另一方面，若將表格解法視爲近似解法的特例，則可直接從資格跡在近似解法的使用，推導出資格跡在表格解法的使用。因此，本章先介紹在近似解法框架下資格跡的使用，再討論在表格解法框架下資格跡的使用。

除了將資格跡視爲加速器外，資格跡可與時間差分法搭配，衍生出 TD(λ)演算法。n步時間差分法使用參數n，TD(λ)使用參數λ，兩者皆可用個別的參數來展開強化學習演算法頻譜。雖然在數學推導上彼此間沒有直接的關係，但當兩者參數在若干特定值時，會衍生出相同或類似的強化學習演算法。舉例來說，$\lambda = 0$的 TD(0)，就是1步時間差分法；$\lambda = 1$的 TD(1)，其效能近似於蒙地卡羅法（n趨近於無窮大的n步時間差分法）。此處的效能是指在固定數量的回合式任務學習下，以預測問

題的均方根誤差 (root mean square error) 爲量測基準 [Figure 12.3, Sections 12.1, Sutton 2018]，未涵蓋學習速度之比較。

然而，資格跡與n步時間差分法也有許多不同處，如：資格跡使用某一種考量若干種類的複合報酬做更新 (compound update)，n步時間差分法僅使用n步報酬做更新；資格跡不須存取最後n步的特徵向量，而是使用資格跡向量 (eligibility trace vector)；資格跡的計算量均勻分布在學習過程，不須延遲n步且在任務結束後補做價值更新。

本章將介紹資格跡與時間差分法搭配所衍生出的演算法，包含使用參數λ的離線預測方法和使用資格跡的線上預測方法，以及使用參數λ的離線控制方法和使用資格跡的線上控制方法，如圖 8.1 所示。

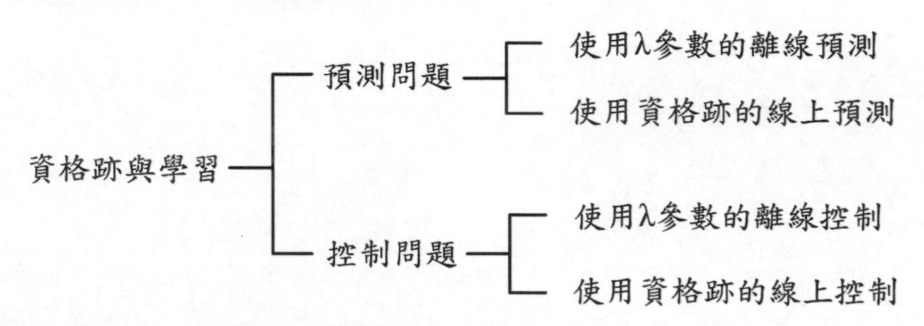

▲圖 8.1　資格跡與時間差分法搭配所衍生出的演算法分類。

8-1 資格跡和λ報酬

使用參數$\lambda \in [0,1]$代表資格跡的使用，定義「λ報酬」(λ-Return)：

$$G_t^{\lambda} \triangleq (1-\lambda)\sum_{n=1}^{\infty}\lambda^{n-1}G_{t:t+n}. \tag{8.1}$$

上式的n步報酬$G_{t:t+n}$定義爲

$$G_{t:t+n} = R_{t+1} + \gamma R_{t+2} + \cdots + \gamma^{n-1}R_{t+n} + \gamma^{n}V(S_{t+n}, \boldsymbol{w}_{t+n-1}). \qquad \text{[參考(6.17)]}$$

若終點時刻爲 T，則(8.1)可表示成

$$G_t^{\lambda} = (1-\lambda)\sum_{n=1}^{T-t-1}\lambda^{n-1}G_{t:t+n} + \lambda^{T-t-1}G_t. \tag{8.2}$$

(8.2)中的λ報酬形式有幾點值得注意。第一，λ報酬包含了所有回合式任務結束前的n步報酬，亦即$G_{t:t+1}, G_{t:t+2}, G_{t:t+3}, \dots, G_{t:T-1}, G_{t:T}$，這些報酬對應到各自與$\lambda$有關的加權值。第二，加權值隨著$n$增加而變小，最後一項報酬$G_{t:T} = G_t$的加權值爲$\lambda^{T-t-1}$，其他$n$步報酬每增加一步加權值乘上$\lambda$倍。加權值總合爲 1，換句話說，$\lambda$報酬可視爲所有$n$步報酬的加權和。第三，若$\lambda = 0$，則$G_t^\lambda = G_{t:t+1}$是1步報酬，使用$G_t^\lambda$做更新即爲 1 步時間差分法；若$\lambda = 1$，則$G_t^\lambda = G_t$是完整報酬，使用$G_t^\lambda$做更新即爲蒙地卡羅法。

計算λ報酬的返回圖如圖 8.2 所示。若使用λ報酬爲更新目標 (target)，則近似解法裡加權向量的更新規則可表示成

$$\boldsymbol{w}_{t+1} = \boldsymbol{w}_t + \alpha\left[G_t^\lambda - V(S_t, \boldsymbol{w}_t)\right]\nabla_{\boldsymbol{w}_t} V(S_t, \boldsymbol{w}_t), t = 0,1,\dots,T-1. \quad (8.3)$$

使用上述更新式作策略評估的演算法稱爲「離線λ報酬演算法」(Offline λ-Reruen Algorithm)，虛擬碼如演算法 8.1 所示。

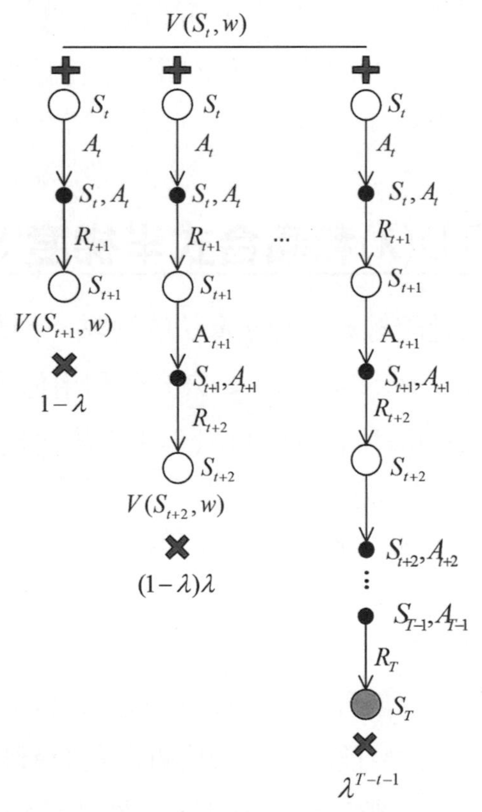

▲圖 8.2　計算λ報酬的返回圖（離線 λ 報酬演算法和 TD(λ)的返回圖）。

▣ 演算法 8.1 離線 λ 報酬演算法

1: 輸入：策略π；可微分函數$V(s,\boldsymbol{w})$

2: 演算法參數：學習率$\alpha \in (0,1]$；參數$\lambda \in [0,1]$

3: 初始化：加權向量$\boldsymbol{w}$爲任意向量

4: 輸出：價值函數$V(s,\boldsymbol{w})$

5: **For** 每一回合

6: 　　用π產生軌跡$S_0, A_0, R_1, S_1, A_1, R_2, \dots, S_{T-1}, A_{T-1}, R_T$;

7: 　　**For** $t = 0,1,\dots,T-1$

8: 　　　　$\boldsymbol{w} \leftarrow \boldsymbol{w} + \alpha\left[G_t^\lambda - V(S_t,\boldsymbol{w})\right]\nabla_{\boldsymbol{w}} V(S_t,\boldsymbol{w})$;

9: 　　**End**

10: **End**

演算法 8.1 基本上沿用梯度蒙地卡羅預測的架構，僅將步驟 8 的更新目標用λ報酬取代。當$\lambda = 1$時，我們有$G_t^\lambda = G_t$，此時離線 λ 報酬演算法就是梯度蒙地卡羅預測。因爲G_t^λ包含所有小於T的n步報酬，必須等任務結束才能計算，因此跟蒙地卡羅法一樣是離線學習演算法。

8-2 半梯度 TD(λ)和回合式半梯度 Sarsa(λ)

爲了能線上學習並改進離線 λ 報酬演算法的缺點，半梯度(semi-gradient) TD(λ)使用資格跡向量 (eligibility trace vector) $\boldsymbol{z}_t$來充分利用過去梯度向量$\nabla_{\boldsymbol{w}} V(S_t,\boldsymbol{w})$、$\nabla_{\boldsymbol{w}} V(S_{t-1},\boldsymbol{w})$、$\nabla_{\boldsymbol{w}} V(S_{t-2},\boldsymbol{w})$等所包含的資訊。資格跡向量$\boldsymbol{z}_t$由下式計算：

$$\boldsymbol{z}_{-1} = \boldsymbol{0},\ \boldsymbol{z}_t = \gamma\lambda\boldsymbol{z}_{t-1} + \nabla_{\boldsymbol{w}_t} V(S_t,\boldsymbol{w}_t). \tag{8.4}$$

參數λ在上式中扮演「跡衰退率」(Trace Decay Rate)的角色，γ是折扣率。資格跡向量$\boldsymbol{z}_t$除了包含當時刻的梯度向量$\nabla_{\boldsymbol{w}_t} V(S_t,\boldsymbol{w}_t)$，也包含之前的梯度向量資訊$\boldsymbol{z}_{t-1}$，但舊資訊因跡衰退率的關係，對目前時刻的資格跡向量影響較小。値得注意的是，資格跡向量的使用並只侷限在函數近似的方法，只要演算法有涉及梯度向量∇f的使用，該梯度向量即可用資格跡向量$\boldsymbol{z}$取代，亦即

$$\mathbf{z}_{-1} = \mathbf{0},\ \mathbf{z}_t = \gamma\lambda\mathbf{z}_{t-1} + \nabla f. \tag{8.5}$$

TD(λ)使用時間差分誤差 (TD error)：

$$\delta_t = R_{t+1} + \gamma V(S_{t+1}, \mathbf{w}_t) - V(S_t, \mathbf{w}_t). \tag{8.6}$$

時間差分誤差δ_t和資格跡向量$\mathbf{z}_t$可用來更新加權向量：

$$\mathbf{w}_{t+1} = \mathbf{w}_t + \alpha\delta_t\mathbf{z}_t \tag{8.7}$$

上式的資格跡向量$\mathbf{z}_t$屬於短期記憶 (short-term memory)，記憶期間比回合式任務期間短；加權向量$\mathbf{w}_t$屬於長期記憶 (long-term memory)，記憶期間橫跨回合式任務。

TD(λ)使用資格跡向量，是利用「往後觀點」(Backward View)，在目前時刻往後觀察過去的梯度向量資訊。此觀點也稱爲「機械觀點」(Mechanistic View)，因爲對機器而言，只有過去和現在的行爲，會影響機器目前的狀態。相較於往後觀點，前面章節的演算法和本節的離線 λ 報酬演算法使用「往前觀點」 (Forward View)，在當下時刻看未來可能獲得的報酬並做安排，像是n步報酬$G_{t:t+n}$和λ報酬G_t^λ，皆包含未來資訊。因爲未來還沒發生，所以往前觀點 (forward view) 是從理論的角度出發，實作上必須等n步或任務結束，才能將資訊做累積處理。因此，往前觀點又稱爲「理論觀點」(Theoretical View)。

數值上可以說明，使用往後或機械觀點與使用往前或理論觀點的強化學習，演算法收斂後獲得的價值函數或策略其差異不大。舉例來說，文獻[Figure 12.6, Section 12.2, Sutton 2018]考量固定數量的回合式任務學習下，以預測問題的均方根誤差 (root mean square error) 爲量測基準，比較使用往前觀點的離線 λ 報酬演算法和使用往後觀點的 TD(λ)，兩者在相同的跡衰退率λ和學習率α下，獲得相似的均方根誤差值（上述比較未涉及學習速度之差異）。因此，TD(λ)和離線 λ 報酬演算法視爲使用相同的返回圖，如圖 8.2。

一般來說，與使用往前觀點的 n 步法 (n-step methods) 相比，使用往後觀點的演算法有下述幾點優勢：第一，只耗費一個跡向量的記憶空間，不需耗費 n 個特徵向量的記憶空間。第二，學習過程是連續 (continually) 且均勻 (uniformly)，亦即學習於每一步都在進行，相較之下，n 步法必須延後 n 步才開始學習，並在任務結束後補齊一開始缺少的 n-1 次更新。

TD(λ)的完整虛擬碼如演算法 8.2 所示。

▣ **演算法 8.2** 半梯度 TD(λ)

1: 輸入：策略π；可微分函數$V(s,\boldsymbol{w})$
2: 演算法參數：學習率$\alpha \in (0,1]$；跡衰退率λ
3: 初始化：加權向量$\boldsymbol{w}$為任意向量，$V(S_T,\boldsymbol{w}) = 0$
4: 輸出：價值函數$V(s,\boldsymbol{w})$
5: **For** 每一回合
6: 　　初始化狀態S；
7: 　　$\boldsymbol{z} \leftarrow \boldsymbol{0}$;
8: 　　**For** 回合中每一時刻且S非終點狀態
9: 　　　　$A \leftarrow$根據狀態S，用π產生動作；
10: 　　　　$R, S' \leftarrow$執行動作A，從環境觀察獎勵和狀態；
11: 　　　　$\boldsymbol{z} \leftarrow \gamma\lambda\boldsymbol{z} + \nabla_{\boldsymbol{w}} V(S,\boldsymbol{w})$;
12: 　　　　$\delta \leftarrow R + \gamma V(S',\boldsymbol{w}) - V(S,\boldsymbol{w})$;
13: 　　　　$\boldsymbol{w} \leftarrow \boldsymbol{w} + \alpha\delta\boldsymbol{z}$;
14: 　　　　$S \leftarrow S'$;
15: 　　**End**
16: **End**

演算法 8.2 步驟 2，若跡衰退率$\lambda = 0$，則步驟 10 的資格跡向量$\boldsymbol{z}$即為梯度向量$\nabla_{\boldsymbol{w}} V(S,\boldsymbol{w})$，因此，TD(0)就是 1 步時間差分法。演算法雖然處理回合式任務，但其架構可應用到連續性任務。步驟 7 於每次回合式任務開始，設定資格跡向量為零向量，亦即(8.4)的第一式。步驟 11 為(8.4)的第二式，在回合式任務中累積過去的梯度向量資訊。

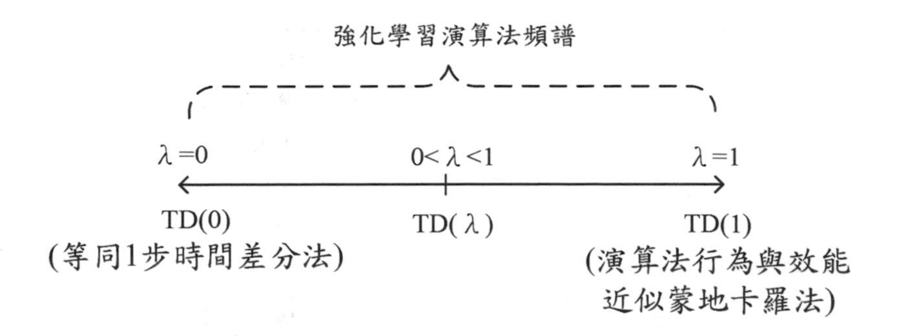

▲圖 8.3　TD(λ)展開的強化學習演算法頻譜。

圖 8.3 統整 TD(λ)展開的強化學習演算法頻譜，頻譜的左側爲$\lambda = 0$的TD(0)，等同於 1 步時間差分法，中間爲$0 < \lambda < 1$，右側爲$\lambda = 1$的TD(1)，其演算法行爲與效能與蒙地卡羅法相近。

考慮處理回合式任務的控制問題，需將狀態價值函數更新換成動作價值函數更新。以離線λ報酬演算法爲基礎，其更新規則對應的動作價值形式 (action-value form)爲：

$$\boldsymbol{w}_{t+1} = \boldsymbol{w}_t + \alpha\left[G_t^\lambda - Q(S_t, A_t, \boldsymbol{w}_t)\right]\nabla_{\boldsymbol{w}_t} Q(S_t, A_t, \boldsymbol{w}_t), \qquad t = 0,1,\ldots,T-1 \tag{8.8}$$

上式$G_t^\lambda = (1-\lambda)\sum_{n=1}^{T-t-1}\lambda^{n-1}G_{t:t+n} + \lambda^{T-t-1}G_t$包含的所有 n 步報酬也須表示成動作價值形式：

$$G_{t:t+n} = R_{t+1} + \gamma R_{t+2} + \cdots + \gamma^{n-1}R_{t+n} + \gamma^n Q(S_{t+n}, A_{t+n}, \boldsymbol{w}_{t+n-1}) \tag{8.9}$$

報酬計算之返回圖如圖 8.4 所示，虛擬碼於演算法 8.3。

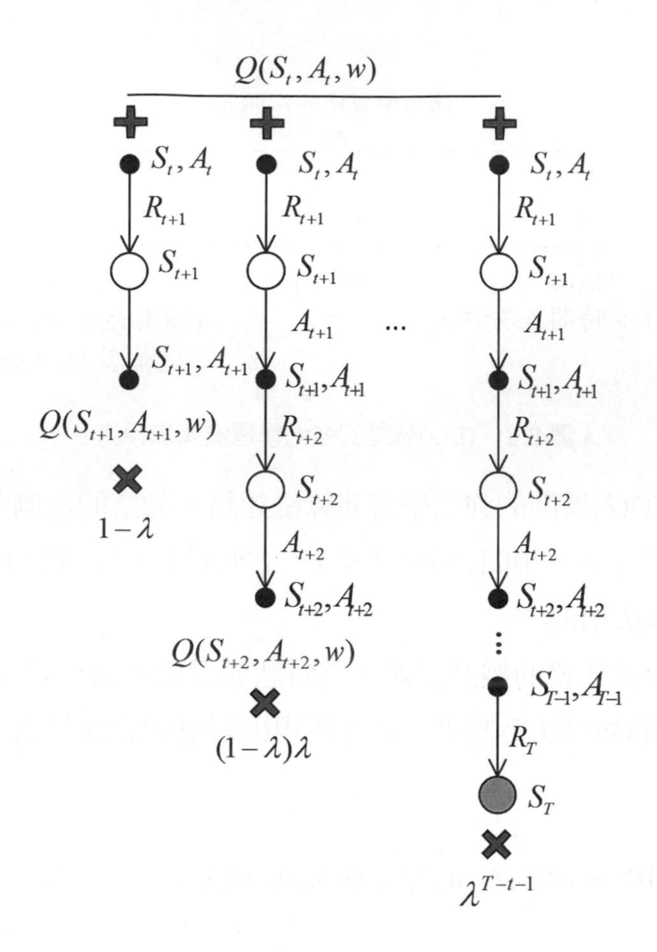

▲圖 8.4　算動作價值形式的λ報酬之返回圖
（動作價值形式的離線 λ 報酬演算法和回合式半梯度 Sarsa(λ)的返回圖）。

▣ 演算法 8.3 動作價值形式的離線 λ 報酬演算法

1: 輸入：可微分函數$Q(s,a,\boldsymbol{w})$

2: 演算法參數：學習率$\alpha \in (0,1]$；參數$\lambda \in [0,1]$；$\varepsilon > 0$

3: 初始化：加權向量$\boldsymbol{w}$為任意向量

4: 輸出：價值函數$Q(s,a,\boldsymbol{w})$

5: **For** 每一回合

6: 　　用基於$Q(S,\cdot,\boldsymbol{w})$的$\varepsilon$貪婪動作選擇產生軌跡:

$$S_0, A_0, R_1, S_1, A_1, R_2, \dots, S_{T-1}, A_{T-1}, R_T;$$

7: 　　**For** $t = 0,1,\dots,T-1$

8: 　　　　$\boldsymbol{w} \leftarrow \boldsymbol{w} + \alpha\left[G_t^\lambda - Q(S_t, A_t, \boldsymbol{w})\right]\nabla_{\boldsymbol{w}} Q(S_t, A_t, \boldsymbol{w});$

9: **End**

10: **End**

演算法 8.3 以往前觀點做設計，若使用資格跡向量，則獲得使用往後觀點的 Sarsa(λ)，其更新規則與 TD(λ)相同：

$$\boldsymbol{w}_{t+1} = \boldsymbol{w}_t + \alpha\delta_t\boldsymbol{z}_t \qquad \text{[參考(8.7)]}$$

不同處在於上式使用動作價值形式的時間差分誤差δ_t和資格跡向量$\boldsymbol{z}_t$：

$$\begin{aligned}\delta_t &= R_{t+1} + \gamma Q(S_{t+1}, A_{t+1}, \boldsymbol{w}_t) - Q(S_t, A_t, \boldsymbol{w}_t),\ \boldsymbol{z}_{-1} = \boldsymbol{0}, \\ \boldsymbol{z}_t &= \gamma\lambda\boldsymbol{z}_{t-1} + \nabla_{\boldsymbol{w}_t} Q(S_t, A_t, \boldsymbol{w}_t).\end{aligned} \qquad (8.10)$$

利用上述加權向量和資格向量的更新式，演算法 8.4 呈現回合式半梯度 Sarsa(λ)的虛擬碼，與回合式半梯度 Sarsa 的架構主要差別在於其資格跡向量$\boldsymbol{z}_t$將過去的梯度向量資訊一起使用。

▣ **演算法 8.4** 回合式半梯度 Sarsa(λ)

1: 輸入：可微分函數$Q(s, a, \boldsymbol{w})$

2: 演算法參數：學習率$\alpha \in (0,1]$；跡衰退率λ；$\varepsilon > 0$

3: 初始化：加權向量$\boldsymbol{w}$為任意向量

4: 輸出：基於$Q(s, a, \boldsymbol{w})$的ε貪婪策略

5: **For** 每一回合

6: 　　初始化狀態S；

7: 　　$\boldsymbol{z} \leftarrow \boldsymbol{0}$;

8: 　　$A \leftarrow$基於$Q(S, \cdot, \boldsymbol{w})$的$\varepsilon$貪婪動作選擇；

9: 　　**For** 回合中每一時刻且S非終點狀態

10: 　　　　$R, S' \leftarrow$執行動作A，從環境觀察獎勵和狀態；

11: 　　　　$\boldsymbol{z} \leftarrow \gamma\lambda\boldsymbol{z} + \nabla_{\boldsymbol{w}} Q(S, A, \boldsymbol{w})$;

12: 　　　　**If** $S' = S_T$

13: $\delta \leftarrow R - Q(S, A, \boldsymbol{w})$;

14: **Else**

15: $A' \leftarrow$基於$Q(S', \cdot, \boldsymbol{w})$的$\varepsilon$貪婪動作選擇；

16: $\delta \leftarrow R + \gamma Q(S', A', \boldsymbol{w}) - Q(S, A, \boldsymbol{w})$;

17: **End**

18: $\boldsymbol{w} \leftarrow \boldsymbol{w} + \alpha\delta\boldsymbol{z}$;

19: $S \leftarrow S'; A \leftarrow A'$;

20: **End**

21: **End**

圖 8.5 從機械觀點和理論觀點的使用來統整離線 λ 報酬演算法、動作價值形式的離線 λ 報酬演算法、半梯度 TD(λ)、回合式半梯度 Sarsa(λ)。離線 λ 報酬演算法和動作價值形式的離線 λ 報酬演算法，兩者皆使用理論觀點；TD(λ)和 Sarsa(λ)演算法，兩者皆使用機械觀點。λ 報酬的使用可視爲連接往前和往後觀點的橋樑，大致上來說，因爲 λ 報酬與 n 步時間差分法有類似的學習效能，而資格跡的使用與 λ 報酬也有類似的學習效能，所以往前看的 n 步時間差分法與往後看的資格跡使用有類似的學習效能。

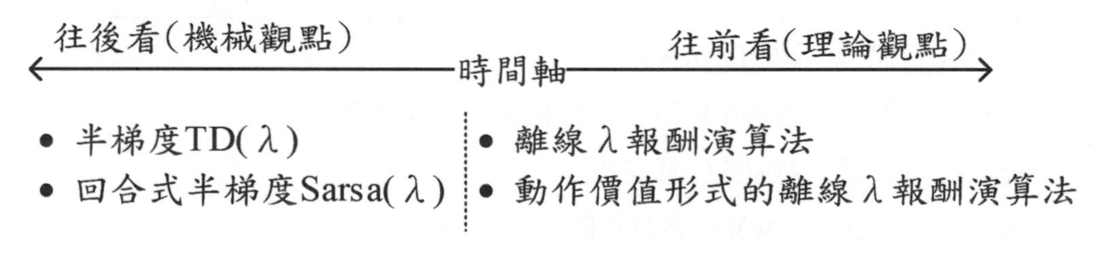

▲圖 8.5　強化學習演算法的機械觀點和理論觀點。

上述與跡衰退率λ有關的演算法，若依據預測和控制來分類，離線 λ 報酬演算法和 TD(λ)爲預測方法，動作價值形式的離線 λ 報酬演算法和 Sarsa(λ)爲控制方法。若依據 λ 報酬G_t^λ和資格跡向量$\boldsymbol{z}_t$來分類，離線 λ 報酬演算法和動作價值形式的離線 λ 報酬演算法使用 λ 報酬，TD(λ)和 Sarsa(λ)使用資格跡向量。表 8.1 彙整使用跡衰退率λ的演算法特性。

▼ 表 8.1、使用跡衰退率λ演算法特性分析。

特性＼演算法	離線 λ 報酬演算法	動作價值形式的離線 λ 報酬演算法	半梯度 TD(λ)	回合式半梯度 Sarsa(λ)
機械觀點（往後觀點）			v	v
理論觀點（往前觀點）	v	v		
預測法	v		v	
控制法		v		v
使用 λ 報酬	v	v		
使用資格跡向量			v	v

8-3 資格跡和表格解法

表格解法可視爲近似解法的特例，因此表格解法也可搭配資格跡使用。本節先介紹表格解法的預測方法 TD(λ)，再介紹表格解法的控制方法 Sarsa(λ) [Sections 7.3 and 7.5, Sutton 2005]。

若使用表格解法，則梯度向量$\nabla_{\mathbf{w}_t} V(S_t, \mathbf{w}_t)$中除了對應到被拜訪到的狀態$S_t$之元素爲 1，其餘元素全部爲 0。換句話說，資格跡$z(s)$僅有在被拜訪的狀態S_t上，數值會增加 1。因此，對所有的狀態s和被拜訪的狀態S_t，資格跡$z(s)$可表示成：

$$z_{-1}(s) = 0, \quad z_t(s) = \begin{cases} \gamma\lambda z_{t-1}(s) + 1, & 若 s = S_t \\ \gamma\lambda z_{t-1}(s), & 若 s \neq S_t. \end{cases} \tag{8.11}$$

時間差分誤差在表格解法中表示成：

$$\delta_t = R_{t+1} + \gamma V(S_{t+1}) - V(S_t). \tag{8.12}$$

對所有的狀態s，TD(λ)的狀態價值更新可表示成：

$$V_{t+1}(s)=V_t(s)+\alpha\delta_t z_t(s) \tag{8.13}$$

當$\lambda=0$，TD(0)即是1步時間差分 (one-step TD)。

圖 8.6 呈現 TD(λ)之返回圖，虛擬碼如演算法 8.5 所示。

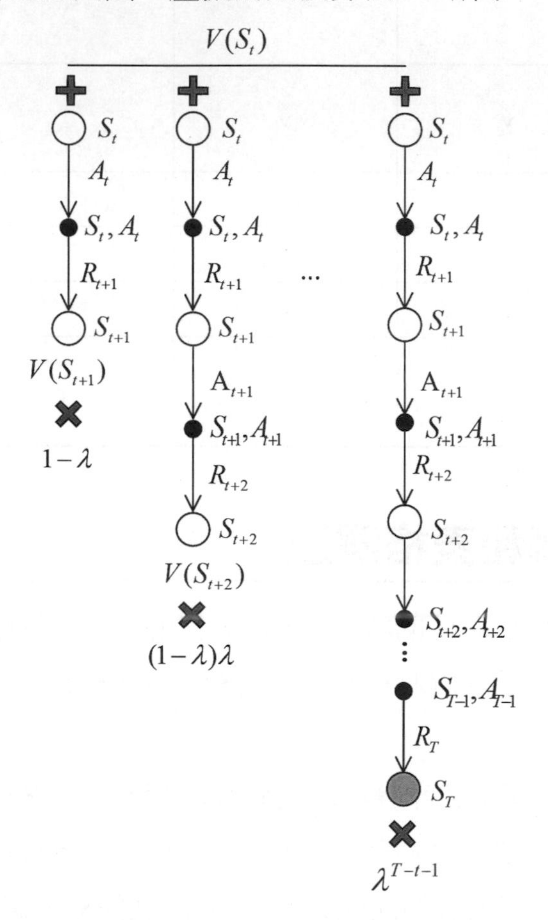

▲圖 8.6　TD(λ)的返回圖。

▣ 演算法 8.5 TD(λ)

1: 輸入：策略π

2: 演算法參數：學習率$\alpha\in(0,1]$；跡衰退率λ

3: 初始化：在終點狀態S_T，$V(S_T)=0$，在其他狀態s，$V(s)$為任意值

4: 輸出：價值函數$V(s)$

```
5:  For 每一回合
6:      初始化狀態S；
7:      對所有的狀態s，初始化z(s) = 0；
8:      For 回合中每一時刻且S非終點狀態
9:          A ←根據狀態S，用π產生動作；
10:         R, S' ←執行動作A，從環境觀察獎勵和狀態；
11:         δ ← R + γV(S') − V(S);
12:         z(S) ← z(S) + 1;
13:         For 所有狀態s
14:             V(s) ← V(s) + αδz(s);
15:             z(s) ← γλz(s);
16:         End
17:         S ← S';
18:     End
19: End
```

演算法 8.5 中，狀態價值$V(s)$是跨回合的函數，透過多次回合式任務的學習來做策略評估，而資格跡$z(s)$則是在回合式任務內的函數，記錄該次回合的過去經驗，因此步驟 7 在新的回合開始時都須將$z(s)$歸零。步驟 12 設定被拜訪過的狀態S所對應之資格跡數值增加 1。步驟 15 設定資格跡數值的衰退。若根據近似解法的資格跡使用，步驟 12 以下的步驟應改寫成：

12: **For** 所有狀態s

13: $z(s) \leftarrow \begin{cases} \gamma\lambda z(s) + 1, & 若 s = S \\ \gamma\lambda z(s), & 若 s \neq S. \end{cases}$

14: $V(s) \leftarrow V(s) + \alpha\delta z(s)$

15: **End**

然而，因爲我們初始化$z(s) = 0$，所以上述改寫部份等同於演算法 8.5 步驟 12~16。

在預測演算法 TD(λ)的基礎上，我們考慮控制方法 Sarsa(λ)。參考(8.11)，對所有的狀態動作配對(s, a)和被拜訪的配對(S_t, A_t)，資格跡$z(s, a)$表示成：

$$z_{-1}(s,a)=0,\quad z_t(s,a)=\begin{cases}\gamma\lambda z_{t-1}(s,a)+1, & 若(s,a)=(S_t,A_t)\\ \gamma\lambda z_{t-1}(s,a), & 若(s,a)\neq(S_t,A_t).\end{cases} \tag{8.14}$$

時間差分誤差在控制問題中可表示成：

$$\delta_t=R_{t+1}+\gamma Q(S_{t+1},A_{t+1})-Q(S_t,A_t). \tag{8.15}$$

對所有的狀態動作配對(s,a)，Sarsa(λ)的動作價值更新可表示成：

$$Q_{t+1}(s,a)=Q_t(s,a)+\alpha\delta_t z_t(s,a). \tag{8.16}$$

值得注意的是，對 Sarsa 而言，每一時刻的動作價值更新只發生在前一時刻被拜訪到的狀態動作配對(S,A)，沒被拜訪到的狀態動作配對不會做更新；對 Sarsa(λ) 而言，每一時刻的動作價值更新發生在所有的狀態動作配對(s,a)，只不過根據配對(s,a)與前一時刻被拜訪到的配對(S,A)之異同，由(8.14)決定資格跡$z(s,a)$之量值。當$\lambda=0$，Sarsa(0)即是 Sarsa。當$0<\lambda<1$，對很久沒被拜訪到的狀態動作配對，資格跡$z(s,a)$會逐漸衰退趨近於零，此時更新模式類似於 Sarsa。

圖 8.7 呈現 Sarsa(λ)之返回圖，虛擬碼如演算法 8.6 所示。

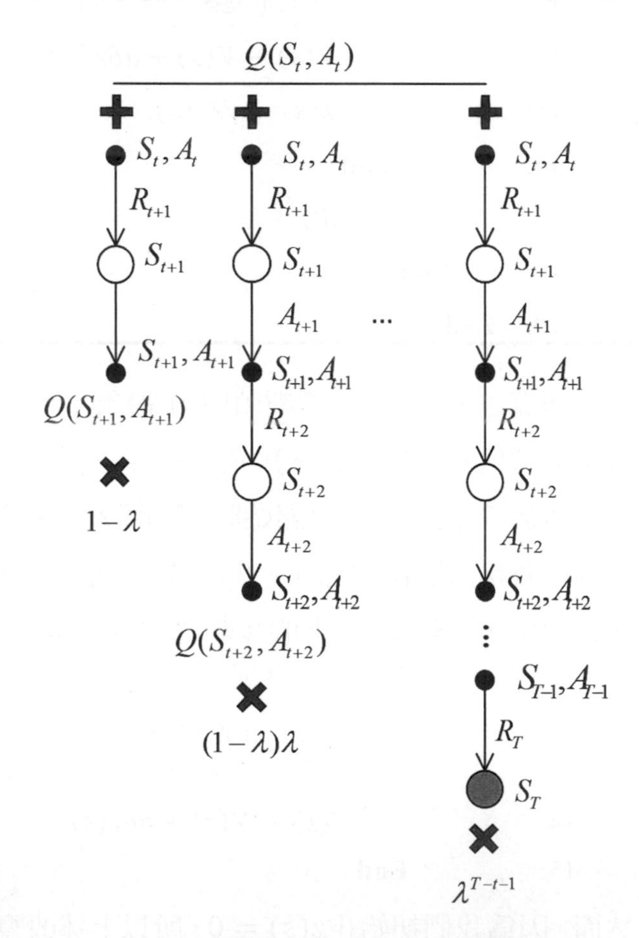

▲ 圖 8.7 Sarsa(λ)的返回圖。

演算法 8.6 Sarsa(λ)

1: 演算法參數：學習率$\alpha \in (0,1]$；跡衰退率λ；$\varepsilon > 0$
2: 初始化：在終點狀態S_T，$Q(S_T, a) = 0$，在其他狀態s，$Q(s, a)$為任意值
3: 輸出：基於Q的ε貪婪策略
4: **For** 每一回合
5: 　　初始化狀態S；
6 　　對所有狀態動作配對(s, a)，初始化$z(s, a) = 0$；
7: 　　$A \leftarrow$基於$Q(S,\cdot)$的ε貪婪動作選擇；
8: 　　**For** 回合中每一時刻且S非終點狀態
9: 　　　　$R, S' \leftarrow$執行動作A，從環境觀察獎勵和狀態；
10: 　　　　$A' \leftarrow$基於$Q(S',\cdot)$的ε貪婪動作選擇；
11: 　　　　$\delta \leftarrow R + \gamma Q(S', A') - Q(S, A)$;
12: 　　　　$z(S, A) \leftarrow z(S, A) + 1$;
13: 　　　　**For** 所有狀態動作配對(s, a)
14: 　　　　　　$Q(s, a) \leftarrow Q(s, a) + \alpha\delta z(s, a)$;
15: 　　　　　　$z(s, a) \leftarrow \gamma\lambda z(s, a)$;
16: 　　　　**End**
17: 　　　　$S \leftarrow S'; A \leftarrow A'$;
18: 　　**End**
19: **End**

8-4 範例 8.1 與程式碼

本範例比較 Sarsa 和 Sarsa(λ)，觀察資格跡的使用對學習速度之影響。考慮圖 7.4 的 5×10 沼澤漫遊網格世界，沼澤佔據第一列 10 個狀態，任務起點$S_0 = (2,1)$，終點$S_T = (2,10)$，障礙物佔據網格(2,4)、(3,4)、(4,4)、(3,7)、(4,7)、(5,7)。演算法參數設定皆爲學習率$\alpha = 0.1$和$\varepsilon = 0.3$，其中 Sarsa(λ)的跡衰退率設定爲$\lambda = 0.5$。圖 8.6 呈現 Sarsa 和 Sarsa(λ)演算法隨著回合任務次數增加，平均報酬漸趨穩定。Sarsa(λ)比 Sarsa 學習速度更快，獲得最佳策略時，Sarsa(λ)大約需經過 100 次任務學習，相較之下，Sarsa 大約需經過 200 次任務學習。

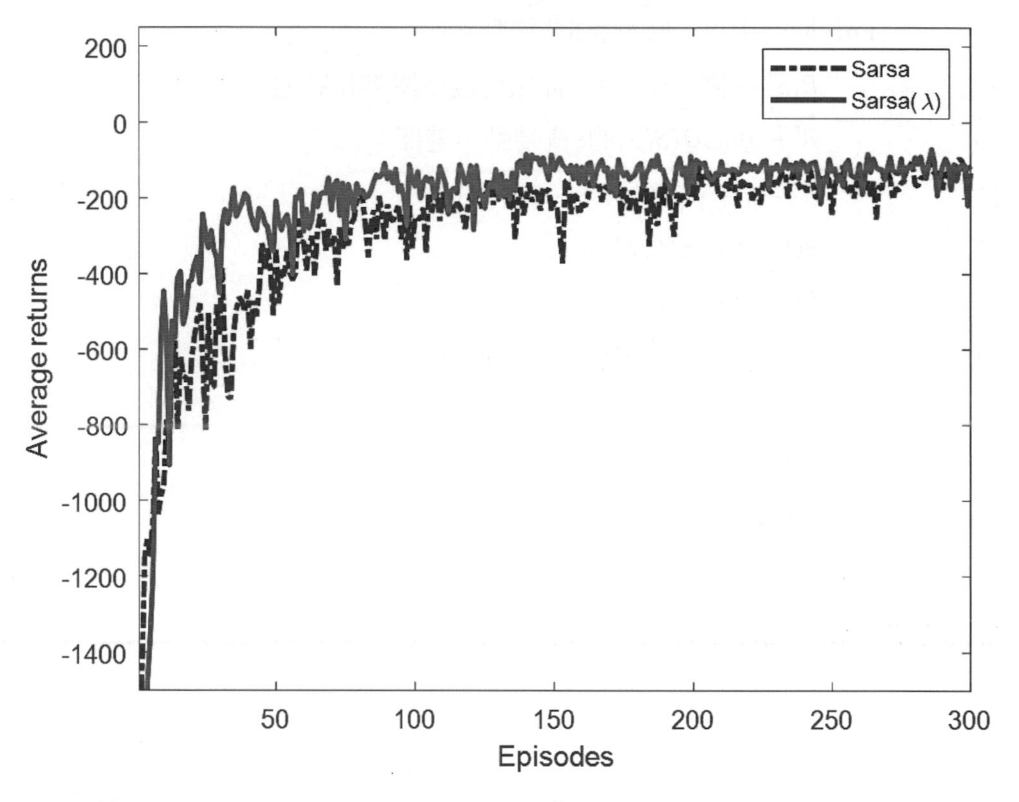

▲圖 8.8　Sarsa 和 Sarsa(λ)在圖 7.4 的沼澤漫遊網格世界之學習速度比較。

範例 8.1 程式碼

```
% Script
%% environment setting
L=10; % length
D=5; % width
So=[2 1]; % start state
Sg=[2 L]; % goal state

%% parametr setting
myalpha=0.1;
eps=0.3;
lambda=0.5;

%% initialization
tempQ=rand(D,L,4); % initial Q values at each state-action pair
tempQ(Sg(1),Sg(2),:)=zeros(4,1); % Q value of goal state equals zero

%% Sarsa(λ)
Q=tempQ;
S=So;   % start state (step 5)
z=zeros(D,L,4); % step 6
A=eps_greedy(Q,S,eps); % step 7
while norm(S-Sg)>0
        [S_prime,R] = Ex7_1_env(S,A,L,D); % step 9
        A_prime=eps_greedy(Q, S_prime, eps); % step 1
        delta=R+ Q(S_prime(1),S_prime(2),A_prime)-…
Q(S(1),S(2),A);   % step 11
z(S(1),S(2),A)=z(S(1),S(2),A)+1;   % step 12
        Q=Q+myalpha*delta*z; % step 14
        z=z*lambda;   % step 15
        S=S_prime; A=A_prime; % step 17
end
```

重點回顧

1. 規劃或資格跡的使用，可提升強化學習演法之學習速度。跟規劃一樣，資格跡本身不是演算法，可視為使用在強化學習演算法上的加速器，適用於近似解法和表格解法。
2. 資格跡向量的使用，是利用往後觀點，也稱為機械觀點；若利用未來可能獲得的報酬做更新安排，如：n步報酬$G_{t:t+n}$和λ報酬G_t^λ，則是使用往前觀點，也稱為理論觀點。
3. 規劃使用的模型，跟價值或動作價值函數一樣屬於跨回合的資訊，新回合會用到前一回合獲得的模型。相較之下，資格跡使用的資格跡向量，屬於回合任務內的資訊，新回合開始時，資格跡向量初始化為零，不會使用到前一回合獲得的資格跡向量。
4. 資格跡與時間差分法搭配，衍生出 TD(λ)演算法，當$\lambda = 0$，TD(0)之效能近似於1步時間差分法；當$\lambda = 1$，TD(1)之效能近似於蒙地卡羅法。
5. n步時間差分法和資格跡皆可有系統地產生各種強化學習演算法，n步時間差分法利用正整數n來調整演算法性能，資格跡用跡衰退率λ來調整演算法性能。
6. 資格跡與n步時間差分法有若干不同之處。資格跡的資訊包含某一種考量若干種類的複合報酬，n步時間差分法僅使用含n步報酬的資訊做價值更新。資格跡不須存取最後n步的特徵向量，而是使用資格跡向量；資格跡的計算量均勻分布在學習過程，不須延遲n步學習並在最後追趕學習。因此，資格跡只耗費一個跡向量的記憶空間，不需耗費n個特徵向量的記憶空間；使用資格跡的學習過程是連續 (continually) 且均勻 (uniformly)，學習於每一步都在進行，但n步法必須延後n步才開始學習，並在任務結束後補齊一開始缺少的$n-1$次更新。
7. 圖 8.9 彙整使用資格跡的強化學習演算法，其返回圖見圖 8.10。

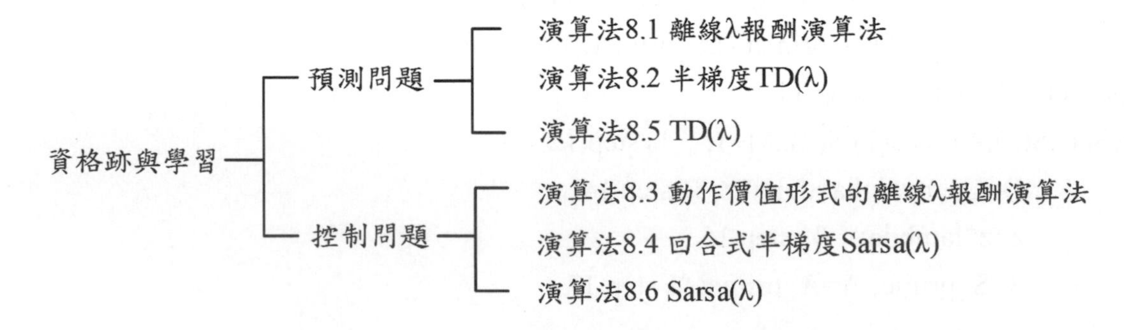

▲圖 8.9　使用λ報酬/資格跡的強化學習演算法

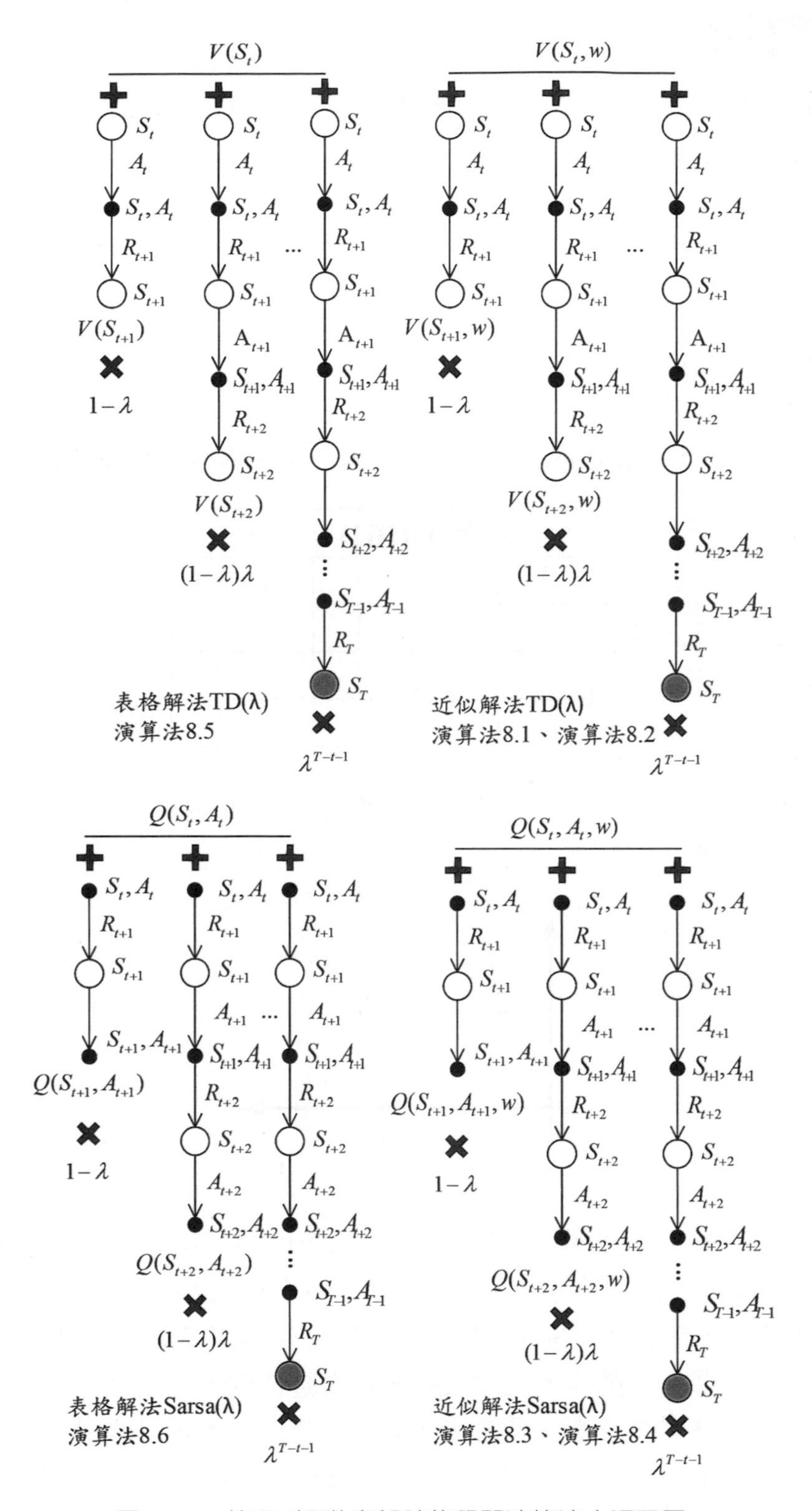

▲圖 8.10 使用λ報酬/資格跡的學習演算法之返回圖。

章末練習

練習 8.1 初始化$z(s)=0$，驗證演算法 8.5 步驟 12~16 等效於下述程序

For 所有狀態s

$$z(s) \leftarrow \begin{cases} \gamma\lambda z(s)+1, & 若s=S \\ \gamma\lambda z(s), & 若s\neq S. \end{cases}$$

$$V(s) \leftarrow V(s)+\alpha\delta z(s)$$

End

練習 8.2 見範例 5.1，環境如下圖所示，比較 Sarsa 和 Sarsa(λ)的學習曲線。

Swamp									
S_0									S_T

練習 8.3 見範例 6.1，環境如下圖所示，比較回合式半梯度 Sarsa 和回合式半梯度 Sarsa(λ)的學習曲線。

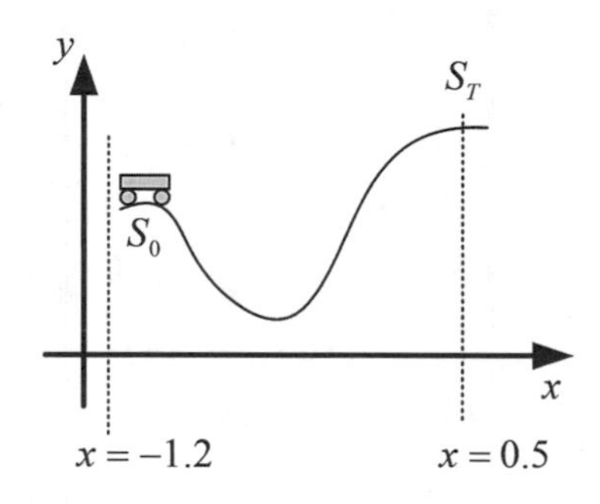

練習 8.4 見練習 6.4，隨機產生$10^3\times10^3$的三色地圖，每一格爲紅色R、綠色G、藍色B的機率爲$1/3$，處理問題爲回合式任務，折扣率爲$\gamma=1$。每一格子視爲一個狀態（位置狀態），任務起點$S_0=(1,1)$，終點$S_T=(10^3,10^3)$。代理人動作爲上、下、左、右，每選擇一次動作，代理人狀態做對應移動，若該動作導致代理人超出網格世界，則代理人位置不動。獎勵設定如下：若$S_{t+1}=\mathrm{R}$，則獎勵$R_{t+1}=-1$；若$S_{t+1}=\mathrm{G}$，則獎勵$R_{t+1}=-2$；若$S_{t+1}=\mathrm{B}$，獎勵$R_{t+1}=-3$，但若前兩次狀態滿足$S_t=\mathrm{G}$、$S_{t-1}=\mathrm{R}$，則獎勵$R_{t+1}=3$；若$S_{t+1}=S_T$，則獎勵$R_{t+1}=0$。比較回合式半梯度 Sarsa 和回合式半梯度 Sarsa(λ)的學習曲線。

策略梯度法

強化學習演算法可粗分成基於價值 (value based) 的強化學習和基於策略 (policy based) 的強化學習。前章節介紹的表格解法和近似解法，使用動作價值法 (action-value methods) 推導出強化學習演算法，如：蒙地卡羅控制演算法、Sarsa、Q 學習、n 步 Sarsa、回合式半梯度 Sarsa、差分半梯度 Sarsa 等，都屬於基於價值的強化學習，以學習價值函數為主，再使用諸如貪婪動作選擇或ε貪婪動作選擇，從學習到的價值函數衍生出策略。基於策略的強化學習以直接學習策略為主，將策略參數化 (parametrization)，透過最佳化與參數有關的目標函數，逐步更新參數獲得最佳策略。此兩類的交集是同時學習價值函數和策略參數的學習演算法。

基於策略的強化學習有以下三項優點 [Sanjeevi 2018]：第一，可處理龐大的動作空間，而基於價值的強化學習僅適合處理有限且較小的動作空間。第二，可直接學習到隨機策略，因此能自然地處理學習過程中探索和開發的平衡。相較之下，基於價值的強化學習必須透過異策略或貪婪動作選擇，來平衡探索和開發。第三，在某些應用上，狀態價值或動作價值函數可能很複雜，但策略相對簡單，此時直接學習策略較有效率。

基於策略的強化學習可用「策略梯度法」(Policy Gradient Methods) 爲基礎 [Chapter 13, Sutton 2018] 來衍生出若干強化學習演算法。策略梯度法的概念與梯度法相同，透過梯度向量的使用，經由參數疊代過程最大化或最小化目標函數。使用策略梯度法時，策略須參數化（給定一參數等同於給定一策略），目標函數通常是期望報酬，而策略梯度即是梯度法中使用的梯度向量。值得注意的是，基於策略的強化學習尚有其他學習演算法不需使用梯度資訊 (gradient-free)，但不在本章討論範圍。圖 9.1 彙整上述強化學習關係。

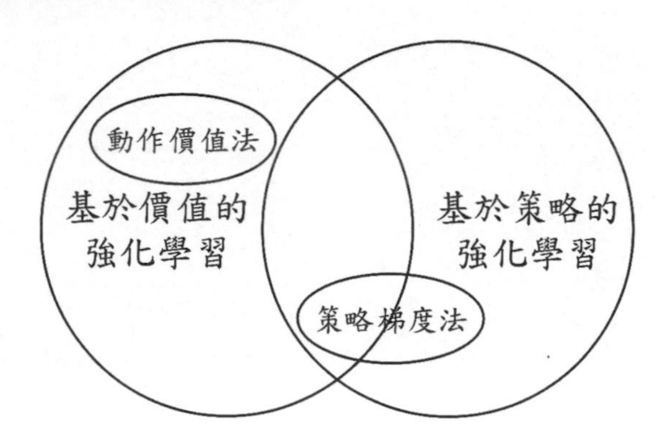

▲圖 9.1　基於價值的強化學習、基於策略的強化學習、動作價值法、策略梯度法關係圖。

9-1 策略梯度與策略參數更新

基於策略的強化學習須將策略參數化 (parameterization)，參數化的策略表示成$\pi(a|s,\boldsymbol{\theta})$，參數爲$\boldsymbol{\theta}$。當$\boldsymbol{\theta}$給定後，動作即可依照$\pi(a|s,\boldsymbol{\theta})$所定義的機率分布選擇出來。當動作空間爲離散且動作數量不多，我們可用「歸一化指數函數」(Softmax Exponential Function) 做策略參數化：

$$\pi(a|s,\boldsymbol{\theta}) = \frac{\exp(h(s,a,\boldsymbol{\theta}))}{\sum_b \exp(h(s,b,\boldsymbol{\theta}))}. \tag{9.1}$$

上式中，$h(s,a,\boldsymbol{\theta})$可視爲在參數$\boldsymbol{\theta}$和狀態$s$的情況下，對動作$a$的偏好 (preference)。偏好函數$h(s,a,\boldsymbol{\theta})$對$\boldsymbol{\theta}$而言可以是線性或非線性，若考量線性關係，則

$$h(s,a,\boldsymbol{\theta}) = \boldsymbol{\theta}^T \boldsymbol{x}(s,a). \tag{9.2}$$

若考量非線性關係，則$\boldsymbol{\theta}$可爲類神經網路的權重，特徵向量$\boldsymbol{x}(s,a)$爲輸入，$h(s,a,\boldsymbol{\theta})$爲輸出。

實作演算法時習慣將策略梯度取自然對數(natural logarithm)再微分$\nabla_\theta \ln \pi(a|s,\boldsymbol{\theta})$，所獲得之向量稱爲「資格向量」(Eligibility Vector)。若使用(9.1)的歸一化指數函數來參數化策略和(9.2)的線性偏好函數，則策略π對參數$\boldsymbol{\theta}$可微分，亦即策略梯度$\nabla_\theta \pi(a|s,\boldsymbol{\theta})$存在，此時對應之資格向量爲：

$$\nabla_\theta \ln \pi(a|s,\boldsymbol{\theta}) = \boldsymbol{x}(s,a) - \sum_b \pi(b|s,\boldsymbol{\theta})\boldsymbol{x}(s,b). \tag{9.3}$$

歸一化指數函數適合在動作空間爲離散且動作數量不多時使用，當動作空間較大甚至爲連續的動作空間，可使用「高斯函數」(Gaussian Function) 做策略參數化：

$$\pi(a|s,\boldsymbol{\theta}) = \frac{1}{\sigma(s,\boldsymbol{\theta})\sqrt{2\pi}} \exp\left(-\frac{(a-\mu(s,\boldsymbol{\theta}))^2}{2\sigma(s,\boldsymbol{\theta})^2}\right). \tag{9.4}$$

上式中，參數$\boldsymbol{\theta} = \begin{bmatrix}\boldsymbol{\theta}_\mu^\top & \boldsymbol{\theta}_\sigma^\top\end{bmatrix}^\top$可分成兩部分，平均$\mu(s,\boldsymbol{\theta})$的參數$\boldsymbol{\theta}_\mu$和標準差$\sigma(s,\boldsymbol{\theta})$的參數$\boldsymbol{\theta}_\sigma$，定義如下：

$$\mu(s,\boldsymbol{\theta}) = {\boldsymbol{\theta}_\mu}^\top \boldsymbol{x}_\mu(s) \quad 和 \quad \sigma(s,\boldsymbol{\theta}) = \exp({\boldsymbol{\theta}_\sigma}^\top \boldsymbol{x}_\sigma(s)). \tag{9.5}$$

使用高斯函數做策略參數化，策略π對參數$\boldsymbol{\theta}$可微分，資格向量$\nabla_{\boldsymbol{\theta}} \ln \pi(a|s,\boldsymbol{\theta})$可表示爲：

$$\nabla_{\boldsymbol{\theta}} \ln \pi(a|s,\boldsymbol{\theta}) = \begin{bmatrix}\nabla_{\theta_\mu} \ln \pi(a|s,\boldsymbol{\theta}) \\ \nabla_{\theta_\sigma} \ln \pi(a|s,\boldsymbol{\theta})\end{bmatrix} = \begin{bmatrix}\dfrac{1}{\sigma(s,\boldsymbol{\theta})^2}(a-\mu(s,\boldsymbol{\theta}))\boldsymbol{x}_\mu(s) \\ \left(\dfrac{(a-\mu(s,\boldsymbol{\theta}))^2}{\sigma(s,\boldsymbol{\theta})^2} - 1\right)\boldsymbol{x}_\sigma(s)\end{bmatrix}. \tag{9.6}$$

使用基於策略的強化學習演算法，決定參數的過程是透過最大化給定的效能指標$J(\boldsymbol{\theta})$，亦即求解

$$\max_{\boldsymbol{\theta}} J(\boldsymbol{\theta}) \tag{9.7}$$

假設$J(\boldsymbol{\theta})$對參數$\boldsymbol{\theta}$可微分，利用梯度法求解的概念可獲得參數的疊代規則：

$$\boldsymbol{\theta}_{t+1} = \boldsymbol{\theta}_t + \alpha \nabla J(\boldsymbol{\theta}_t) \tag{9.8}$$

因為上式梯度$\nabla J(\boldsymbol{\theta}_t)$的計算與策略梯度$\nabla_\theta \pi(a|s,\boldsymbol{\theta})$有關，所以統稱為策略梯度法。策略梯度法衍生出的各種強化學習演算法，差別在於效能指標$J(\boldsymbol{\theta})$和基線 (baseline) 的選擇，基線的概念將於後續章節介紹。

9-2 簡樸策略梯度演算法

「簡樸策略梯度演算法」 (Vanilla Policy Gradient Algorithm) [Martin 2018b] 是一種基於策略梯度法的強化學習演算法，演算法名稱來自於其推導非常簡單且符合直覺，不需利用任何定理，適合用來了解梯度法的基本概念。簡樸策略梯度演算法使用「概似比」(likelihood ratio)，概似比是將任一可微分函數$f(\boldsymbol{\theta})$的梯度$\nabla_{\boldsymbol{\theta}} f(\boldsymbol{\theta})$除以函數本身：

$$\text{概似比} = \frac{\nabla_{\boldsymbol{\theta}} f(\boldsymbol{\theta})}{f(\boldsymbol{\theta})} = \ln \nabla_{\boldsymbol{\theta}} f(\boldsymbol{\theta}) \tag{9.9}$$

根據自然對數微分的特性，資格向量$\nabla_\theta \ln \pi(a|s,\boldsymbol{\theta})$即可表示成概似比的形式：

$$\nabla_\theta \ln \pi(a|s,\boldsymbol{\theta}) = \frac{\nabla_\theta \pi(a|s,\boldsymbol{\theta})}{\pi(a|s,\boldsymbol{\theta})} \tag{9.10}$$

考慮處理回合式任務所產生的軌跡

$$Z = (S_0, A_0, R_1, S_1, A_1, R_2, \dots, S_{T-1}, A_{T-1}, R_T) \tag{9.11}$$

該軌跡對應的報酬$G(Z)$表示成

$$G(Z) = \sum_{t=1}^{T} \gamma^{t-1} R_t. \tag{9.12}$$

簡樸策略梯度法的效能指標$J(\boldsymbol{\theta})$定義爲

$$J(\boldsymbol{\theta}) = \mathbf{E}_\pi[G(Z)] = \sum_\zeta G(\zeta)\Pr\{\zeta|\boldsymbol{\theta}\} \tag{9.13}$$

上式中的$p(\zeta|\boldsymbol{\theta})$代表使用$\pi(a|s,\boldsymbol{\theta})$產生軌跡$\zeta$的機率。梯度向量$\nabla J(\boldsymbol{\theta})$可表示成：

$$\begin{aligned}\nabla J(\boldsymbol{\theta}) &= \sum_\zeta G(\zeta)\nabla p(\zeta|\boldsymbol{\theta}) = \sum_\zeta G(\zeta) p(\zeta|\boldsymbol{\theta})\nabla \ln p(\zeta|\boldsymbol{\theta}) \\ &= \mathbf{E}_\pi[G(Z)\nabla \ln p(Z|\boldsymbol{\theta})].\end{aligned} \tag{9.14}$$

上式中的$\nabla \ln p(\mathrm{Z}|\boldsymbol{\theta})$即爲概似比的形式，可進一步表示成

$$\begin{aligned}\nabla \ln p(Z|\boldsymbol{\theta}) &= \nabla\left[\ln p(S_0)\prod_{t=1}^{T-1}\pi(A_t|S_t,\boldsymbol{\theta})\, p(S_{t+1}|S_t,A_t)\right] \\ &= \nabla\left[\ln p(S_0) + \sum_{t=1}^{T-1}\ln \pi(A_t|S_t,\boldsymbol{\theta}) + \ln p(S_{t+1}|S_t,A_t)\right] \\ &= \sum_{t=1}^{T-1}\nabla \ln \pi(A_t|S_t,\boldsymbol{\theta}).\end{aligned} \tag{9.15}$$

因此，我們有

$$\nabla J(\boldsymbol{\theta}) = \mathbf{E}_\pi[G(Z)\sum_{t=1}^{T-1}\nabla \ln \pi(A_t|S_t,\boldsymbol{\theta})] \tag{9.16}$$

根據(9.16)，簡樸策略梯度法的參數更新可表示爲

$$\boldsymbol{\theta}_{t+1} = \boldsymbol{\theta}_t + \alpha\mathbf{E}_\pi[G(Z)\sum_{t=1}^{T-1}\nabla \ln \pi(A_t|S_t,\boldsymbol{\theta}_t)] \tag{9.17}$$

演算法 9.1 爲簡樸策略梯度演算法的虛擬碼，使用梯度抽樣來近似梯度向量：

$$\boldsymbol{\theta}_{t+1} = \boldsymbol{\theta}_t + \alpha G(Z) \sum_{t=1}^{T-1} \nabla \ln \pi(A_t|S_t, \boldsymbol{\theta}_t) \tag{9.18}$$

▣ **演算法 9.1** 簡樸策略梯度演算法

1: 輸入：可微分策略$\pi(a|s, \boldsymbol{\theta})$

2: 演算法參數：學習率$\alpha \in (0,1]$

3: 初始化：任意參數向量$\boldsymbol{\theta}$

4: 輸出：策略$\pi(a|s, \boldsymbol{\theta})$

5: **For** 每一回合

6: 用π產生軌跡$S_0, A_0, R_1, S_1, A_1, R_2, \dots, S_{T-1}, A_{T-1}, R_T$;

7: $\mathrm{G} \leftarrow \sum_{t=1}^{T} \gamma^{t-1} R_t$；

8: $\boldsymbol{\theta} \leftarrow \boldsymbol{\theta} + \alpha G \sum_{t=1}^{T-1} \nabla \ln \pi(A_t|S_t, \boldsymbol{\theta})$

9: **End**

此外，也可將梯度抽樣取平均來近似效能指標的梯度向量 [Schulman 2017], [Johnston 2018]：

$$\nabla J(\boldsymbol{\theta}) \approx \frac{1}{M} \sum_{m=1}^{M} G\left(Z^{(m)}\right) \sum_{t=1}^{T-1} \nabla \ln \pi \left(A_t^{(m)} \middle| S_t^{(m)}, \boldsymbol{\theta}\right) \tag{9.19}$$

$Z^{(m)}$代表執行第m次回合式任務所產生的軌跡$S_0^{(m)}, A_0^{(m)}, R_1^{(m)}, S_1^{(m)}, A_1^{(m)}, R_2^{(m)}, \dots,$ $S_{T-1}^{(m)}, A_{T-1}^{(m)}, R_T^{(m)}$，此時的參數更新方式可表示成

$$\boldsymbol{\theta}_{t+1} = \boldsymbol{\theta}_t + \alpha \frac{1}{M} \sum_{m=1}^{M} G\left(Z^{(m)}\right) \sum_{t=1}^{T-1} \nabla \ln \pi \left(A_t^{(m)} \middle| S_t^{(m)}, \boldsymbol{\theta}\right) \tag{9.20}$$

因此，策略參數於每經歷M次回合式任務後做更新。

9-3 增強演算法

策略梯度法中所需的梯度向量，除了使用概似比法 (likelihood ratio approach) 來計算，也可使用較具一般性的「策略梯度定理」(Policy Gradient Theorem) [Brunskill 2020]。

定理 9.1 策略梯度定理 [Sections 13.2 and 13.6, Sutton 2018]

若為回合式任務，考慮效能指標$J(\boldsymbol{\theta}) = v_{\pi_\theta}(s_0)$；若為連續性任務，考慮效能指標$J(\boldsymbol{\theta}) = r(\pi)$。效能指標的梯度向量$\nabla J(\boldsymbol{\theta})$滿足下述關係：

$$\nabla J(\boldsymbol{\theta}) \propto \boldsymbol{E}_\pi\left[\sum_a q_\pi(S_t, a)\nabla_\theta \pi(a|S_t, \boldsymbol{\theta})\right] \tag{9.21}$$

■

根據定理 9.1，可以推導出基於策略梯度定理的「增強演算法」(REINFORCE)，該演算法也稱為「蒙地卡羅策略梯度法」(Monte-Carlo Policy-Gradient Method)，因為使用完整報酬資訊，所以只能處理回合式任務。根據策略梯度定理，我們有

$$\begin{aligned} \nabla J(\boldsymbol{\theta}) &\propto \mathbf{E}_\pi\left[\sum_a q_\pi(S_t, a)\nabla_\theta \pi(a|S_t, \boldsymbol{\theta})\right] \\ &= \mathbf{E}_\pi\left[\sum_a \pi(a|S_t, \boldsymbol{\theta}) q_\pi(S_t, a)\nabla_\theta \ln \pi(a|S_t, \boldsymbol{\theta})\right] \\ &= \mathbf{E}_\pi[q_\pi(S_t, A_t)\nabla_\theta \ln \pi(A_t|S_t, \boldsymbol{\theta})] = \mathbf{E}_\pi[G_t \nabla_\theta \ln \pi(A_t|S_t, \boldsymbol{\theta})]. \end{aligned} \tag{9.22}$$

利用梯度抽樣取代上式的梯度向量，可獲得參數向量更新規則：

$$\boldsymbol{\theta}_{t+1} = \boldsymbol{\theta}_t + \alpha G_t \nabla_\theta \ln \pi(A_t|S_t, \boldsymbol{\theta}) \tag{9.23}$$

策略梯度定理只說明策略梯度的正比關係，但更新規則需使用實際梯度抽樣，會相差一個常數倍數，所幸更新規則裡使用學習率α，相差的倍數可視為已包含於學習率中。演算法 9.2 呈現增強演算法的虛擬碼。

▣ **演算法 9.2** 增強演算法（蒙地卡羅策略梯度法）

1: 輸入：可微分策略$\pi(a|s, \boldsymbol{\theta})$

2: 演算法參數：學習率$\alpha \in (0,1]$

3: 初始化：任意參數向量$\boldsymbol{\theta}$

4: 輸出：策略$\pi(a|s,\boldsymbol{\theta})$

5: **For** 每一回合

6: 用π產生軌跡$S_0, A_0, R_1, S_1, A_1, R_2, \dots, S_{T-1}, A_{T-1}, R_T$;

7: **For** $t = 0,1,\dots,T-1$

8: $\boldsymbol{\theta} \leftarrow \boldsymbol{\theta} + \alpha G_t \nabla \ln \pi(A_t|S_t,\boldsymbol{\theta})$

9: **End**

10: **End**

值得注意的是，簡樸策略梯度演算法和增強演算法參數更新的次數差別，兩者都必須等回合式任務結束才開始更新，但簡樸策略梯度演算法參數更新步驟只做一次，而增強演算法在演算法 9.2 更新步驟 8 做了T次。

報酬估測的變異數會影響學習速率，變異數小通常學習速度快，反過來說，變異數大會造成較慢的學習速度。演算法 9.2 步驟 8 的更新，因爲使用報酬G_t，有些動作伴隨較高的獎勵，有些動作對應的獎勵則偏低，整體而言造成變異數較大。解決方法爲將報酬減去基線 (baseline)，而該基線可隨動作伴隨的價值高低來調整，可有效減小變異數，進而提升學習速度。舉例來說，動作a_1、a_2、a_3、a_4，對應的報酬爲 90、83、12、13，若直接代入更新式，則參數向量$\boldsymbol{\theta}$的變異數可能很大。若選定適當基線，將動作對應的報酬修正，例如：$90-85$、$83-80$、$12-8$、$13-9$（其中85、80、8、9爲對應的基線），則有機會降低參數向量$\boldsymbol{\theta}$的變異數。

使用基線的數學形式必須仍正比於效能指標的梯度向量，才能確保策略梯度法的有效性。若$b(s)$代表基線，則

$$
\begin{aligned}
&\mathbf{E}_\pi\left[\sum_a (q_\pi(S_t,a) - b(S_t))\nabla_\theta \pi(a|S_t,\boldsymbol{\theta})\right] \\
&= \mathbf{E}_\pi\left[\sum_a q_\pi(S_t,a)\nabla_\theta \pi(a|S_t,\boldsymbol{\theta})\right] - \mathbf{E}_\pi\left[\sum_a b(S_t)\nabla_\theta \pi(a|S_t,\boldsymbol{\theta})\right] \\
&= \mathbf{E}_\pi\left[\sum_a q_\pi(S_t,a)\nabla_\theta \pi(a|S_t,\boldsymbol{\theta})\right] - \mathbf{E}_\pi\left[b(S_t)\nabla_\theta \sum_a \pi(a|S_t,\boldsymbol{\theta})\right] \\
&= \mathbf{E}_\pi\left[\textstyle\sum_a q_\pi(S_t,a)\nabla_\theta \pi(a|S_t,\boldsymbol{\theta})\right].
\end{aligned} \tag{9.24}
$$

根據策略梯度定理，我們有

$$\begin{aligned}\nabla J(\boldsymbol{\theta}) &\propto \mathbf{E}_\pi\left[\sum_a (q_\pi(S_t,a)-b(S_t))\nabla_\theta \pi(a|S_t,\boldsymbol{\theta})\right] \\ &= \mathbf{E}_\pi[(G_t - b(S_t))\nabla_\theta \ln \pi(A_t|S_t,\boldsymbol{\theta})].\end{aligned} \tag{9.25}$$

因此，任何與狀態有關但與動作無關的函數$b(s)$皆可用來當基線。

爲了降低變異數，在獲得較高報酬的動作時，選擇數值較大的基線$b(s)$；在獲得較低報酬的動作時，選擇數值較小的基線$b(s)$。因爲狀態價值函數$V(S,\boldsymbol{w})$滿足上述特性，所以可當作基線使用於更新規則：

$$\boldsymbol{\theta}_{t+1} = \boldsymbol{\theta}_t + \alpha(G_t - V(S_t,\boldsymbol{w}_t))\nabla_\theta \ln \pi(A_t|S_t,\boldsymbol{\theta}) \tag{9.26}$$

演算法 9.3 呈現使用基線的增強演算法 (REINFORCE with baseline)，同時學習價值函數和參數化的策略。

▣ **演算法 9.3** 使用基線的增強演算法

1: 輸入：可微分策略$\pi(a|s,\boldsymbol{\theta})$；可微分函數$V(s,\boldsymbol{w})$
2: 演算法參數：學習率$\alpha^{\boldsymbol{\theta}} \in (0,1]$、$\alpha^{\boldsymbol{w}} \in (0,1]$
3: 初始化：任意參數向量$\boldsymbol{\theta}$；任意加權向量$\boldsymbol{w}$
4: 輸出：策略$\pi(a|s,\boldsymbol{\theta})$
5: **For** 每一回合
6: 　　用π產生軌跡$S_0,A_0,R_1,S_1,A_1,R_2,\dots,S_{T-1},A_{T-1},R_T$;
7: 　　**For** $t = 0,1,\dots,T-1$
8: 　　　　$\delta \leftarrow G_t - V(S_t,\boldsymbol{w})$;
9: 　　　　$\boldsymbol{w} \leftarrow \boldsymbol{w} + \alpha^{\boldsymbol{w}}\delta\nabla_{\boldsymbol{w}} V(S_t,\boldsymbol{w})$;
10: 　　　　$\boldsymbol{\theta} \leftarrow \boldsymbol{\theta} + \alpha^{\boldsymbol{\theta}}\delta\nabla_{\boldsymbol{\theta}} \ln \pi(A_t|S_t,\boldsymbol{\theta})$;
11: 　　**End**
12: **End**

演算法 9.3 步驟 1 使用函數$V(s, \boldsymbol{w})$逼近狀態價值函數，其中$\boldsymbol{w}$爲函數近似的參數。步驟 2 有兩個學習率的參數，學習率$\alpha^{\boldsymbol{\theta}}$是用來控制參數$\boldsymbol{\theta}$的學習速度，與簡樸策略梯度演算法和增強演算法中的學習率α角色相同；學習率$\alpha^{\boldsymbol{w}}$是用來控制函數近似所用到的參數$\boldsymbol{w}$之學習速度。步驟 8 使用基線，與報酬相減後在步驟 9 函數近似的參數更新和步驟 10 策略參數的更新使用。

9-4 行動者評論家演算法

使用基線的增強演算法因爲使用完整報酬，屬於離線學習，改善方法是利用自助法來避免完整報酬的使用，其參數向量更新式爲

$$\boldsymbol{\theta}_{t+1} = \boldsymbol{\theta}_t + \alpha(R_{t+1} + \gamma V(S_{t+1}, \boldsymbol{w}_t) - V(S_t, \boldsymbol{w}_t))\nabla_\theta \ln \pi(A_t|S_t, \boldsymbol{\theta}) \tag{9.27}$$

使用上述更新的演算法稱爲「行動者評論家演算法」(Actor-Critic Algorithms)，「評論家」透過參數$\boldsymbol{w}$的更新來估測價值函數，「行動者」則利用評論家建議的時間差分誤差 (TD error)

$$\delta_t = R_{t+1} + \gamma V(S_{t+1}, \boldsymbol{w}_t) - V(S_t, \boldsymbol{w}_t) \tag{9.28}$$

做策略參數$\boldsymbol{\theta}$的更新。上式中，$R_{t+1} + \gamma V(S_{t+1}, \boldsymbol{w}_t)$和$V(S_t, \boldsymbol{w}_t)$的差值可視爲評論家的「評論」，提供給行動者當改進方向的建議。

演算法 9.4 呈現處理回合式任務的行動者評論家虛擬碼。

▣ **演算法 9.4** 行動者評論家演算法（回合式任務）

1: 輸入：可微分策略$\pi(a|s, \boldsymbol{\theta})$；可微分函數$V(s, \boldsymbol{w})$
2: 演算法參數：學習率$\alpha^{\boldsymbol{\theta}} \in (0,1]$、$\alpha^{\boldsymbol{w}} \in (0,1]$
3: 初始化：任意參數向量$\boldsymbol{\theta}$；任意加權向量$\boldsymbol{w}$
4: 輸出：策略$\pi(a|s, \boldsymbol{\theta})$
5: **For** 每一回合
6: 　　初始化狀態S；
7: 　　**For** 回合中每一時刻且S非終點狀態

8: $A \leftarrow$根據狀態S，用$\pi(\cdot|S,\boldsymbol{\theta})$產生動作；

9: $R, S' \leftarrow$執行動作A，從環境觀察獎勵和狀態；

10: $\delta \leftarrow R + \gamma V(S',\boldsymbol{w}) - V(S,\boldsymbol{w})$;　（若$S' = S_T$，則$V(S',\boldsymbol{w}) = 0$）

11: $\boldsymbol{\theta} \leftarrow \boldsymbol{\theta} + \alpha^{\boldsymbol{\theta}} \delta \nabla_{\boldsymbol{\theta}} \ln \pi(A|S,\boldsymbol{\theta})$;

12: $\boldsymbol{w} \leftarrow \boldsymbol{w} + \alpha^{\boldsymbol{w}} \delta \nabla_{\boldsymbol{w}} V(S,\boldsymbol{w})$;

13: $S \leftarrow S'$;

14: **End**

15: **End**

考慮狀態和動作空間的離散與連續特性，我們有 4 種組合，但實作上鮮少會遇到有限的離散狀態空間搭配無限的連續動作空間。在強化學習的環境裡，狀態因爲動作的選擇與執行而隨時間轉移，若動作選擇有無限多個，通常意味著狀態也有無限多個。去除上述組合，圖 9.2 利用剩餘的 3 種組合將本書介紹的強化學習演算法做分類，而演算法 9.4 可有效處理離散或連續的動作空間。

考慮利用資格跡加速學習速度和考量處理連續性任務所須的對應修正（平均獎勵設定與差分報酬），以演算法 9.4 爲基礎可延伸出 3 個對應的演算法：使用資格跡的行動者評論家演算法處理回合式任務、行動者評論家演算法處理連續性任務、使用資格跡的行動者評論家演算法處理連續性任務。

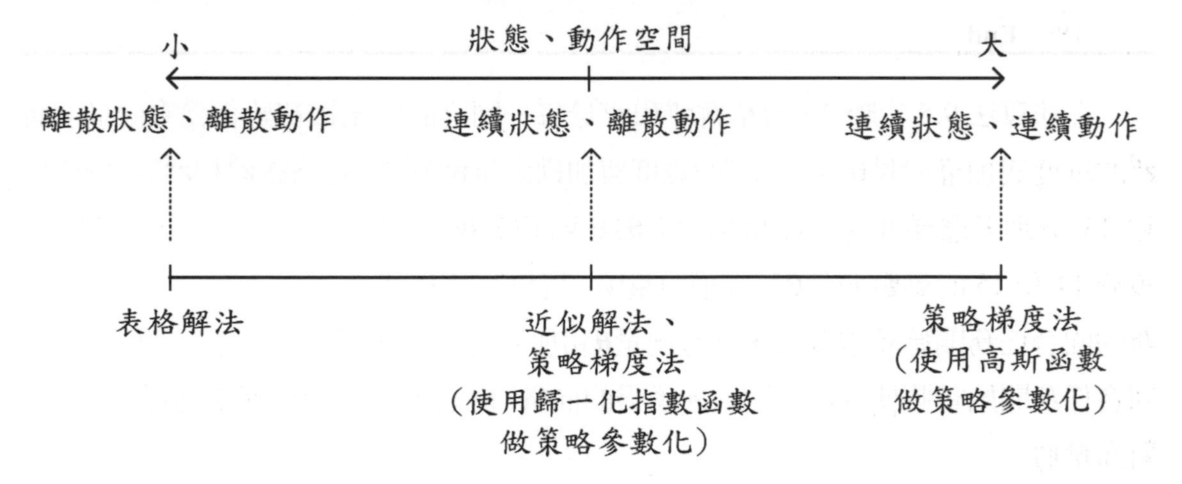

▲圖 9.2　依據狀態和動作空間的離散與連續特性做強化學習演算法分類。

▣ 演算法 9.5 行動者評論家演算法（使用資格跡，處理回合式任務）

1: 輸入：可微分策略$\pi(a|s,\boldsymbol{\theta})$；可微分函數$V(s,\boldsymbol{w})$
2: 演算法參數：學習率$\alpha^{\boldsymbol{\theta}} \in (0,1]$、$\alpha^{\boldsymbol{w}} \in (0,1]$；衰退率$\lambda^{\boldsymbol{\theta}} \in (0,1]$、$\lambda^{\boldsymbol{w}} \in (0,1]$
3: 初始化：任意參數向量$\boldsymbol{\theta}$；任意加權向量$\boldsymbol{w}$
4: 輸出：策略$\pi(a|s,\boldsymbol{\theta})$
5: **For** 每一回合
6: 　　初始化狀態S；
7: 　　$\boldsymbol{z}^{\boldsymbol{\theta}} \leftarrow \boldsymbol{0}; \boldsymbol{z}^{\boldsymbol{w}} \leftarrow \boldsymbol{0};$
8: 　　**For** 回合中每一時刻且S非終點狀態
9: 　　　　$A \leftarrow$根據狀態S，用$\pi(\cdot|S,\boldsymbol{\theta})$產生動作；
10: 　　　　$R, S' \leftarrow$執行動作A，從環境觀察獎勵和狀態；
11: 　　　　$\delta \leftarrow R + \gamma V(S',\boldsymbol{w}) - V(S,\boldsymbol{w});$ 　（若$S' = S_T$，則$V(S',\boldsymbol{w}) = 0$）
12: 　　　　$\boldsymbol{z}^{\boldsymbol{\theta}} \leftarrow \gamma\lambda^{\boldsymbol{\theta}}\boldsymbol{z}^{\boldsymbol{\theta}} + \nabla_{\boldsymbol{\theta}} \ln \pi(A|S,\boldsymbol{\theta});$
13: 　　　　$\boldsymbol{z}^{\boldsymbol{w}} \leftarrow \gamma\lambda^{\boldsymbol{w}}\boldsymbol{z}^{\boldsymbol{w}} + \nabla_{\boldsymbol{w}} V(S,\boldsymbol{w});$
14: 　　　　$\boldsymbol{\theta} \leftarrow \boldsymbol{\theta} + \alpha^{\boldsymbol{\theta}}\delta\boldsymbol{z}^{\boldsymbol{\theta}};$
15: 　　　　$\boldsymbol{w} \leftarrow \boldsymbol{w} + \alpha^{\boldsymbol{w}}\delta\boldsymbol{z}^{\boldsymbol{w}};$
16: 　　　　$S \leftarrow S';$
17: 　　**End**
18: **End**

在演算法 9.5 步驟 7，資格跡$\boldsymbol{z}^{\boldsymbol{\theta}}$和$\boldsymbol{z}^{\boldsymbol{w}}$於每一回合的開始被初始化爲零向量，而$\boldsymbol{z}^{\boldsymbol{\theta}}$的維度與加權向量$\boldsymbol{\theta}$相同，$\boldsymbol{z}^{\boldsymbol{w}}$的維度與加權向量$\boldsymbol{w}$相同。資格跡$\boldsymbol{z}^{\boldsymbol{\theta}}$和$\boldsymbol{z}^{\boldsymbol{w}}$在步驟 12 和 13 分別考慮梯度向量$\nabla_{\boldsymbol{\theta}} \ln \pi(A|S,\boldsymbol{\theta})$和$\nabla_{\boldsymbol{w}} V(S,\boldsymbol{w})$的歷史資料，以便加速學習在步驟 14 和 15 的參數向量$\boldsymbol{\theta}$和加權向量$\boldsymbol{w}$。資格跡$\boldsymbol{z}^{\boldsymbol{\theta}}$和$\boldsymbol{z}^{\boldsymbol{w}}$爲回合任務內的資訊，在新的回合任務開始時被歸零，參數向量$\boldsymbol{\theta}$和加權向量$\boldsymbol{w}$爲跨回合任務之資訊，新的回合任務開始時將使用前一回合所獲得的向量，隨著若干回合任務之進行，逐步更新向量值。

▣ 演算法 9.6 行動者評論家演算法（連續性任務）

1: 輸入：可微分策略$\pi(a|s,\boldsymbol{\theta})$；可微分函數$V(s,\boldsymbol{w})$
2: 演算法參數：學習率$\alpha^{\boldsymbol{\theta}} \in (0,1]$、$\alpha^{\boldsymbol{w}} \in (0,1]$、$\beta \in (0,1]$
3: 初始化：任意參數向量$\boldsymbol{\theta}$；任意加權向量$\boldsymbol{w}$；平均獎勵估策$\bar{R}$為任意值
4: 輸出：策略$\pi(a|s,\boldsymbol{\theta})$
5: 初始化狀態S；
6: **For** 每一時刻
7: $A \leftarrow$根據狀態S，用$\pi(\cdot|S,\boldsymbol{\theta})$產生動作；
8: $R, S' \leftarrow$執行動作A，從環境觀察獎勵和狀態；
9: $\delta \leftarrow R - \bar{R} + \gamma V(S',\boldsymbol{w}) - V(S,\boldsymbol{w})$;
10: $\bar{R} \leftarrow \bar{R} + \beta\delta$;
11: $\boldsymbol{\theta} \leftarrow \boldsymbol{\theta} + \alpha^{\boldsymbol{\theta}}\delta\nabla_{\boldsymbol{\theta}} \ln \pi(A|S,\boldsymbol{\theta})$;
12: $\boldsymbol{w} \leftarrow \boldsymbol{w} + \alpha^{\boldsymbol{w}}\delta\nabla_{\boldsymbol{w}} V(S,\boldsymbol{w})$;
13: $S \leftarrow S'$;
14: **End**

演算法 9.6 步驟 10 爲平均獎勵率$r(\pi)$估測的增量實施，β爲學習率。與處理回合式任務的演算法相比，差別僅在平均獎勵設定與差分報酬δ之使用。演算法 9.7 將步驟 11 和 12 的梯度向量用資格跡取代，加速學習速度。

▣ 演算法 9.7 行動者評論家演算法（使用資格跡，處理連續性任務）

1: 輸入：可微分策略$\pi(a|s,\boldsymbol{\theta})$；可微分函數$V(s,\boldsymbol{w})$
2: 演算法參數：學習率$\alpha^{\boldsymbol{\theta}} \in (0,1]$、$\alpha^{\boldsymbol{w}} \in (0,1]$、$\beta \in (0,1]$ ；衰退率$\lambda^{\boldsymbol{\theta}} \in (0,1]$、
3: $\lambda^{\boldsymbol{w}} \in (0,1]$
4: 初始化：任意參數向量$\boldsymbol{\theta}$；任意加權向量$\boldsymbol{w}$；平均獎勵估策$\bar{R}$爲任意值
5: 輸出：策略$\pi(a|s,\boldsymbol{\theta})$
6: 初始化狀態S；
7: $\boldsymbol{z}^{\boldsymbol{\theta}} \leftarrow \boldsymbol{0}; \boldsymbol{z}^{\boldsymbol{w}} \leftarrow \boldsymbol{0}$;

8: **For** 每一時刻

9: $A \leftarrow$根據狀態S，用$\pi(\cdot|S,\boldsymbol{\theta})$產生動作；

10: $R, S' \leftarrow$執行動作A，從環境觀察獎勵和狀態；

11: $\delta \leftarrow R - \bar{R} + \gamma V(S', \boldsymbol{w}) - V(S, \boldsymbol{w})$;

12: $\bar{R} \leftarrow \bar{R} + \beta\delta$;

13: $\boldsymbol{z}^{\boldsymbol{\theta}} \leftarrow \lambda^{\boldsymbol{\theta}} \boldsymbol{z}^{\boldsymbol{\theta}} + \nabla_{\boldsymbol{\theta}} \ln \pi(A|S, \boldsymbol{\theta})$;

14: $\boldsymbol{z}^{\boldsymbol{w}} \leftarrow \lambda^{\boldsymbol{w}} \boldsymbol{z}^{\boldsymbol{w}} + \nabla_{\boldsymbol{w}} V(S, \boldsymbol{w})$;

15: $\boldsymbol{\theta} \leftarrow \boldsymbol{\theta} + \alpha^{\boldsymbol{\theta}} \delta \boldsymbol{z}^{\boldsymbol{\theta}}$;

16: $\boldsymbol{w} \leftarrow \boldsymbol{w} + \alpha^{\boldsymbol{w}} \delta \boldsymbol{z}^{\boldsymbol{w}}$;

17: $S \leftarrow S'$;

18: **End**

處理連續性任務的控制問題並使用函數逼近時，因爲使用折扣率的情況下最大化狀態價値之平均$\max_{\pi} \mathbf{E}_{\pi}[v_{\pi}(S_t)]$等同於最大化平均獎勵$\max_{\pi} r(\pi)$，所以用平均獎勵設定 (average-reward setting) 與差分報酬 (differential return) 取代折扣率的設定 (discounted setting)。因此，演算法 9.7 步驟 13 和 14 爲資格跡的更新，不使用折扣率γ。

9-5 範例 9.1 與程式碼

本範例使用演算法 9.4 行動者評論家演算法控制滑車的加速度，控制目標爲滑車上的倒單擺 (inverted pendulum) 與垂直線的夾角小於$\pi/2$。如圖 9.3 所示，倒單擺長度爲$\ell = 4$ m，與垂直線的夾角爲$\theta(t)$，夾角之角速度爲$\dot{\theta}(t)$，重力加速度爲$g = 9.8$ m/s^2，$a(t)$爲滑車的受力（加速度訊號），目標爲控制$\theta(t) \in (-\frac{\pi}{2}, \frac{\pi}{2})$。假設$\theta$和$\dot{\theta}$皆可被準確量測，設定狀態

$$s(t) = \begin{bmatrix} \theta(t) \\ \dot{\theta}(t) \end{bmatrix}, \tag{9.29}$$

則滑車系統動態方程式可表示成[Example 11.6, Dorf 2016]：

$$\dot{s}(t) = Fs(t) + Ha(t). \tag{9.30}$$

上式中，矩陣F和H定義爲

$$F = \begin{bmatrix} 0 & 1 \\ g/\ell & 0 \end{bmatrix} \text{ 和 } H = \begin{bmatrix} 0 \\ -1/\ell \end{bmatrix}. \tag{9.31}$$

假設零階保值 (zero-order hold) 的數學模型，連續的動態滑車系統透過抽樣可離散化 (discretization) 成差分方程：

$$s_{t+1} = e^{F\Delta t}s_t + \int_0^{\Delta t} e^{F\eta}\, d\eta H a_t. \tag{9.32}$$

上式中，Δt爲抽樣週期、$s_t = s(t\Delta t)$、$a_t = a(t\Delta t)$。

上述控制問題視爲回合式任務，設定折扣率$\gamma = 1$、狀態爲s_t、動作爲a_t。若倒單擺滿足最佳，則獲得獎勵$R_t = 1$；若$\theta(t) \notin (-\frac{\pi}{2}, \frac{\pi}{2})$，則$R_t = 0$。倒單擺初始狀態設定爲$s_0 = [0.6 \quad -1.3]^\top$，學習率設定爲$\alpha^{\boldsymbol{\theta}} = 0.05$、$\alpha^{w} = 0.1$，並使用高斯函數做策略參數化，考慮參數化的平均$\mu(s, \boldsymbol{\theta})$和固定值的標準差$\sigma = 2$。此外，使用瓦片編碼對狀態價值做函數近似（$N = 8$、$p = [10 \;\; 15]$）。圖 9.4 爲平均報酬，可以看出隨著回合式任務的次數增加，代理人可較長時間維持倒單擺與重直線夾角小於$\pi/2$。

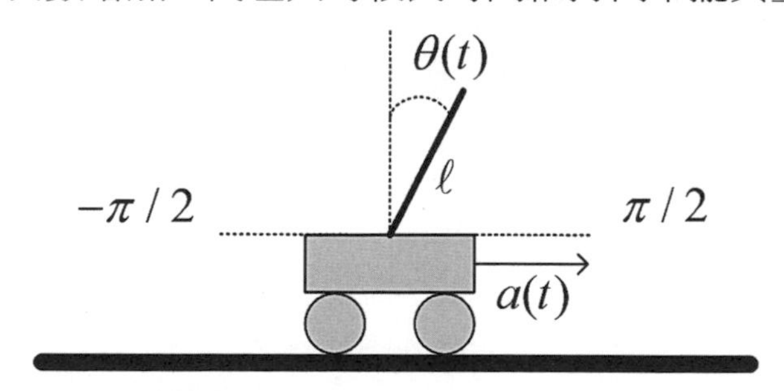

▲圖 9.3　倒單擺位置控制。倒單擺位於滑車上，長度為ℓ，透過施力$a(t)$，控制$\theta(t) \in (-\frac{\pi}{2}, \frac{\pi}{2})$。

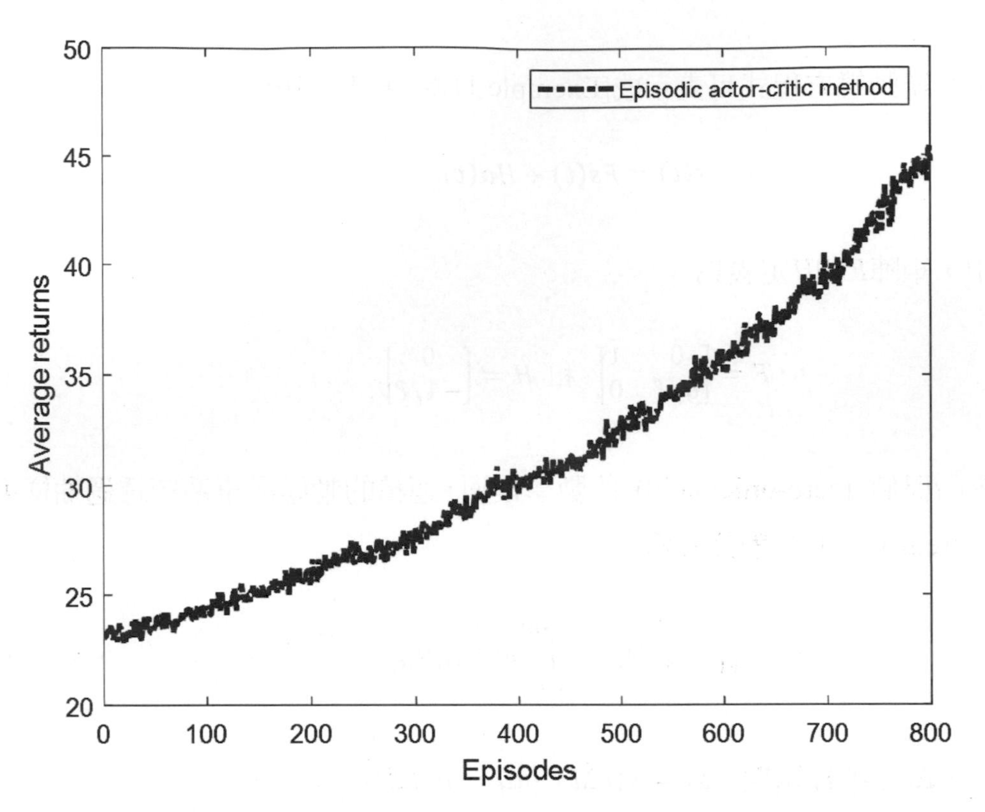

▲圖 9.4 透過滑車加速度的控制，讓滑車上的倒單擺與重直線夾角小於$\pi/2$。平均報酬代表夾角小於$\pi/2$的平均時步（time steps）。

範例 9.1 程式碼

```
% Script
%% environment setting
num_epi=800;
y_return=zeros(1,num_epi);
num_avg=10;

%% parameter setting
myalpha_w=0.1;
myalpha_theta=0.05;
del_t=0.05;
mygamma=1;
sig=2;
%% initialization
```

```
N=8;     % num of tilings
p=[10 15];     % partition
numTilesInTiling=prod(p);

%%   Alg. 9.4 actor--critic methods for episodic tasks
for epi=1:num_epi
        G=0;
        StepCount=0;
        S=[0.6   -1.3];    % start state (step 6)
        R=1;
        while R>0
            feaVec_S=featureState(S,N,p);
            mu=theta_mu'*feaVec_S;
            A=sig*randn+mu;
            [S_prime,R] = env_Ex9_1(S,A,del_t);
            OldEst=w'*feaVec_S;
            if R==0    % step 10
                delta=-OldEst;
            else
                delta=R+mygamma*w'*featureState(S_prime,N,p)-OldEst;
            end
            w=w+myalpha_w*delta*feaVec_S; % step 14
            grad_mu= (A-mu)/sig^2*feaVec_S;
            theta_mu=theta_mu+myalpha_theta*delta*grad_mu;
            S=S_prime;
            G=G+R;
        end
end

% Function
function [S,R] = env_Ex9_1(S,u,del_t)
        % S=[ theta ; theta_dot]
```

```
        temp=size(S);
        if temp(1)==1
              S=S';
        end
        g=9.8; ell=4;
        F=[0 1;g/ell 0];
        H=[0 ; -1/ell];
        fun = @(x) expm(F*x);      % use 'expm' instead of 'exp'
        S =    expm(F*del_t)*S+integral(@(x)fun(x),0,del_t,...
'ArrayValued', true)*H*u;
        if S(1)>=pi/2 || S(1)<=-pi/2
           R=0;
        else
           R=1;
        end
end

function tiles = featureState(S,N, p)
% N is the number of tilings
% p is a vector consisting of p_i; p_i is the number of partitions in the i-th dim
S = state_normal_Ex9_1(S);    % modify the state normalization if necessary
numTilesInTiling=prod(p);
sz=[N p];
tiles=zeros(N*numTilesInTiling,1);
L= p./(p-1+1/N);
xi=(L-1)/(N-1);
blocklength=L./p;
for n=1:N
        tempS=S+ (n-1)*xi;
        mysub=ceil(tempS./blocklength);
        if   mysub(1)==0
              mysub(1)=1;
        end
```

```
            if   mysub(2)==0
                 mysub(2)=1;
            end
            myind = sub2ind(sz ,n,mysub(1),mysub(2));      % for 2 states
            tiles(myind)=1;
    end
end

function S = state_normal_Ex9_1(S)
S(1) = (S(1)+pi/2 )/pi;
S(2) = (S(2)+2*pi)/(4*pi);
end
```

重點回顧

1. 強化學習演算法可分成兩類，第一類為基於價值 (value based) 的強化學習，第二類為基於策略 (policy based) 的強化學習，兩類交集處為同時學習價值和策略的演算法。
2. 基於價值的強化學習，透過動作價值法 (action-value methods)，先估測動作價值函數，再利用被估測的函數選擇動作。表格解法和近似解法衍生出的學習演算法，如：蒙地卡羅控制演算法、Sarsa、Q 學習、*n* 步 Sarsa、回合式半梯度 Sarsa、差分半梯度 Sarsa，都是基於價值的強化學習。
3. 基於策略的強化學習，將策略參數化，透過最佳化與參數有關的目標函數，逐步修正參數獲得最佳策略。最佳化參數的過程可區分成使用和不使用策略梯度法，目前主流採用策略梯度法，相關演算法包含：簡樸策略梯度演算法、增強演算法、使用基線的增強演算法、行動者評論家演算法。
4. 動作價值法的基礎是策略改進定理，透過價值更新來找尋最佳策略；策略梯度法的基礎是策略梯度定理，透過策略梯度估測來更新策略的參數向量。
5. 簡樸策略梯度演算法、增強演算法、使用基線的增強演算法因使用完整報酬，未利用自助法，僅能處理回合式任務。
6. 行動者評論家演算法使用自助法，可處理回合式和連續性任務。根據資格跡使用與否，行動者評論家演算法可衍生出四種強化學習演算法：不使用資格跡的行動者評論家演算法處理回合式任務、使用資格跡的行動者評論家演算法處理回合式任務、不使用資格跡的行動者評論家演算法處理連續性任務、使用資格跡的行動者評論家演算法處理連續性任務。
7. 圖 9.5 和圖 9.6 彙整強化學習演算法。

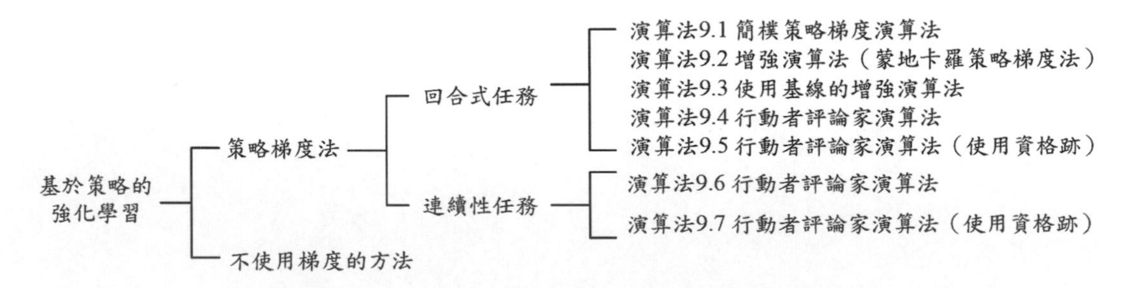

▲圖 9.5　使用策略梯度的強化學習演算法分類。

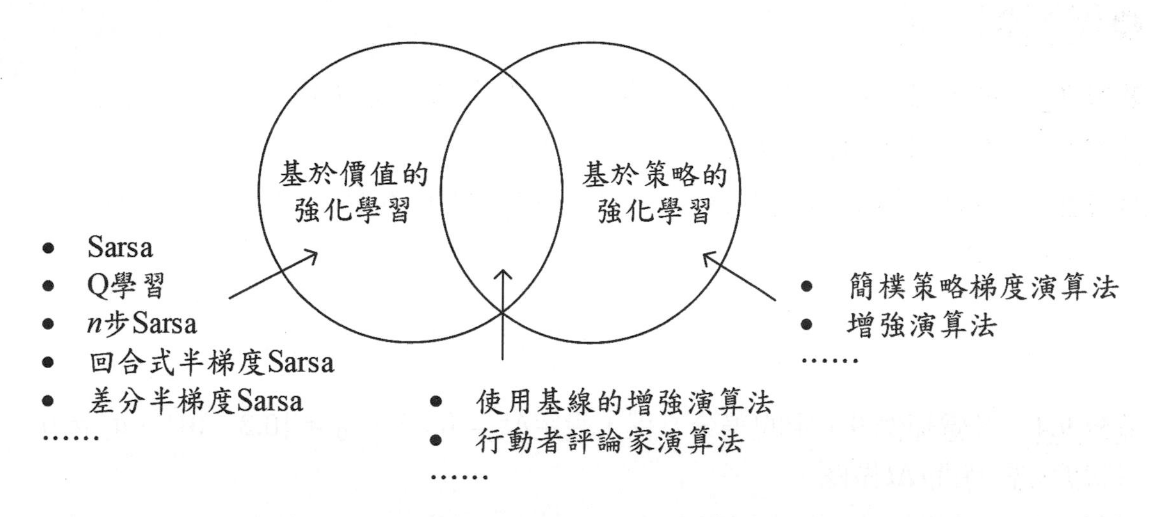

▲圖 9.6　基於價值和基於策略的強化學習演算法分類。

章末練習

練習 9.1 推導歸一化指數函數做策略參數化的資格向量(9.3)。

練習 9.2 推導高斯函數做策略參數化的資格向量(9.6)。

練習 9.3 差分方程推導：對連續系統$\dot{s}(t) = Fs(t) + Ha(t)$使用週期$\Delta t$做抽樣，可獲得離散系統

$$s_{t+1} = e^{F\Delta t}s_t + \int_0^{\Delta t} e^{F\eta}\, d\eta H a_t.$$

練習 9.4 考慮範例 9.1 中的差分方程，設定$\Delta t = 0.05$、$s_0 = [0.2 \quad 0]^\top$、$a_t = 0$，將狀態s_t對時間$t\Delta t$做圖。

練習 9.5 承範例 9.1，設定策略

$$\pi(s_t) = a_t = \begin{cases} 2, & 若\theta(t) > 0 \\ -2, & 若\theta(t) \leq 0 \end{cases}$$

在策略π的使用下，當倒單擺往右偏，施力 2 NT，控制滑車往右移動；當倒單擺往左偏，施力-2 NT，控制滑車往左移動。在時間$t\Delta t < 5$，該策略是否能控制倒單擺與重直線夾角小於$\pi/2$？考慮$s_0 = [0.2 \quad 0]^\top$和$s_0 = [-0.2 \quad -0.3]^\top$，撰寫程式做驗證。

練習 9.6 考慮範例 9.1 中的差分方程

$$s_{t+1} = e^{F\Delta t}s_t + \int_0^{\Delta t} e^{F\eta}\, d\eta H a_t$$

令

$$\tilde{F} = e^{F\Delta t} \text{ 且 } \tilde{H} = \int_0^{\Delta t} e^{F\eta}\, d\eta H.$$

差分方程可表示成$s_{t+1} = \tilde{F}s_t + \tilde{H}a_t$。使用狀態回饋控制 (state feedback control) $a_t = -Ks_t$，我們有$s_{t+1} = (\tilde{F} - \tilde{H}K)s_t$。做極點安置 (pole placement)，亦即選擇K值讓矩陣$\tilde{F} - \tilde{H}K$的特徵值在單位圓內。

練習 9.7 範例 9.1 與練習 9.6 設計策略過程的差異爲何？

練習 9.8 範例 9.1 對標準差σ不做參數化？請說明可能原因。

參考文獻

網路文章

1.“AlphaGo,” Wikipedia, 6 December 2016: https://zh.wikipedia.org/wiki/AlphaGo (June 19, 2020).

2.“DeepMind AI Reduces Google Data Centre Cooling Bill by 40%,” DeepMind, 20 July 2016: https://deepmind.com/blog/article/deepmind-ai-reduces-google-data-centre-cooling-bill-40 (June 19, 2020).

中文文章

1.邱偉育、胡展維。基於強化學習的能源競價方法及裝置。中華民國專利 I687890，公告於 2020 年 3 月 11 日。（專利權止日 2039/05/12）

英文文章

1.Bellman, R., Stuart, D., *Dynamic Programming*. Princeton, New Jersey: Princeton University Press, 2010.

2.Brunskill, E., Class Lecture, Topic: “Lecture 8: Policy gradient I.” Department of Computer Science, Stanford University, USA, 2020.

3.Chong, E. K. P., and Zak, S. H., *An Introduction to Optimization.* Hoboken, New Jersey: Wiley, 2013.

4.Dorf, R. C., and Bishop, R. H., *Modern Control Systems*. London, UK: Pearson, 2016.

5.Gatti, C., *Design of Experiments for Reinforcement Learning*. Switzerland: Springer International Publishing, 2015.

6.Hasselt, H. *et al.*, “Deep reinforcement learning and the deadly triad,” arXiv preprint (2018): 1–13, https://arxiv.org/pdf/1812.02648.pdf (March 11, 2020).

7.He, K., Zhang, X., Ren, S., and Sun, J., “Deep residual learning for image recognition,” in Proc. *IEEE Conference on Computer Vision and Pattern Recognition* (2016): 770–778.

8.Hinton, G. E., Osindero, S., and Teh, Y., “A fast learning algorithm for deep belief nets,” *Neural Computation* (2006): 1527–1554.

9.Ioffe, S., and Szegedy, C., “Batch normalization: Accelerating deep network training by reducing internal covariate shift,” arXiv preprint (2015): 1–11, https://arxiv.org/pdf/1502.03167 (April 27, 2020)

10. Irpan, A., "Deep reinforcement learning doesn't work yet," (2018) https://www.alexirpan.com/2018/02/14/rl-hard.html (November 24, 2019)
11. Johnston, L., Brunskill, E., Class Lecture, Topic: "Lecture 8 & 9—Policy Gradient." Department of Computer Science, Stanford University, USA, 2018.
12. Martin, M., Class Lecture, Topic: "Reinforcement learning—function approximation." Departament de Ciències de la Computació, Universitat Politècnica de Catalunya, Spain, 2018a.
13. Martin, M., Class Lecture, Topic: "Reinforcement learning—policy search: Actor-critic and gradient policy search." Departament de Ciències de la Computació, Universitat Politècnica de Catalunya, Spain, 2018b.
14. Moore, A. W., and Atkeson, C. G., "Prioritized sweeping: Reinforcement learning with less data and less real time," *Machine Learning* (1993): 103–130.
15. Peng, J., and Williams, R. J., "Efficient learning and planning within the Dyna framework," *Adaptive Behavior* (1993): 437–454.
16. Reddy, G., Celani, A., Sejnowski, T. J., Vergassola, M.. "Learning to soar in turbulent environments," Proceedings of the National Academy of Sciences (2016): E4877-E4884.
17. Silver, D. *et al.*, "Mastering the game of Go with deep neural networks and tree search," Nature (2016): :484–489.
18. Sutton, R. S., Szepesvari, C., Geramifard, A., and Bowling, M., "Dyna-style planning with linear function approximation and prioritized sweeping," arXiv preprint (2012): 1–9, https://arxiv.org/pdf/1206.3285 (April 11, 2020).
19. Sutton, R. S., and Barto, A. G., *Reinforcement Learning: An Introduction.* Cambridge, Massachusetts, USA: The MIT Press, 2018.
20. Sutton, R. S., and Barto, A. G., "7. Eligibility Traces," (2005) http://incompleteideas.net/book/first/ebook/node72.html (June 5, 2020)
21. Schulman, J., Wolski, Dhariwal, F., Radford, P. A., and Klimov, O., "Proximal policy optimization algorithms," arXiv preprint (2017): 1–12, https://arxiv.org/pdf/1707.06347.pdf (March 4, 2020).
22. Sanjeevi, M., "Ch:13: Deep Reinforcement learning—Deep Q-learning and Policy Gradients (towards AGI)," (2018) https://medium.com/deep-math-machine-learning-ai/ch-13-deep-reinforcement-learning-deep-q-learning-and-policy-gradients-towards-agi-a2a0b611617e (April 2, 2020)

23. Tesauro, G., "Temporal difference learning and TD-Gammon," Communications of the ACM (1995): 58–68.
24. Watkins, Christopher J. C. H, and Dayan, P., "Q-learning," *Machine Learning* (1992): 279–292.
25. Yang, S., Gao, Y., An, B., Wang, H., and Chen, X. (2016). Efficient Average Reward Reinforcement Learning Using Constant Shifting Values. Proc. *AAAI Conference on Artificial Intelligence*, Phoenix, Arizona, USA, Feb., pp. 2258–2264.

名詞索引

（依筆畫排序）

1

一步時間差分 4-1

3

山地車 (mountain car) 1-7

4

分類 (classification) 1-1

分布模型 (distribution model) 2-13

內在動機 (intrinsic motivation) 7-12

內在獎勵 (intrinsic reward) 7-12

5

目標策略 (target policy) 3-9

加權重要性抽樣 (weighted importance sampling) 3-20

加權向量 (weight vector) 6-3

平均獎勵設定 (average-reward setting) 6-30

瓦片編碼 (tile coding) 6-5

瓦片層 (tiling) 6-5

瓦片 (tile) 6-5

半梯度時間差分預測 (semi-gradient TD(0) prediction) 6-10

6

多階段決策過程 (multistage decision process) 2-1

多臂拉霸問題 (multi-armed bandit problem) 1-12

行爲策略 (behavior policy) 3-9

自助法 (bootstrapping) 2-3

時間差分 (temporal difference) 4-1

同策略 (on-policy) 3-9

有偏估計量 (biased estimator) 3-20

回合式任務 (episodic task) 1-6

回合 (episode) 1-6

回合式半梯度控制 (episodic semi-gradient control) 6-16

回合式半梯度 Sarsa (episodic semi-gradient Sarsa) 6-16

回合式半梯度 *n* 步 Sarsa (episodic semi-gradient *n*-step Sarsa) 6-16

向後聚焦 (backward focusing) 7-9

7

返回圖 (backup diagram) 1-10

貝爾曼 (Richard Bellman) 1-2

貝爾曼方程 (Bellman equation) 1-2

貝爾曼最佳方程 (Bellman optimality equation) 1-2

即時 (real-time) 3-9

每次拜訪 (every-visit) 3-3

折扣率 (discount rate) 1-6

折扣因子 (discount factor) 1-6

近似解法 (approximate solution methods) 6-1

均方差 (Mean Squared Error, MSE) 6-3

*n*步時間差分法 (*n*-Step TD Methods) 5-1

*n*步 Sarsa (*n*-step Sarsa) 5-6

*n*期望 Sarsa (*n*-step Expected Sarsa) 5-6

*n*步樹返回演算法 5-15

*n*步半梯度時間差預測 (*n*-step semi-gradient TD prediction) 6-10

*n*步差分報酬 (*n*-step differential return) 6-31

*n*步差分 TD 誤差 (*n*-step differential TD error) 6-32

均方根誤差 (root mean square error) 4-14

8

非穩態環境 (nonstationary environment) 1-5
非同步動態規劃 (asynchronous dynamic programming) 2-13
狀態 (state) 1-2
狀態轉移機率 (state transition probability) 1-5
狀態價值函數 (state-value function) 1-9
狀態分布函數 (state distribution function) 6-3
狀態聚集 (state aggregation) 6-5
抽樣更新 (sample update) 3-1
抽樣模型 (sample model) 7-5
具探索性的初始化 (exploring starts) 3-8
沼澤漫遊 (swamp wandering) 2-15
函數近似 (function approximation) 6-3
表格解法 (tabular solution methods) 6-1
直接強化學習 (direct reinforcement learning) 7-2
往後觀點 (backward view) 8-5
往前觀點 (forward view) 8-5

9

重要性抽樣 (important sampling) 3-18
重要性抽樣率 (important-sampling ratio) 3-18

10

馬可夫決策過程 (Markov decision process, MDP) 1-2
開發 (exploitation) 3-8
時間差分法 (temporal-difference methods, TD methods) 4-1
連續性任務 (continuing task) 1-6
高斯函數 (Gaussian function) 9-3
特徵向量 (feature vector) 6-5
倒傳遞演算法 (backpropagation algorithm) 6-9
差分報酬 (differential return) 6-30
差分半梯度 Sarsa (differential semi-gradient Sarsa) 6-30
差分半梯度n步 Sarsa (differential semi-gradient n-step Sarsa) 6-30
差分 TD 誤差 (differential TD error) 6-31
倒單擺 (inverted pendulum) 9-14

11

強化學習 (Reinforcement Learning, RL) 1-1
動態規劃 (dynamic programming) 2-1
動作 (action) 1-4
動作價值法 (action-value methods) 9-1
動作價值函數 (action-value function) 1-9
異步動態規劃 (asynchronous dynamic programming) 2-13
異策略 (off-policy) 3-9
異策略 n 步 Sarsa (off-policy n-step Sarsa) 5-15
控制問題 (control problem) 3-2
貪婪動作選擇 (greedy action selection) 2-6
貪婪策略 (greedy policy) 2-6
ε貪婪動作選擇 (ε-greedy action selection) 3-10
ε貪婪策略 (ε-greedy policy) 3-10
軟策略 (soft policy) 3-10
ε軟策略 (ε-soft policy) 3-10
探索 (exploration) 3-8
探索性的初始化 (exploring starts) 3-8
常規重要性抽樣 (ordinary importance sampling) 3-12
偏差 (bias) 3-20
控制問題 (control problem) 3-2
第一次拜訪 (first-visit) 3-3
基準問題 (benchmark problems) 1-7
基於模型的學習 (model-based learning) 7-5
累積獎勵 (accumulated reward) 1-1

終點狀態 (terminal state) 1-6
基線 (baseline) 9-4
深度 Q 網路 (deep Q-network, DQN) 6-26
梯度法 (gradient methods) 6-4
梯度蒙地卡羅預測 (gradient Monte Carlo prediction) 6-10
規劃 (planning) 7-2
理論觀點 (theoretical view) 8-5

12

代理人 (agent) 1-1
期望值 (expectation) 1-9
虛擬碼 (pseudocode) 2-3
期望更新 (expected update) 2-13
期望 Sarsa (expected Sarsa) 4-11
策略 (policy) 1-2
策略評估 (policy evaluation) 2-1
策略改進 (policy improvement) 2-1
策略改進定理 (policy improvement theorem) 2-5
策略疊代 (policy iteration) 2-10
策略梯度法 (policy gradient methods) 9-2
策略梯度定理 (policy gradient theorem) 9-7
最佳策略 (optimal policy) 1-13
最佳狀態價值函數 (optimal state-value function) 1-13
最佳動作價值函數 (optimal action-value function) 1-13
無偏估計量 (unbiased estimator) 3-20
無模型的學習 (model-free learning) 7-5
無記憶性 (memorylessness) 1-4
預測問題 (prediction problem) 3-2
間接強化學習 (indirect Reinforcement Learning) -2
報酬 (return) 1-2
λ報酬 (λ-return) 8-2

13

資格跡 (eligibility traces) 8-1
資格向量 (eligibility vector) 9-3
概似比 (likelihood ratio) 9-4
跡衰退率 (trace decay rate) 8-4

14

蒙地卡羅法 (Monte Carlo methods) 3-1
蒙地卡羅預測 (Monte Carlo prediction) 3-2
蒙地卡羅估測 (Monte Carlo estimation) 3-2
蒙地卡羅策略梯度法 (Monte-Carlo policy-gradient method) 9-7
網格世界 (gridworld) 1-7
行動者評論家演算法 (actor-critic algorithms) 9-10
監督式學習 (supervised learning) 1-1
複合報酬更新 (compound update) 8-2

15

獎勵 (reward) 1-2
廣義策略疊代 (generalized policy iteration) 2-1
價值疊代 (value iteration) 2-10
預測問題 (prediction problem) 3-2
增量實施 (incremental implementation) 3-3
增強演算法 (REINFORCE) 9-7
線上 (online) 3-9
樂觀初始值 (optimistic initial values) 3-9
確定性的環境 (deterministic environment) 7-4
確定性策略 (deterministic policy) 1-9
隨機策略 (stochastic policy) 1-9
隨機的環境 (stochastic environment) 7-4
隨機變數 (random variable) 1-4

隨機梯度下降 (Stochastic Gradient Descent, SGD) 6-4
模型 (model) 7-2
模擬經驗 (simulated experience) 7-2

16

Q 學習 (Q-learning) 4-6
閾值 (threshold) 2-4
激活函數 (activation function) 6-9
機械觀點 (mechanistic view) 8-5

17

環境 (environment) 1-1
優先掃掠 (prioritized sweeping) 7-10

18

覆蓋 (coverage) 3-18
轉移機率 (transition probability) 1-12
離線 (offline) 3-14
離線λ報酬演算法 (offline λ-return algorithm) 8-3
簡樸策略梯度演算法 (vanilla policy gradient algorithm) 9-4
歸一化指數函數 (softmax exponential function) -2

19

穩態環境 (stationary environment) 1-5
類神經網路 (artificial neural network, ANN) 6-8

23

變異數 (variance) 3-20

國家圖書館出版品預行編目資料

強化學習導論 / 邱偉育編著. -- 初版. -- 新北市：全華圖書股份有限公司, 2021.09
面 ； 公分
ISBN 978-986-503-871-7(平裝)

1. 機器學習

312.831 110014398

強化學習導論

作者 / 邱偉育
發行人 / 陳本源
執行編輯 / 馮雅筑、張峻銘
出版者 / 全華圖書股份有限公司
郵政帳號 / 0100836-1 號
印刷者 / 宏懋打字印刷股份有限公司
圖書編號 / 06487
初版一刷 / 2021 年 11 月
定價 / 新台幣 400 元
ISBN / 978-986-503-871-7(平裝)
全華圖書 / www.chwa.com.tw
全華網路書店 Open Tech / www.opentech.com.tw
若您對本書有任何問題，歡迎來信指導 book@chwa.com.tw

臺北總公司(北區營業處)
地址：23671 新北市土城區忠義路 21 號
電話：(02) 2262-5666
傳真：(02) 6637-3695、6637-3696

南區營業處
地址：80769 高雄市三民區應安街 12 號
電話：(07) 381-1377
傳真：(07) 862-5562

中區營業處
地址：40256 臺中市南區樹義一巷 26 號
電話：(04) 2261-8485
傳真：(04) 3600-9806(高中職)
(04) 3601-8600(大專)

讀者回函卡

掃 QRcode 線上填寫 ▸▸▸

姓名：＿＿＿＿＿＿ 生日：西元＿＿＿＿年＿＿＿月＿＿＿日 性別：□男 □女

電話：（ ）＿＿＿＿＿ 手機：＿＿＿＿＿＿

e-mail：（必填）＿＿＿＿＿＿＿＿＿＿

註：數字零，請用 Φ 表示，數字 1 與英文 L 請另註明並書寫端正，謝謝。

通訊處：□□□□□＿＿＿＿＿＿＿＿＿＿

學歷：□高中・職 □專科 □大學 □碩士 □博士

職業：□工程師 □教師 □學生 □軍・公 □其他

學校／公司：＿＿＿＿＿＿ 科系／部門：＿＿＿＿＿＿

・需求書類：

□ A. 電子 □ B. 電機 □ C. 資訊 □ D. 機械 □ E. 汽車 □ F. 工管 □ G. 土木 □ H. 化工 □ I. 設計

□ J. 商管 □ K. 日文 □ L. 美容 □ M. 休閒 □ N. 餐飲 □ O. 其他

・本次購買圖書為：＿＿＿＿＿＿ 書號：＿＿＿＿＿＿

・您對本書的評價：

封面設計：□非常滿意 □滿意 □尚可 □需改善，請說明＿＿＿＿＿＿

內容表達：□非常滿意 □滿意 □尚可 □需改善，請說明＿＿＿＿＿＿

版面編排：□非常滿意 □滿意 □尚可 □需改善，請說明＿＿＿＿＿＿

印刷品質：□非常滿意 □滿意 □尚可 □需改善，請說明＿＿＿＿＿＿

書籍定價：□非常滿意 □滿意 □尚可 □需改善，請說明＿＿＿＿＿＿

整體評價：請說明＿＿＿＿＿＿

・您在何處購買本書？

□書局 □網路書店 □書展 □團購 □其他＿＿＿＿＿＿

・您購買本書的原因？（可複選）

□個人需要 □公司採購 □親友推薦 □老師指定用書 □其他＿＿＿＿＿＿

・您希望全華以何種方式提供出版訊息及特惠活動？

□電子報 □ DM □廣告（媒體名稱＿＿＿＿＿＿）

・您是否上過全華網路書店？（www.opentech.com.tw）

□是 □否 您的建議＿＿＿＿＿＿

・您希望全華出版哪方面書籍？＿＿＿＿＿＿

・您希望全華加強哪些服務？＿＿＿＿＿＿

感謝您提供寶貴意見，全華將秉持服務的熱忱，出版更多好書，以饗讀者。

填寫日期： / /

2020.09 修訂

親愛的讀者：

感謝您對全華圖書的支持與愛護，雖然我們很慎重的處理每一本書，但恐仍有疏漏之處，若您發現本書有任何錯誤，請填寫於勘誤表內寄回，我們將於再版時修正，您的批評與指教是我們進步的原動力，謝謝！

全華圖書 敬上

勘 誤 表

書 號		書 名		作 者	
頁 數	行 數	錯誤或不當之詞句		建議修改之詞句	

我有話要說：（其它之批評與建議，如封面、編排、內容、印刷品質等・・・）